Energiekennzahlen auf den Unternehmenserfolg ausrichten

Ulrich Nissen
Nathanael Harfst
Paul Girbig

Energiekennzahlen auf den Unternehmenserfolg ausrichten

Energiemanagement unter Berücksichtigung der ISO 50006:2023

2., vollständig überarbeitete und erweiterte Auflage 2023

Herausgeber:
DIN Deutsches Institut für Normung e. V.

Beuth Verlag GmbH · Berlin · Wien · Zürich

Herausgeber: DIN Deutsches Institut für Normung e. V.

© 2023 Beuth Verlag GmbH
Berlin · Wien · Zürich
Am DIN-Platz
Burggrafenstraße 6
10787 Berlin

Telefon: +49 30 58885700-00
Internet: www.beuth.de
E-Mail: kundenservice@beuth.de

Maßgebend für das Anwenden jeder in diesem Werk erläuterten oder zitierten Norm ist deren Fassung mit dem neuesten Ausgabedatum. Den aktuellen Stand zu jeder DIN-Norm können Sie im Webshop des Beuth Verlags unter www.beuth.de abfragen. Dort finden Sie insbesondere etwaige Berichtigungen und Warnvermerke, welche bei der Anwendung der jeweiligen Norm unbedingt zu beachten sind.

Titelbild: © panuwat, Nutzung unter Lizenz von stock.adobe.com

Satz: Beuth Verlag GmbH, Berlin

Druck: Plump Druck + Medien GmbH, Rheinbreitbach

Gedruckt auf säurefreiem, alterungsbeständigem Papier nach DIN EN ISO 9706

ISBN 978-3-410-31521-6
ISBN (E-Book) 978-3-410-31522-3

Energiekennzahlen auf den Unternehmenserfolg ausrichten

Jetzt diesen Titel zusätzlich als E-Book downloaden und 70 % sparen!

Als Käufer dieses Buchtitels haben Sie Anspruch auf ein besonderes Kombi-Angebot: Sie können den Titel zusätzlich zum Ihnen vorliegenden gedruckten Exemplar für nur 30 % des Normalpreises als E-Book beziehen.

Der BESONDERE VORTEIL: Im E-Book recherchieren Sie in Sekundenschnelle die gewünschten Themen und Textpassagen. Denn die E-Book-Variante ist mit einer komfortablen Volltextsuche ausgestattet!

Deshalb: Zögern Sie nicht. Laden Sie sich am besten gleich Ihre persönliche E-Book-Ausgabe dieses Titels herunter.

In 3 einfachen Schritten zum E-Book:

❶ Rufen Sie die Website **www.beuth.de/e-book** auf.

❷ Geben Sie hier Ihren persönlichen, nur einmal verwendbaren E-Book-Code ein:

315213D23A0A564

❸ Klicken Sie das „Download-Feld“ an und gehen dann weiter zum Warenkorb. Führen Sie den normalen Bestellprozess aus.

Hinweis: Der E-Book-Code wurde individuell für Sie als Erwerber dieses Buches erzeugt und darf nicht an Dritte weitergegeben werden. Mit Zurückziehung dieses Buches wird auch der damit verbundene E-Book-Code für den Download ungültig.

Autorenporträts

Paul Girbig

Dr.-Ing. Paul Girbig war mehr als 30 Jahre bei der Siemens AG in der Division Power and Gas für Turbinen und Verdichter in der industriellen Anwendung zuständig. Seit 2019 ist er Lehrbeauftragter an der Technischen Universität München und an der Hochschule für angewandte Wissenschaften Ansbach zum Thema Energieversorgung und Kraftwerkstechnik. Er ist Mitglied der VDI Gesellschaft Energie und Umwelt bzw. leitete den Richtlinienausschuss VDI 4602 – Energiemanagement. Seit 2007 ist er über sein Mitwirken im DIN-Arbeitsausschuss „Energieeffizienz und Energiemanagement" als deutscher Delegierter auf europäischer Ebene bei CEN/CENELEC und auf internationaler Ebene bei ISO in den Standardisierungsvorhaben um die DIN EN ISO 50001 Energiemanagementsysteme eingebunden. Weiterhin ist er Mitwirkender in der CEN-Arbeitsgruppe Revision der EN 16325 „Guarantees of Origin", Herkunftsnachweise erneuerbare Energie.

Nathanael Harfst

Nathanael Harfst ist Berater und Wissenschaftler im Bereich Energie-, Klimamanagement und Controlling. Als Autor war er an verschiedenen Veröffentlichungen zum Energiemanagement, zu Energiekennzahlen sowie zur Revision der ISO 50001 beteiligt. Im Rahmen seiner Dissertation untersuchte er die Wirksamkeit von Energiemanagementsystemen und deren Integration in deutschen Unternehmen auf Basis einer breit angelegten quantitativen fragebogenbasierten Studie. Er ist Mitglied im DIN-, CEN- und ISO-Normenausschuss für Energiemanagement. Als Vertreter des Normenausschusses begleitete er auf internationaler Ebene u. a. die Revision der DIN EN ISO 50001:2018 sowie die Erarbeitung weiterer einschlägiger Normen u. a. auch als Projektleiter. Schwerpunkt seiner Beratungstätigkeit liegt auf dem Aufbau und der Nutzung aussagekräftiger Energie- und Klimakennzahlen in vielfältigen Unternehmen unterschiedlicher Branchen.

Ulrich Nissen

Ulrich Nissen ist Inhaber der Professur für Energiemanagement und Controlling an der Hochschule Niederrhein, führt regelmäßig Industrieprojekte durch, ist Mitarbeiter im DIN-Ausschuss „Energieeffizienz und Energiemanagement“ und arbeitet als Delegierter des deutschen Ausschusses auf europäischer (CEN) sowie auf internationaler Ebene (ISO) an Normungsvorhaben mit. Schwerpunkte seiner Forschungs- und Beratungsaktivitäten umfassen vor allem Wirtschaftlichkeitsanalysen von Energiemaßnahmen, Energieleistungskennzahlensysteme und Energiekostenrechnung. Nissen ist Geselle des Kfz-Elektriker-Handwerks, hat an der Universität Hamburg Wirtschaftsingenieurwesen sowie an der Fachhochschule Nürtingen Umweltschutz studiert und promovierte mit einer Dissertation über die europäische EMAS-Verordnung. Berufserfahrung sammelte Nissen nach Lehre und Studium beim Fraunhofer IPA, als freischaffender Unternehmensberater sowie als Leiter Controlling bei dem Industrieunternehmen „Vereinigte Spezialmöbelfabriken GmbH & Co. KG“, bevor er 2007 zum Professor für Energiemanagement und Controlling zunächst an der Technischen Hochschule Mittelhessen und dann 2013 an der Hochschule Niederrhein ernannt wurde.

Inhaltsverzeichnis

Autorenporträts V

1 **Einführung** 1

2 **Ausrichtung des Energiemanagements auf betriebswirtschaftliche Ziele und Integration in das betriebliche Controlling** 3

2.1 Kennzahlengestütztes Controlling aus dem Blickwinkel des Energiemanagements 6

2.2 Kennzahlengestütztes Energiemanagement aus dem Blickwinkel des Controllings 14

2.2.1 Übertragung typischer Steuerungsmechanismen des Controllings auf betriebliches Energiemanagement 14

2.2.2 Ausprägungen von Energieleistungskennzahlen aus Sicht des Controllings 21

2.3 Typisierung von betrieblichen Energiekennzahlen 24

2.4 Abgrenzung von Steuerungsobjekten 27

2.5 Festlegung von EnPI-Eignern und Verantwortungsübertragung, Klärung von möglichen „Bezugsgrößen" 29

3 **Entwicklungsgeschichte der ISO-Normen über Energieleistungskennzahlen und Energiemanagementsysteme** 33

3.1 Entwicklung der ISO 50001 34

3.2 Entwicklung der ISO 50006 36

4 **Kommentierte Ablauffolge der Einführung eines Systems von Energieleistungskennzahlen nach der ISO 50006** 45

4.1 Grundstruktur eines EnPI-Systems nach der ISO 50006 46

4.2 Bedeutung von „relevanten Variablen" und „statischen Faktoren" 48

4.3 Bestimmung von „relevanten Variablen" 48

4.4 Bestimmung von „statischen Faktoren" 49

4.5 Umgang mit Ausreißern 49

4.6 Festlegung von EnPIs 50

4.7 Ermittlung und Einsatz von „energetischen Ausgangsbasen" bzw. „Referenz-EnPI-Werten" und Länge der Bezugs- und Berichtszeiträume 52

5 Erarbeitung geeigneter Energieleistungskennzahlen gemäß DIN EN ISO 50001 und ISO 50006 . . . 56
5.1 Relevanz und Zielsetzungen von Energieleistungskennzahlen . . 56
5.2 Umfang des Energiekennzahlensystems . . . 58
5.3 Schwerpunktorientierte Abgrenzung des wesentlichen Energieeinsatzes . . . 61
5.4 Berücksichtigung relevanter Einflussgrößen zur Normalisierung von EnPI-Werten . . . 64
5.5 Ermittlung der Einflussfaktoren auf die Energieverbräuche . . . 68
5.5.1 Kategorien von Einflussfaktoren . . . 68
5.5.2 Theoretische Vorüberlegung zu den wesentlichen Einflussfaktoren . . . 69
5.5.3 Beurteilung der Relevanz der sich routinemäßig ändernden Variablen . . . 70
5.6 Zusammenhang zwischen relevanten Variablen und den Arten von Energiekennzahlen . . . 75
5.7 Statistische Ermittlung von Energieverbrauchsgleichungen . . . 80
5.7.1 Beispiel mit einer Variable – Wärmebedarf eines Gebäudes . . . 80
5.7.2 Beispiel mit mehreren Variablen – Schrittweise Ableitung der EnPI einer Kartonmaschine . . . 86
5.8 Kritische Betrachtung der statistischen Analyse zur Erarbeitung von Energieleistungskennzahlen . . . 99
5.8.1 Relevanz der zugrunde liegenden Daten . . . 99
5.8.2 Einführung des Begriffs „Sockelverbrauch“ . . . 102
5.9 Nachweis der Verbesserung der energiebezogenen Leistung . . . 104
5.10 Nutzen von aussagekräftigen EnPIs . . . 110

6 Kennzahlen zur Bewertung der wirtschaftlichen Vorteilhaftigkeit von Energiemanagementmaßnahmen . . . 113
6.1 Verfahren zur systematischen und unternehmenswertorientierten Ermittlung und Bewertung von Energieeinsparpotenzialen . . . 114
6.2 Kennzahl zur Leistungssteuerung von Energiemanagern . . . 120
6.3 Amortisationszeit als Bewertungsmaßstab für Energieeffizienzmaßnahmen ungeeignet . . . 121
6.4 Vorstellung der Norm DIN EN 17463 zur Beurteilung der wirtschaftlichen Vorteilhaftigkeit von energiebezogenen Maßnahmen . . . 124

7 Schlüsselfaktoren eines wirksamen Energieleistungskennzahlensystems . . . 132

8 Steuerung mit Energieleistungskennzahlen . . . 143

8.1 Basisdatenermittlung für den Aufbau von Kennzahlen, Klärung der „relevanten Variablen“ und „statischen Faktoren“ . 143

8.2 Aufbereitung von Energieverbrauchsgleichungen, um sie aggregierbar zu machen . . . 146

8.3 Ansätze zur Festlegung von EnPI-Zielwerten . . . 149

8.4 Bestimmung von EnPI-Zielwerten . . . 150

8.5 Baseline-Ist- und Soll-Ist-Vergleiche als wesentliches Steuerungsinstrument im Energiemanagement . . . 154

8.6 Anreize zur Festlegung anspruchsvoller Energieeffizienzziele . . 155

8.7 EnPI-Reporting . . . 157

8.8 Klimaschutzmanagement auf der Grundlage der ISO 50001 i. V. m. der ISO 50006 . . . 159

8.9 Einsatz Erneuerbarer Energie als Beitrag zur Verbesserung der energiebezogenen Leistung . . . 163

9 ISO 50006 im Einfluss benachbarter Standards und der Digitalisierung . . . 165

9.1 Benachbarte Normen . . . 165

9.1.1 DIN ISO 50015 Energiemanagementsysteme – Messung und Verifizierung der energiebezogenen Leistung von Organisationen – Allgemeine Grundsätze und Leitlinien . . . 165

9.1.2 ISO 50047 Energy savings – Determination of energy savings in organizations . . . 166

9.1.3 DIN EN ISO 14001 und Europäische EMAS-Verordnung . . . 167

9.1.4 DIN EN ISO 14031 Umweltmanagement – Umweltleistungsbewertung – Leitlinien . . . 168

9.1.5 DIN EN 16212 Energieeffizienz und -einsparberechnung – Top-down- und Bottom-up-Methoden . . . 169

9.1.6 DIN EN 16231 Energieeffizienz-Benchmarking-Methodik . . . 170

9.1.7 VDI-Richtlinie 4602 – Blatt 1: Energiemanagement – Grundlagen . . . 170

9.1.8 VDI 4662 Bildung, Implementierung und Nutzung von Energiekennwerten . . . 171

9.2 Anpassung von Managementsystem-Standards an die „High Level Structure“ – zukünftig „Harmonized Structure“ . . . 172

9.2.1 Aufbau der im Jahr 2012 eingeführten High Level Structure 173
9.2.2 Überführung der ISO 50001 in die High Level Structure – Einfluss auf benachbarte Standards ISO 50004 und ISO 50006 176
9.3 Einfluss der steigenden Digitalisierung in den Prozessen auf die Definition der Kenngrößen und Anwendung der DIN ISO 50006 178

10 Fazit 181

Anlage Zusammenstellung der von dem ISO-Komitee TC 301 zur Verfügung gestellten Normen zur ISO 50001 183

Abkürzungsverzeichnis 189

Literatur 193

1 Einführung

Paul Girbig, Nathanael Harfst und Ulrich Nissen

Energieeffizienzmaßnahmen müssen sich lohnen, nur wie den Erfolg planen und verfolgen? Energiekennzahlen können dabei helfen, wenn sie als Steuerungsinstrumente eingesetzt werden. Sie schaffen eine Basis für Regelkreise und unterstützen eine erfolgreiche Verfolgung von Energieeffizienzzielen auf den verschiedensten Ebenen eines Unternehmens, vom Topmanagement, im kaufmännisch-technischen Entscheidungsprozess bis zum operativen Handeln.

Das vorliegende Buch unterstützt Praktiker dabei, Regelkreise zur Verbesserung der Effizienz aufzubauen. Es berücksichtigt die Inhalte der internationalen Norm ISO 50006:2023, geht aber auch darüber hinaus. Der Leser erhält zudem Unterstützung bei der Erfüllung jener Anforderungen der Energiemanagementnorm DIN EN ISO 50001, die die Festlegung der Energiekennzahlen betreffen. Das Buch zeigt einen Weg

- von der Identifizierung der relevanten Energieverbräuche und Prozesse über
- die Ermittlung der energetischen Ausgangsbasen,
- die Klärung der Einflussfaktoren (sogenannte „relevante Variablen“ und „statische Faktoren“),
- die Aufstellung von Energieverbrauchsgleichungen,
- die anschließende Ableitung von Energieleistungskennzahlen (EnPIs)
- bis zur Steuerung der Energieverbräuche und -kosten mithilfe von EnPIs.

Dazu sind Effizienzmaßnahmen und Zielvorgaben für die EnPIs aus identifizierten Einsparpotenzialen für alle relevanten Prozesse abzuleiten. Diese Zielvorgaben müssen später – nach Normalisierung – mit gemessenen Ist-Kennzahlenwerten verglichen werden, um im Falle gravierender Abweichungen Abhilfemaßnahmen einzuleiten. Erreichte Ziele werden nach Festlegung weiterer Effizienzverbesserungsmaßnahmen durch neue ersetzt, wenn wirtschaftliche Vorteile zu erwarten sind, wodurch sich schließlich ein fortschreitender Verbesserungsprozess ergibt.

Der Ableitung geeigneter EnPIs und Durchführung einer Normalisierung geht regelmäßig eine vertiefte Datenanalyse voraus. Hierzu eignen sich einfache und vertiefende statistische Methoden, auf deren Anwendung mit Bezug zum Energiemanagement im Buch eingegangen wird.

Die Auswertung der Daten bildet die Grundlage des soeben skizzierten Bottom-up-Ansatzes. Im Buch wird darauf aufbauend gezeigt, wie die auf operationaler Ebene festgelegten Ziele auf den jeweiligen übergeordneten Ebenen aggregiert werden und somit auf höchster Ebene einen Teil der strategischen Erfolgsziele bilden können.

Da Energieeffizienzmaßnahmen in der Regel mit Investitionsentscheidungen verbunden sind, die üblicherweise nur dann Aussicht auf Umsetzung haben, wenn ein möglichst umfangreicher wirtschaftlicher Nutzen zu erwarten ist, geht das Buch auch auf die Bewertung von derartigen Maßnahmen ein.

Insgesamt richtet sich das Buch an all jene, die sich eine Hilfestellung dahingehend wünschen, Energieverbräuche und Energiekosten systematisch und dauerhaft zu steuern. Hierzu zählen vor allem solche Unternehmen, die bereits über ein DIN EN ISO 50001-Energiemanagementsystem verfügen (oder dies planen) und sich dadurch verpflichtet haben, „angemessene" Energieleistungskennzahlen festzulegen und einzusetzen.

2 Ausrichtung des Energiemanagements auf betriebswirtschaftliche Ziele und Integration in das betriebliche Controlling

Ulrich Nissen

Organisatorische (Um-)Strukturierungs- und Investitionsentscheidungen werden in einem privatwirtschaftlichen Unternehmen regelmäßig dann gefällt, wenn sich daraus (letzten Endes) ein wirtschaftlicher Nutzen ergibt. Dies gilt auch für die Implementierung eines Energiemanagementsystems (EnMS). In der betrieblichen Praxis lassen sich vor allem zwei Nutzen ausfindig machen.

Nutzen Nr. 1:

Ein wirtschaftlicher Nutzen liegt zum einen dann vor, wenn mit der Einführung eines EnMS aufgrund gesetzlicher Privilegien (etwa über den Spitzenausgleich oder Entlastungen per Carbon-Leakage-Verordnung [BECV]) unmittelbare Kostensenkungen bzw. Rückerstattungen verbunden sind. Im Vordergrund steht hierbei vor allem der Erhalt des Zertifikates und regelmäßig nicht so sehr das Anstreben einer hohen Energieeffizienzleistung durch Setzen und Verfolgen ambitionierter Energieverbrauchs- und -kostensenkungsziele. Die von der DIN EN ISO 50001 geforderte betriebsindividuelle Entwicklung derjenigen Systemelemente, die für die Systemwirksamkeit von herausragender Bedeutung sind, nämlich

- einer passenden betrieblichen Energiepolitik (Abschnitt 5.2 der Norm),
- der Festlegung geeigneter Energieziele,
- der korrespondierenden Aktionspläne (beides Abschnitt 6.2 der Norm) und der
- Ermittlung und Anwendung angemessener Energieleistungskennzahlen (Abschnitt 6.4 der Norm),

scheint in der Praxis nicht selten nur unzureichend stattzufinden, also nicht auf der Grundlage

- analysierter Betriebsgegebenheiten,
- festgelegter Schwerpunkte/Prioritäten,
- abgeleiteter und bewerteter Energiekostensenkungsmaßnahmen und
- ermittelter Erfolgspotenziale,

was notwendig wäre.

Bei einem Energiemanagement, das ausschließlich mit Blick auf den Erhalt des Zertifikates betrieben wird, ist eine Steuerungswirkung fraglich. Es ist aufgebaut und wird betrieben, weil es gefordert wird, und nicht, weil man einen sich aus den aufzubauenden Strukturen ergebenden wirtschaftlichen Nutzen erwartet. Seine Steuerungs- und in Folge Kostensenkungswirkung verpufft – abgesehen von staatlichen Privilegien – im Wesentlichen. Und das ist zum einen nicht im Sinne der Norm: Der Einleitung der DIN EN ISO 50001 entsprechend ist ein kontinuierlicher Plan-Do-Check-Act-Zyklus vorgesehen, der eine fortlaufende[1] Verbesserung der energiebezogenen Leistung erwirken soll. Zum anderen sollte es eigentlich auch nicht den Vorstellungen eines jeweiligen Topmanagements entsprechen; denn die Praxis zeigt immer wieder, dass in Industrieunternehmen regelmäßig beträchtliche Energieverbrauchs- und somit auch -kostensenkungspotenziale vorhanden sind, deren Ausschöpfung wirtschaftliche Vorteile brächte[2]. Doch dazu müsste ein solches System auf betriebswirtschaftliche Ziele ausgerichtet werden. Was ist damit gemeint?

Nutzen Nr. 2:

Das Ausrichten eines Energiemanagements auf betriebswirtschaftliche Ziele bedeutet, dass bei allen energiemanagementorientierten Maßnahmen die **ökonomische Zweckmäßigkeit** im Vordergrund steht. Es geht um das „systematische“, „schwerpunktorientierte“, „kontinuierliche“ und vor allem „effiziente“ Ausloten und Ausschöpfen von Energiekostensenkungspotenzialen. Hierauf ist der Fokus zu legen. Das Festlegen von energieorientierten Zielen und abgeleiteten Effizienzmaßnahmen sollte sich danach richten, dass deren Umsetzungen Beiträge zum Unternehmensgewinn, zur Unternehmenswertsteigerung o. Ä., also zum Unternehmenserfolg leisten. „Systematisch“ bedeutet dabei, dass Energiemanagement nach einem individuellen System, nach einem Plan zu erfolgen hat und nicht durch eher spontane Einzelaktivitäten. Mit „schwerpunktorientiert“ und „effizient“ ist gemeint, Maßnahmen, die die größten wirtschaftlichen Erfolgspotenziale erwarten lassen, in den Mittelpunkt zu stellen, wobei die Transaktionskosten, also der Aufwand für das Suchen, Finden, Prüfen, Bewerten und Auswählen von Lösungen zu berücksichtigen sind. Dies alles wäre grundsätzlich im Vorfeld zu prüfen.

---

1 In der 2011er-Version der DIN EN ISO 50001 wurde noch von kontinuierlicher Verbesserung gesprochen. Mit der Revision der Norm ist dieser Begriff durch „fortlaufend“ ersetzt worden.

2 Die regelmäßig zu erwartenden und z. T. empirisch dokumentierten Einsparpotenziale werden in der Literatur unter dem Stichwort „Energy Efficiency Gap“ behandelt, vgl. beispielhaft: Allcott/Greenstone, 2012 [1]; Backlund et al., 2012 [2]; Cagno et al., 2013 [3]; Gerarden/Newell/Stavins, 2015 [7]; Hirst/Brown, 2003 [11]; Jaffe/Stavins, 1994 [12]; Schleich, 2007 [19]; UNIDO, 2011 [20].

Hinsichtlich energiemanagementorientierter Investitionen verlangt eine betriebswirtschaftliche Zielorientierung, Ideen zur Verbesserung der Energieeffizienz etwa eines (Produktions-)Prozesses nur dann einer Realisierung zuzuführen, wenn ein betriebswirtschaftlicher Nettoerfolg zu erwarten wäre, wenn also der „Return" größer ist als das „Investment". Maßnahmen, die zwar zu erheblichen Energieeinsparungen führen könnten, gleichwohl aber unverhältnismäßige Investitionsausgaben nach sich zögen, haben tendenziell auszubleiben. Bei der Beurteilung der Zweckmäßigkeit von energieorientierten Investitionen bietet sich die Kapitalwertmethode als Bewertungsinstrument an. Von der Anwendung der „Interne-Zinsfußmethode" sowie insbesondere der „dynamischen Amortisationszeitmethode" wird abgeraten (das gilt selbstverständlich auch für alle statischen, den Zeitwert des Geldes nicht berücksichtigenden Berechnungsmethoden), weil sie massive Schwächen aufweisen, die speziell im Energiebereich zum Tragen kommen. Hierauf wird noch zurückzukommen sein.

Hinsichtlich des Verhaltens der Mitarbeiter erfordert die Ausrichtung auf betriebswirtschaftliche Ziele die Etablierung von Regelkreisen, die auf folgende Weise zu Selbstregulationsmechanismen führen sollte: Alle Mitarbeiter eines Unternehmens, die Einfluss auf den Energieverbrauch oder die Energieeffizienz von Prozessen haben, werden durch gesetzte Ziele (die in Kennzahlen oder Budgets für einen bestimmten Zeitraum festgelegt sind) angereizt, einen fortlaufenden Verbesserungsprozess im Hinblick auf die Energiekosten zustande zu bringen. Diese Ziele sind dann regelmäßig mit der Realität zu vergleichen und in Berichten darzustellen, sodass im Falle von Abweichungen zwischen Ist- und Sollwerten eingegriffen werden kann. Ein regelmäßiges

- Setzen von Zielen (oder Planwerten, etwa Plankosten),
- Ermitteln von Zielerreichungsgraden (Vergleich zwischen Ist- und Ziel- bzw. Soll-Werten),
- Darstellen der Vergleiche in Reports,
- Intervenieren im Fall von Abweichungen und
- Bewerten und ggf. Freigeben von investiven Maßnahmen

wird auch (operatives) Controlling genannt. Diese Disziplin, die ihren Ursprung in den USA hat, wurde Anfang der Siebzigerjahre von dem Unternehmensberater, Wissenschaftler, Dozenten und Publizisten Albrecht Deyhle und dem Hochschullehrer Péter Horváth, der 1973 den ersten deutschen Lehrstuhl für dieses Themengebiet besetzte, in Deutschland eingeführt. Im Anschluss daran verbreitete sich Controlling in der betrieblichen Praxis über die Jahre stark.

Mittlerweile verfügen in Deutschland sehr viele Unternehmen über eine Controlling-Funktion zumeist in der Form einer eigenen Abteilung, die als Stabsabteilung regelmäßig den kaufmännischen Geschäftsführungen oder Finanzvorständen zugeordnet ist. Die Häufigkeit ihrer Existenz deutet darauf hin, dass sich Controlling offenbar in sehr vielen Fällen bewährt hat (vgl. Weber/ Jahnke, 2013 [22]). Nach 50 Jahren gelebter Praxis in Deutschland macht es daher Sinn, die gemachten Erfahrungen dem – im Vergleich noch sehr jungen – Energiemanagement bereitzustellen. Damit beschäftigen sich die nächsten Abschnitte.

2.1 Kennzahlengestütztes Controlling aus dem Blickwinkel des Energiemanagements

In den folgenden Ausführungen wird die Wirkungsweise von Controlling beschrieben, aber nur insoweit, wie es für den Aufbau und den Betrieb eines Energiemanagements hilfreich erscheint. Im Zentrum der Betrachtung stehen beim Controlling regelmäßig Steuerungsobjekte, denen man Kosten, Umsätze oder andere Erfolgsparameter zuordnen kann. Beginnen wir bei der Kostenstelle als Steuerungsobjekt, zunächst der Kostenstelle in der Produktion[3].

Einer Kostenstelle wird üblicherweise ein Kostenstellenbudget zugeordnet, also Plankosten veranschlagt, die in einem bestimmten Zeitraum, in der Regel ein Jahr, verausgabt werden dürfen. Verantwortlich hierfür ist regelmäßig der Kostenstellenleiter, nennen wir ihn Karl. Karl ist Meister und verantwortet mehrere Produktionsmaschinen. Vor Beginn einer Geschäftsperiode wird Karl mitgeteilt, in welchem Umfang seine Maschinen benötigt werden. Man nennt ihm die „Laufstundenzahl“ (als Ergebnis der Jahreskapazitätsplanung), also die Anzahl der Produktivstunden, die 700 Stunden betragen sollen (vgl. Abbildung 2.1).

3 Dem zu beschreibenden Controllingsystem soll eine Teilkostenrechnung zugrunde liegen. Damit ist gemeint, dass zwischen fixen und variablen Kosten unterschieden wird, was in der betrieblichen Praxis häufig eine deckungsbeitragsorientierte Unternehmenssteuerung ermöglicht. Diese Festlegung kommt in Abbildung 2.2 zum Tragen.

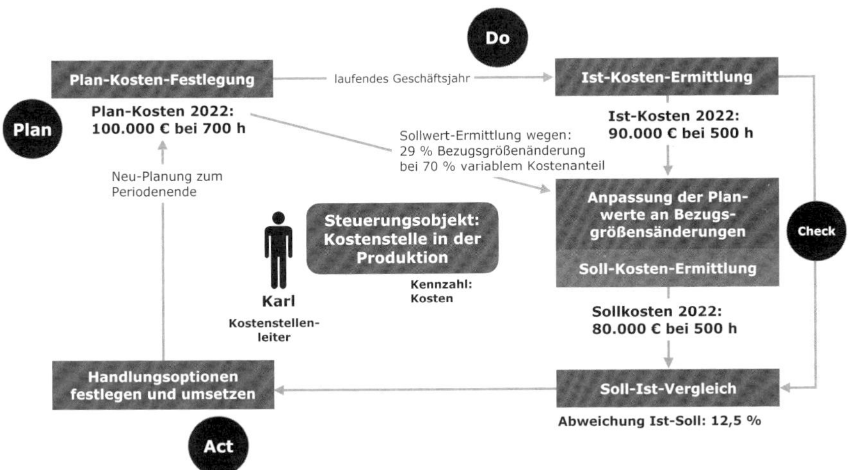

Abbildung 2.1: Kostenstellen-Controlling-Regelkreis

Auf der Grundlage dieser Angabe schätzt Karl die Plankosten für die nächste Geschäftsperiode ab. Hierzu erhält er eine Übersicht sämtlicher in der letzten Periode (= „Bezugszeitraum“) für ihn relevanten Kostenarten mit den entsprechenden Kosten-Beträgen. Dazu zählen üblicherweise auch Energiekosten. An diesen Kostenartenbeträgen kann er sich orientieren und überlegen, welche Veränderungen zu erwarten sind.

Um nicht Gefahr zu laufen, am Periodenende sein Budget überzogen zu haben, gibt Karl nicht die aus seiner Sicht realistischen Kosten an, sondern baut Puffer in seinen Budgetentwurf ein, setzt also seinen Budgetentwurf tendenziell zu hoch an. Diesen Entwurf hat er nun vor der Controlling-Leiterin zu rechtfertigen, die wir Doris nennen wollen. Da Doris über umfassende Berufserfahrung verfügt, kennt sie die Neigung der Kostenstellenleiter zur Pufferbildung und wirkt dem bei der anschließenden Budgetverhandlung entgegen. Am Ende einigen sich beide auf ein Budget, das in unserem Beispielfall bei 100.000 € für das zu planende Geschäftsjahr 2022 (= „Berichtszeitraum“) liegen soll.

Nun beginnt die Geschäftsperiode, währenddessen – üblicherweise im Monatsrhythmus – Karl regelmäßig von Doris durch einen zugesandten Kostenstellenreport, der Soll-Ist-Vergleiche enthält, über seine Budget-Über- oder Unterschreitung informiert wird. Als Beispiel sei der Monat Dezember herausgegriffen. Im Dezember-Report werden die gesamten Jahres-Ist-Kosten mit den Jahres-Planwerten verglichen. Karls Ist-Kosten belaufen sich in unserem Beispiel auf 90.000 € (vgl. Abbildung 2.1). Bei einem Vergleich mit seinem Plan-Wert stellt er fest, dass er das Budget um 10.000 € unterschritten hat. Er ist daher der Auffassung, er habe im Jahr 2022 gut gewirtschaftet. Das sieht Doris in ihrer Funktion als Leiterin des Controllings allerdings anders. Letztgenannte argumentiert, dass die Plankosten unter der Annahme, 700 Arbeits- bzw. Laufstunden würden geleistet werden, festgelegt worden seien. Tatsächlich sind aber nur 500 Stunden zustande gekommen. Und da die Plankosten in dieser Kostenstelle zu 70 % variabel sind (dies habe man durch Kostenanalysen ermittelt), also von der Laufstundenzahl abhängen, könne man die Plankosten nicht mehr als Vergleichsmaßstab zugrunde legen. Notwendig sei, so Doris, die Plankosten an die veränderte Beschäftigung (von 700 auf 500 Stunden) anzupassen. Im Controlling nennt man die Größe, mit der angepasst werden soll, „Bezugsgröße“ (hier „Beschäftigung“ oder „Laufstunden“ [h]). Ergebnis einer solchen Anpassung (oder „Normalisierung“), die in Abbildung 2.2 verdeutlicht wird, sind dann die sogenannten „Soll-Kosten“.

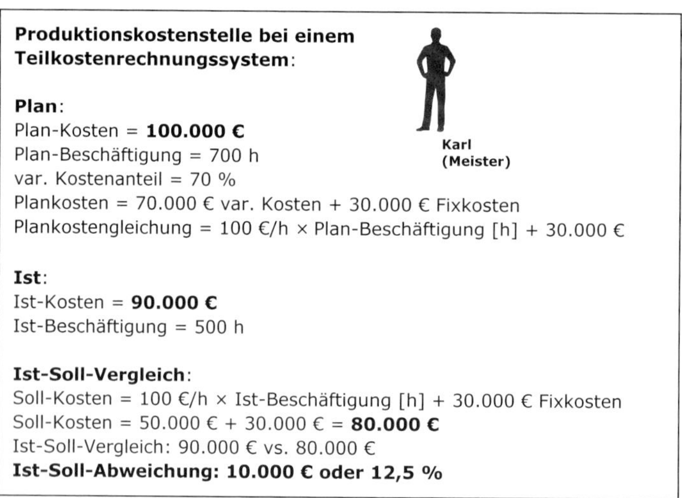
Produktionskostenstelle bei einem Teilkostenrechnungssystem:

Plan:
Plan-Kosten = **100.000 €**
Plan-Beschäftigung = 700 h
var. Kostenanteil = 70 %
Plankosten = 70.000 € var. Kosten + 30.000 € Fixkosten
Plankostengleichung = 100 €/h × Plan-Beschäftigung [h] + 30.000 €

Ist:
Ist-Kosten = **90.000 €**
Ist-Beschäftigung = 500 h

Ist-Soll-Vergleich:
Soll-Kosten = 100 €/h × Ist-Beschäftigung [h] + 30.000 € Fixkosten
Soll-Kosten = 50.000 € + 30.000 € = **80.000 €**
Ist-Soll-Vergleich: 90.000 € vs. 80.000 €
Ist-Soll-Abweichung: 10.000 € oder 12,5 %

Abbildung 2.2: Ermittlung von Soll-Kosten durch Adjustierung der Plankosten und Durchführung eines Ist-Soll-Vergleiches

Diese Soll-Kosten – und nur sie – sind Maßstab für den Vergleich mit den Ist-Kosten, weshalb der Vergleich dann auch Ist-Soll-Vergleich genannt wird. In unserem Beispiel betragen die Soll-Kosten 80.000 €. Der Ist-Soll-Vergleich führt demzufolge zu einer Schlecht-Abweichung von 10.000 € oder 12,5 %, die Karl zu verantworten und zu rechtfertigen hat. Ist die Abweichung nicht auf unbeeinflussbare Einwirkungen von außen zurückzuführen, liegt sie also im

Verantwortungsbereich von Karl, ist er nun aufgerufen, sich Maßnahmen zu überlegen, die darauf hinwirken, dass sie in der Zukunft vermieden werden. Hierdurch schließt sich der Regelkreis.

Einen solchen Mechanismus wenden Controller regelmäßig nicht nur im Bereich der Steuerung von Kostenstellen, sondern etwa auch bei der Vertriebssteuerung und bei dem Einsatz von Unternehmenskennzahlen, sogenannten „Key Performance Indicators“ (KPIs), an. Abbildung 2.3 verdeutlicht beispielhaft die Art und Weise, wie die Regionalleiterin Sabine durch den regelmäßigen Vergleich von Ist- mit Soll-Umsätzen steuert.

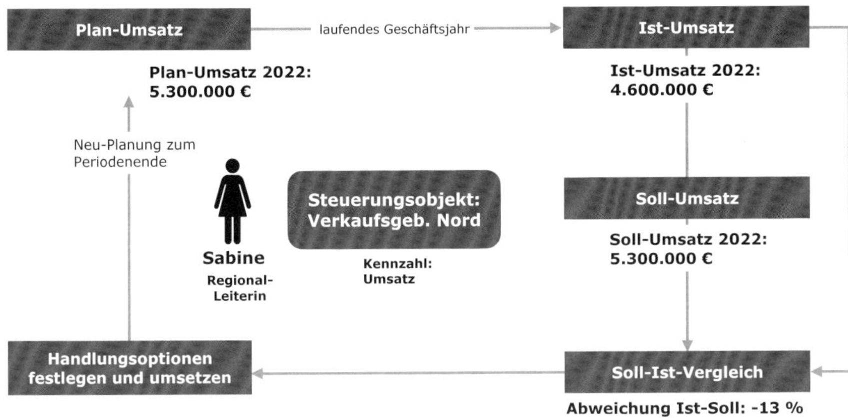

Abbildung 2.3: Steuerung des Außenvertriebs mithilfe von Umsatzkennzahlen

Erkennbar ist, dass im Gegensatz zur Steuerung einer Produktionskostenstelle eine Anpassung von Plan- zu Sollkosten mangels Bezugsgröße nicht stattfindet. Beim Beispiel in der nächsten Abbildung 2.4 handelt es sich um die Steuerung einer Abteilung bzw. eines Abteilungsleiters (hier Günter als Leiter der Logistik) mithilfe von KPIs. Auch hier erfolgt üblicherweise zunächst die Festlegung von Plan-Werten, die später – sofern eine Plan- zu Soll-Wert-Normalisierung mangels Bezugsgrößen nicht infrage kommt – mit Ist-Ergebnissen verglichen werden, woraus regelmäßig im Falle von relevanten Abweichungen Korrekturmaßnahmen folgen.

Die Wirksamkeit der soeben dargestellten Regelkreise ist allerdings nicht automatisch gegeben. Um eine hohe Effektivität zu erzeugen, sind eine Reihe von Voraussetzungen zu erfüllen. Abbildung 2.4 zeigt die Determinanten auf, die auf der Grundlage gemachter praktischer Erfahrungen entscheidend die Wirksamkeit derartiger Regelungsstrukturen bestimmen.

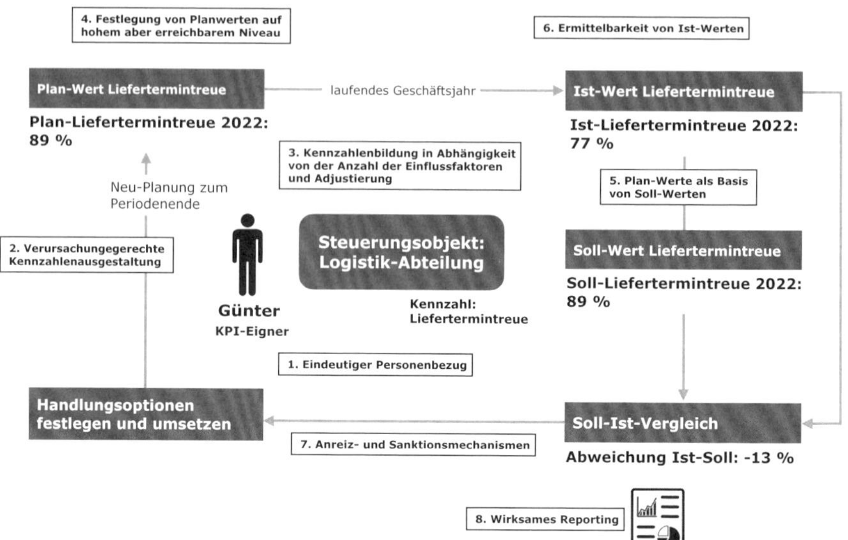

Abbildung 2.4: Wichtige Wirksamkeitsdeterminanten einer kennzahlbasierten Unternehmenssteuerung

Bei diesen Determinanten handelt es sich um:

1) **Eindeutiger Personenbezug:** Die Steuerungsgröße (z. B. Kosten einer Kostenstelle, Umsatz eines Vertriebsbereiches oder die Liefertermintreue der Unternehmenslogistik) muss eindeutig einer Person zugeordnet werden, die verantwortlich ist. Werden zwei oder mehr Kennzahlen-Eigner für eine Steuerungsgröße bestimmt, kann es leicht vorkommen, dass bei Abweichungen die Schuld bzw. Verantwortung dafür hin und her geschoben wird. Im Controlling nennt man diese Personen Kostenstellenleiter, Budgetverantwortliche, KPI-Eigner o. Ä.

2) **Verursachungsgerechte Kennzahlenausgestaltung:** Die Steuerungsgröße darf nur durch den Kennzahlen-Eigner beeinflussbar sein (Ausschließlichkeit), andernfalls lassen sich Abweichungen zwischen Soll und Ist nicht kausal den verantwortlichen Personen zuordnen. Eine Verursachungsgerechtigkeit wäre nicht gewährleistet. Dies kann Fehlsteuerungen nach sich ziehen und die Motivation, Fehler zu beseitigen, untergraben. Sofern eine Steuerungsgröße (etwa Kosten einer Produktionskostenstelle) zunächst noch nicht ausschließlich durch den ernannten Kennzahlen-Eigner beeinflusst wird (etwa durch die Anzahl der Produktivstunden), sind **Normalisierungen** vorzunehmen. Durch solche Normalisierungen einer Steuerungsgröße (z. B. Kosten) entwickelt sich diese Größe zu einer für

Steuerungszwecke geeigneten Kennzahl (z. B. Kosten pro Produktivstunde). In diesem Beispiel umfasst die Kennzahl (als Steuerungsgröße) nicht die Kosten allein – denn jene werden maßgeblich auch von dem Umfang an Produktivstunden beeinflusst, die der Kennzahleneigner nicht verantwortet –, sondern die Kosten pro Stunde, wodurch die Anzahl der Stunden in der Auswertung durch die Bildung eines Quotienten neutralisiert wird.

3) **Kennzahlenbildung in Abhängigkeit von der Anzahl der Einflussfaktoren:** Liegt nur ein externer, durch den Kennzahlen-Eigner nicht beeinflussbarer Einflussfaktor vor, und ist der Kennzahlenwert (hier: Kosten) vollständig „variabel" (z. B. Produktionsstunden als Einflussfaktor der Kosten einer Produktionskostenstelle), dann können Relativkennzahlen gebildet werden (Beispiel: Kosten der Kostenstelle 4711 dividiert durch die Produktionsstunden, etwa 123 €/h). Die Normalisierung erfolgt dabei quasi automatisch. Hiermit ist die Anpassung an geänderte Rahmengegebenheiten gemeint (also Änderung der Produktionsstunden von Plan zu Soll). Ist jedoch mehr als ein Einflussfaktor gegeben (z. B. neben den Produktionsarbeitsstunden auch die Zeit als Einflussfaktor der „Fixkosten"[4]), dann scheiden üblicherweise Relativkennzahlen aus. Stattdessen werden – wie in Abbildung 2.2 dargestellt – Kostengleichungen abgeleitet und vor einem Soll-Ist-Vergleich entsprechende Plan-Kosten durch Normalisierung in Soll-Kosten umgewandelt. Üblicherweise ermittelt man im Controlling derartige Einflussfaktoren von Steuerungsgrößen sowie deren Relevanz mithilfe von Regressionsanalysen. Hierauf wird noch zurückzukommen sein.

4) **Festlegung von Plan-Werten auf hohem, aber erreichbarem Niveau:** Liegen nach Klärung der Einflussfaktoren und statistischer Analyse geeignete Kennzahlen (= Rechenregeln) vor, sind Plan-Werte festzulegen. Eine anspruchsvolle Planvorgabe wirkt leistungsanreizend. Wenn sie jedoch einen oberen Grenzwert überschreitet, fällt der Leistungsanreiz und in Folge auch die Leistung in sich zusammen (vgl. dazu etwa Wall/Kießling, 2008 [21]). Insofern wird im Controlling versucht, Plan-Werte zwar auf einem anspruchsvollen, aber auch erreichbaren Niveau festzulegen.

   Man unterscheidet bei der Festlegung der Planwerte zwischen dem Top-down- und dem Bottom-up-Ansatz. Beim **Top-down-Ansatz** legt die oberste oder obere Leitung die Plan-Werte fest. Dabei ist sie üblicherweise geneigt, eher (bisweilen zu) anspruchsvolle Vorgaben zu setzen, die nicht selten über das Erreichbare hinausschießen und dann keine Wirkungen entfalten, weil

4 Fixkosten sind jene Anteile der Gesamtkosten, die nur in Abhängigkeit vom betrachteten Zeitintervall variieren und nicht von einer Bezugsgröße in obigem Sinne.

eine Motivation dann erst gar nicht entsteht. Ferner wird bei diesem Ansatz eine notwendige Verantwortungsbereitschaft seitens des Betroffenen untergraben. Die Plan-Werte sind dabei auch regelmäßig ungenau, weil sie nicht aus Potenzialen abgeleitet sind und die Geschäftsführung i. d. R. weniger Detailkenntnisse über das Machbare hat. Als positiv ist bei diesem Ansatz allerdings anzumerken, dass der Aufwand für die Festlegung der Plan-Werte relativ gering und demzufolge der Planungszeitraum kurz ist.

Bei der **Bottom-up-Planung** ist die Lage gänzlich anders. Jener Ansatz, bei dem der erste Vorschlag für Planwerte vom Kennzahl-Eigner vorgelegt wird, ist theoretisch genauer, hat aber auch Schwächen, da der Betroffene regelmäßig taktisch plant, indem er üblicherweise Puffer in seine Planung einbaut. Dieser Mechanismus gehört zu den sogenannten „Principal-Agent-Problemen“, die uns in vielen Situationen im Geschäftsleben (aber auch im Privaten) begegnen[5]. Darüber hinaus ist die Bottom-up-Planung häufig relativ aufwendig, weil zur Plan-Wert-Bestimmung nicht selten umfangreiche Untersuchungen, Beurteilungen, Abschätzungen o. Ä. erfolgen müssen (etwa von Kundengruppen hinsichtlich des Umsatzpotenzials oder etwaiger neuer Bedarfe in Kostenstellen mit Blick auf die Kosten in der nächsten Periode).

Der Top-down-Ansatz macht Sanktionsmechanismen, also Sanktionsregelungen erforderlich, damit die Unternehmensleitung einen Angriffspunkt erhält, um Motivation entstehen zu lassen, sodass die festgelegten Ziele erreicht werden. Demgegenüber benötigt die Bottom-up-Planung zur Wirksamkeitsentfaltung Leistungsanreize, die durch ein Anreizsystem (im Vertrieb z. B. Provisionszahlungen auf den erwirtschafteten Umsatz oder Deckungsbeitrag) erzeugt werden müssen. Hierauf wird noch in Abschnitt 8.6 eingegangen.

5) **Plan-Werte als Basis von Soll-Werten:** Wie dargestellt, werden Soll-Werte üblicherweise aus Plan-Werten durch Anpassung – Normalisierung – an geänderte Rahmengegebenheiten abgeleitet und dienen dann als Vergleichsmaßstab, also als Benchmark für Ist-Werte. Diesen Plan-Werten liegen mehr oder weniger aufwendige Abschätzungs- oder Berechnungsprozesse zugrunde. Möglich ist, Plan-Werte aus Ist-Werten der Vergangenheit abzuleiten (man könnte sie „Ausgangsbasen“ nennen). Der Arbeits-

5 Bei einem Principal-Agent-Problem stehen regelmäßig zwei Akteure in einer Geschäftsbeziehung: der Prinzipal als Auftraggeber und der Agent als Beauftragter. Letztgenannter besitzt dabei normalerweise einen Wissensvorsprung (sogenannte Informationsasymmetrie), der in unterschiedlicher Weise zu Ungunsten des Prinzipals eingesetzt werden kann, wenn davon ausgegangen wird, dass die Interessen von Prinzipal und Agent nicht deckungsgleich sind (was i. d. R. der Normalfall ist).

aufwand dafür ist deutlich geringer; allerdings akzeptiert man implizit bei dieser Vorgehensweise, dass sich Fehler der Vergangenheit in der Zukunft wiederholen dürfen (weil sie systematisch in die Plan-Werte und in der Folge in die Soll-Werte hineingerechnet werden). Letztgenanntes Problem wird verhindert, indem man Fehler oder sonstige Ausreißer aus dem Datenbestand eliminiert oder neutralisiert, ebenfalls eine Art der Normalisierung. Mit einer solchen Adjustierung überführt man in der Kostenrechnung (als bedeutender Teilbereich des Controllings) dann Ist-Kosten der Vergangenheit zu sogenannten „Standardkosten“. Adjustierte Ist-Werte der Vergangenheit können in Zeitreihenanalysen eingesetzt werden, um festzustellen, ob eine kontinuierliche Verbesserung erzielt worden ist. Für die Unternehmenssteuerung ist diese Adjustierung weniger geeignet. Hier sollten Soll-Werte auf erarbeiteten Plan-Werten beruhen (also auf realistischen Abschätzungen der zukünftigen Kosten anstelle der Übernahme solcher aus der Vergangenheit).

6) **Ermittelbarkeit von Ist-Werten:** Plan- bzw. Soll-Werte dienen vornehmlich dazu, sie mit Ist-Werten zu vergleichen, um im Falle von Abweichungen Schlüsse daraus zu ziehen und schließlich Abhilfemaßnahmen einzuleiten. Das funktioniert allerdings nur dann, wenn Ist-Werte auch ermittelt werden können und dies auf wirtschaftlich vertretbare Weise. Das ist bei der Festlegung von Kennzahlen und Bestimmung von Plan-Werten zu berücksichtigen: Eine Kennzahl – die Rechenregel – darf nur dann als solche festgelegt werden, wenn sichergestellt ist, dass sich Ist-Werte auch erfassen und zum Vergleich bereitstellen lassen.

7) **Installation eines effektiven Anreiz- und/oder Sanktionssystems:** Ist nach Klärung und Berücksichtigung relevanter Einflussfaktoren auf das Steuerungsobjekt eine geeignete Kennzahl erarbeitet, der Kennzahl-Eigner bestimmt, der Planwert auf anspruchsvollem und erreichbarem Niveau festgelegt und ein Anreiz- und/oder Sanktionssystem installiert, werden regelmäßig durch die Controllingabteilung Ist-Soll-Vergleiche durchgeführt. Jene Vergleiche zeigen Abweichungen vom Soll-Wert auf, die je nach Umfang regelmäßig Abweichungsursachenanalysen (AUA) nach sich ziehen. Bei Letztgenannten wird zunächst geklärt, ob eine Abweichung auf eine fehlerbehaftete Plan-Wert-Festlegung zurückzuführen ist. In einem solchen Fall wären die Planungsverfahren in Ordnung zu bringen. Andernfalls müsste eine Abweichung mit zu hohen oder zu niedrigen Ist-Werten begründet werden, die im Verschlechterungsfall (also Ist-Wert schlechter als Soll-Wert) den jeweils Verantwortlichen animiert (oder zumindest animieren sollte), Abhilfemaßnahmen einzuleiten, sodass sie in der Zukunft idealerweise ausbleiben.

8) **Wirksames Reporting:** Festgestellte Abweichungen zwischen Plan- und Ist-Werten müssen, damit sie Abhilfehandlungen auslösen, auf geeignete Weise den Verantwortlichen gegenüber kommuniziert werden. Hierfür ist ein Reporting notwendig, das adressatenorientiert, transparent, verständlich und nachvollziehbar ausgestaltet sein sollte, damit es Wirkung entfalten kann. Wirksam ist ein Reporting dann, wenn es die Effekte, auf die es abzielt, auch erwirkt. Die erwünschten Effekte sollten im Vorfeld der Reportinggestaltung geklärt sein.

2.2 Kennzahlengestütztes Energiemanagement aus dem Blickwinkel des Controllings

2.2.1 Übertragung typischer Steuerungsmechanismen des Controllings auf betriebliches Energiemanagement

Der im vorangegangenen Abschnitt dargestellte Steuerungsmechanismus üblicher Controllingsysteme lässt sich auf das betriebliche Energiemanagement übertragen. Die Steuerungsobjekte wären dann energieverbrauchende Prozesse, deren Energieverbrauch gemessen werden kann (was entsprechende Messeinrichtungen sowie die Weiterleitung und Weiterverarbeitung der Messdaten voraussetzt). Für jene Prozesse ließen sich Kennzahlen festlegen. Im Energiemanagement werden solche Kennzahlen als „Energy Performance Indicators“ (EnPI) bezeichnet. Damit ein EnPI eine Steuerungswirkung entfalten kann, ist er einem EnPI-Eigner zuzuweisen und von jenen Beeinflussungsfaktoren zu bereinigen, die vom ernannten EnPI-Eigner nicht beeinflusst und daher nicht verantwortet werden. Im Controlling nennt man diese Beeinflussungsfaktoren – wie bereits erwähnt – „Bezugsgrößen“. Unter Bezugnahme auf die DIN ISO 50006 wären „Bezugsgrößen“ alle sogenannten „relevanten Variablen“, die nicht zum Beeinflussungsbereich des EnPI-Eigners zählen. Jene sind von solchen relevanten Variablen zu unterscheiden, die der EnPI-Eigner beeinflussen kann und die daher gerade nicht neutralisiert werden dürfen, mithin keine „Bezugsgrößen“ sind; andernfalls würde eine vom EnPI-Eigner erwirkte Verbesserung der Energieeffizienz nicht sichtbar werden. Eine entsprechend ausgerichtete Motivation bliebe dann aus. Die folgenden Ausführungen verdeutlichen die Rolle der relevanten Variablen und die Abgrenzung von Bezugsgrößen für die Gestaltung geeigneter Energieleistungskennzahlen (EnPI). Abbildung 2.5 zeigt die Möglichkeiten zur Strukturierung angemessener Kennzahlen.

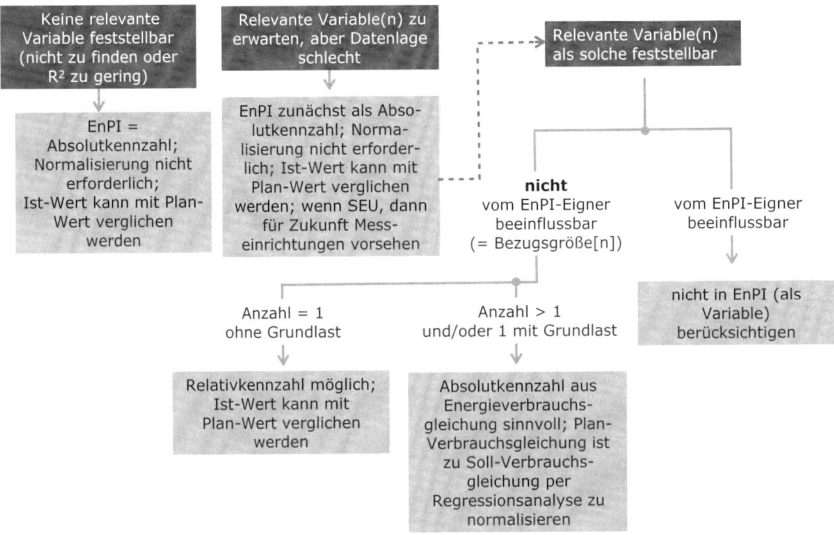

Abbildung 2.5: Möglichkeiten zur Strukturierung „angemessener“ Kennzahlen („SEU“ = significant energy use, also wesentlicher Energieeinsatz)

Zur Verdeutlichung wird Produktionsprozess 4711 betrachtet, den Facharbeiter Hans verantwortet. Die Energieverbräuche und somit -kosten sind in erster Linie abhängig von der Produktionsmenge [t]. Der Bezugszeitraum sei ein Jahr. Da die Jahresproduktionsmenge fest vorgegeben ist, gehört sie nicht zum Verantwortungsbereich von Hans. Dies gilt aber nicht für die Leerlaufdauer der Produktionsanlage. Hierauf hat Hans Einfluss, indem er sie möglichst geschickt steuert.

Würde nun – fälschlich – die Leerlaufdauer als Bezugsgröße angesehen und demzufolge im EnPI (hier: Jahresenergieverbrauch) berücksichtigt werden, läge mehr als ein Einflussfaktor vor, sodass eine Relativkennzahl ausschiede (vgl. Abbildung 2.5) und nur eine Absolutkennzahl (die sich demzufolge nicht „automatisch“ normalisiert) infrage käme. Zunächst soll die Leerlaufdauer berücksichtigt werden. Ausgangsbasis für die Herleitung des EnPI ist eine Wertetabelle zum Energieverbrauch des betrachteten Prozesses und seiner Einflussfaktoren (vgl. Abbildung 2.6).

Monat	ProdMenge [t]	Leerlaufdauer [h]	Verbrauch elektrischer Energie [kWh]
Januar	500 t	20 h	69.040 kWh
Februar	480 t	10 h	65.980 kWh
März	440 t	0 h	61.102 kWh
April	390 t	5 h	54.002 kWh
Mai	520 t	20 h	71.389 kWh
Juni	540 t	32 h	76.223 kWh
Juli	490 t	41 h	70.235 kWh
August	440 t	1 h	61.129 kWh
September	470 t	0 h	64.254 kWh
Oktober	520 t	20 h	72.112 kWh
November	540 t	31 h	75.987 kWh
Dezember	440 t	0 h	60.234 kWh
Gesamt	5.770 t	180 h	801.687 kWh

Abbildung 2.6: Wertetabelle mit Leerlaufdauer für Produktionsprozess 4711

Die durch eine statistische Analyse jener Vergangenheitswerte hergeleitete Energieverbrauchsgleichung[6] ergibt sich für Monatsauswertungen zu:

Energieverbrauchsgleichung als EnPI, Bezug nehmend auf die Zeitspanne Monat

$$EnPI_{4711,Monat} = 127{,}125\frac{kWh}{t} \times Produktionsmenge[t] + 80{,}715kW \times Leerlaufdauer[h] + 4.446kWh \quad (2.1)$$

Energieverbrauchsgleichung als EnPI, Bezug nehmend auf die Zeitspanne Jahr

$$EnPI_{4711,Jahr} = 127{,}125\frac{kWh}{t} \times Produktionsmenge[t] + 80{,}715kW \times Leerlaufdauer[h] + 4.446kWh \times 12\frac{Monate}{Jahr} \quad (2.2)$$

6 Auf die Herleitung von Energieverbrauchsgleichungen und Energieleistungskennzahlen wird in Kapitel 5 näher eingegangen.

Mit diesem EnPI können die Plan-Energieeinsätze für die nächste Periode bestimmt werden.

Energieverbrauchsgleichung als EnPI, Bezug nehmend auf die Zeitspanne Jahr mit Angabe von Zielwerten

$$EnPI_{4711,Jahr} = \left(127{,}125\frac{kWh}{t} \times Produktionsmenge[t] + 80{,}715kW \times Leerlaufdauer[h] + 4.446kWh \times 12\frac{Monate}{Jahr}\right) \times (1 - Zielwert[\%]) \tag{2.3}$$

Plante man, den Energieverbrauch des Prozesses um 10 % zu verringern, teilte die betriebliche Kapazitätsplanung einem mit, dass ein Jahresproduktionsvolumen von 6.000 Tonnen zu erwarten wäre, und ginge man von einer Leerlaufdauer von 180 Stunden aus, dann ergäbe sich durch Einsetzen der Vorgabewerte in die Formel (2.1) ein Plan-Energieverbrauch in Höhe von 747.568 kWh (vgl. Abbildung 2.7), wobei die sich auf Monate beziehende Grundlast mit 12 Monaten multipliziert wurde.

Aspekt	Umfang	Ist-Soll-Abweichung
Plan-Produktionsmenge Berichtsperiode	6.000 t	
Plan-Leerlaufdauer Berichtsperiode	**180 h**	
ZIEL-Wert	-10 %	
EnPI-Werte mit Berücks. der Leerlaufdauer		
Plan-Wert	**747.568 kWh**	

Abbildung 2.7: Beispielhafte Plan-Ausprägung einer Kennzahl

Nun beginnt das Geschäftsjahr, und es zeigt sich im vorliegenden Beispiel, dass nicht nur die Produktionsmenge sowie auch die Leerlaufdauer zufälligerweise exakt den Planangaben entsprechen, sondern der Ist-Energieverbrauch (747.568 kWh) auch. Es liegt demzufolge keine Soll-Ist-Abweichung vor (vgl. Abbildung 2.8).

Aspekt	Umfang	Ist-Soll-Abweichung
IST-Produktionsmenge Berichtsperiode	6.000 t	
IST-Leerlaufdauer Berichtsperiode	**180 h**	
ZIEL-Wert	-10 %	
EnPI-Werte mit Berücks. der Leerlaufdauer		
SOLL-Wert	**747.568 kWh**	
IST-Wert Berichtsperiode	**747.568 kWh**	**0,0 %**

Abbildung 2.8: Abweichungsanalyseergebnis 1

Hätte Hans jedoch anstatt 180 ganze 400 Leerlaufstunden verursacht, wäre der Ist-Energieverbrauch deutlich angestiegen, nämlich auf 763.549 kWh (vgl. Abbildung 2.9). Da allerdings die Leerlaufstunden variabler Bestandteil des EnPIs sind, würden sie bei der Ermittlung des Soll-Wertes berücksichtigt, mithin „herausgefiltert", sodass erneut eine Abweichung von 0 % zustande käme. Der durch die Erhöhung der Leerlaufdauer entstehende zusätzliche Energieverbrauch würde bei der Abweichungsanalyse mit anderen Worten nicht sichtbar werden.

Aspekt	Umfang	Ist-Soll-Abweichung
IST-Produktionsmenge Berichtsperiode	6.000 t	
IST-Leerlaufdauer Berichtsperiode	**400 h**	
ZIEL-Wert	-10 %	
EnPI-Werte mit Berücks. der Leerlaufdauer		
SOLL-Wert	**763.549 kWh**	
IST-Wert Berichtsperiode	**763.549 kWh**	**0,0 %**

Abbildung 2.9: Abweichungsanalyseergebnis 2

Der zugrunde gelegte EnPI ist also nicht zielführend. Er ist es nicht, weil das Energieeinspar-Leistungspotenzial von Hans dem Ist-Soll-Vergleich vorenthalten wird, da sich der Soll-Wert automatisch an die Leerlaufdauer anpasst.

Und das sollte er nicht, weil Hans diese beeinflussen kann. Unter diesen Gegebenheiten würde kein Anreiz zur Leerlaufminimierung erzeugt.

Die Lösung ist daher, die relevanten Variablen, die vom EnPI-Eigner beeinflusst werden können (hier im Beispiel die Leerlaufstunden), als solche aus der Energieverbrauchsgleichung herauszuhalten. Jene Stunden sind, obwohl sie einen relevanten Einfluss auf den Energieverbrauch haben, keine Bezugsgröße für die Ermittlung von Soll-Werten. In diesem Beispiel gibt es nur eine Bezugsgröße: das Produktionsvolumen.

Der EnPI, dem Hans zugeordnet wird, darf daher nur eine Relation zur Produktionsmenge aufweisen, um für Steuerungszwecke geeignet zu sein. Insofern muss die ermittelte Energieverbrauchsgleichung zunächst noch angepasst werden, um als EnPI zu fungieren. Wie kann das geschehen?

Umgang mit relevanten Variablen, wenn deren Ausprägung vom EnPI-Eigner beeinflusst wird

Zur Anpassung von Energieverbrauchsgleichungen liegen zwei Vorgehensweisen auf der Hand: Zum einen könnte man die Wertetabelle um die Leerlaufspalte kürzen, sie also bei der Erarbeitung und der Nutzung des EnPIs unberücksichtigt lassen. Das soll hier nicht geschehen, weil dann die Energieverbrauchsgleichung unvollständig wäre, was zu Verzerrungen führen würde. So wäre sie etwa zur Energieverbrauchsprognose nicht mehr geeignet. Als Alternative dazu bietet sich an, den von EnPI-Eigner beeinflussbaren Einflussfaktor, also hier die Leerlaufdauer, bei Auswertungen einzufrieren, sie also in eine Konstante umzuformen. Dies würde erwirken, dass sich Änderungen der Leerlaufdauer weder auf die Ermittlung der EnB der Berichtsperiode (nach Normalisierung des Baselinewertes) noch auf die Sollwertermittlung (nach Normalisierung des Plan- bzw. Zielwertes) auswirken. Und genau das soll ja erreicht werden.

Betrachten wir die obige Energieverbrauchsgleichung 2.2, so ist festzustellen, dass die Leerlaufdauer in ihr als Variable aufgeführt ist. Nun wird sie auf den Baseline-Wert (hier: 180 h/Jahr) fixiert und damit „eingefroren“. Eine Weiterumwandlung in einen jahresbezogenen EnPI führt dann zu folgendem Ergebnis:

Energieverbrauchsgleichung

$$\begin{aligned} EnPI_{Jahr} = {} & 127{,}125 \frac{kWh}{t} \times ProdMenge[t] + 80{,}715\ kW \times 180 \frac{h}{Jahr} \\ & + 4\,446 \frac{kWh}{Monat} \times 12 \frac{Monate}{Jahr} \end{aligned} \qquad (2.4)$$

Durch die Anwendung dieser Rechenregel ergibt sich – wie oben bereits dargestellt – bei 180 Leerlaufstunden ein Soll-Energieverbrauch in Höhe von 747.568 kWh. Die Verbrauchsabweichung betrüge dann 0 % und würde bei 400 Stunden auf 2,1 % ansteigen (vgl. Abbildung 2.10 und Abbildung 2.11).

Aspekt	Umfang	Ist-Soll-Abweichung
IST-Produktionsmenge Berichtsperiode	6.000 t	
IST-Leerlaufdauer Berichtsperiode	**180 h**	
ZIEL-Wert	-10 %	
EnPI-Werte mit Berücks. der Leerlaufdauer		
SOLL-Wert	**747.568 kWh**	
IST-Wert Berichtsperiode	**747.568 kWh**	**0,0 %**

Abbildung 2.10: Abweichungsanalyseergebnis 3

Aspekt	Umfang	Ist-Soll-Abweichung
IST-Produktionsmenge Berichtsperiode	6.000 t	
IST-Leerlaufdauer Berichtsperiode	**400 h**	
ZIEL-Wert	-10 %	
EnPI-Werte mit Berücks. der Leerlaufdauer		
SOLL-Wert	**747.568 kWh**	
IST-Wert Berichtsperiode	**763.549 kWh**	2,1 %

Abbildung 2.11: Abweichungsanalyseergebnis 4

Eine Zunahme der Leerlaufdauer würde sich also in der Abweichungsanalyse bemerkbar machen, und das ist ja auch so gewollt.

Dieses Verfahren eignet sich, um aus Energieverbrauchsgleichungen EnPIs zu entwickeln, mit denen zielgerichtet gesteuert werden kann. Zudem können bei dessen Anwendung differenzierte Zielvorgaben festgelegt werden, die sich an unterschiedliche Verantwortliche richten (etwa Zielwert 1 an den Prozessgestalter und Zielwert 2 an den Prozessbediener), wie die folgenden Formeln deutlich machen:

Energieverbrauchsgleichung Prozess 4711, Bezug nehmend auf die Zeitspanne Monat mit eingefrorener Berücksichtigung der Leerlaufdauer und Angabe von allgemeinen und differenzierten Zielwerten

$$EnPI_{Jahr} = \left(127{,}125 \frac{kWh}{t} \times ProdMenge[t] + 14.528\ kWh_{EnB-Leerlauf} + 54.352\ kWh\right) \times (1 - Zielwert[\%])$$

oder

$$EnPI_{Jahr} = 127{,}125 \frac{kWh}{t} \times ProdMenge[t] \times (1 - Zielwert_1[\%]) + 14.528\ kWh_{EnB-Leerlauf} \times (1 - Zielwert_2[\%]) + 54.352\ kWh \times (1 - Zielwert_3[\%]) \quad (2.5)$$

2.2.2 Ausprägungen von Energieleistungskennzahlen aus Sicht des Controllings

Aus alledem wird deutlich, dass nur „Bezugsgrößen“ (= vom künftigen EnPI-Eigner nicht zu beeinflussende Einflussfaktoren auf den Energieverbrauch eines Prozesses) in EnPIs als Variablen berücksichtigt werden sollten und dass Kennzahlen in unterschiedlichen „Ausprägungen“ vorkommen, die zueinander in Beziehung stehen und daher klar voneinander abgegrenzt werden müssen. Die „Kennzahl“ als solche, also im Energiemanagement der „EnPI“, ist eine Rechenregel ohne numerische Wertangabe. Werden in diese Rechenregel zuvor aufgenommene Mess- oder Rechenergebnisse der Variablen eingesetzt, entstehen Kennzahl-Werte (sogenannte EnPI values), die je nach zeitlicher Perspektive (Bezugszeitraum, Berichtszeitraum) und dem Zweck ihres Einsatzes regelmäßig in den folgenden **Ausprägungen** vorkommen:

- **Baseline-EnPI-Wert**[7] (oder energetische Ausgangsbasis)
- **Ziel-EnPI-Wert** oder **Plan-EnPI-Wert**
- **Ist-EnPI-Wert** (oder aktueller EnPI-Wert)
- **normalisierter Baseline-EnPI-Wert** (oder normalisierte energetische Ausgangsbasis)
- **normalisierter Ziel-EnPI-Wert** = **Soll-EnPI-Wert**

7 Die deutschsprachige Fassung der DIN ISO 50006 verwendet zwar überwiegend den Begriff „Energetische Ausgangsbasis“ (in Bild 1 allerdings „EnB“ für „energy baseline“, und ansonsten dient die „EnB“-Abkürzung für „Energetische Ausgangsbasis“ [vgl. etwa Gliederungspunkt 3.5]), in der betrieblichen Praxis deutschsprachiger Unternehmen scheint sich aber „Energy Baseline“ oder EnB durchgesetzt zu haben.

Der **Baseline-EnPI-Wert** (Bezugszeitraum) bezieht sich regelmäßig auf die Vergangenheit (etwa letzte Geschäftsperiode). Es ist ein gemessener oder durch Anwendung der jeweiligen EnPI errechneter Wert, dem die jeweiligen Rahmengegebenheiten der Vergangenheit zugrunde liegen (etwa Umgebungstemperatur, Luftfeuchte, Produktionsvolumen etc.). Der Baseline-EnPI-Wert kann als Vergleichsmaßstab zu **Ist-EnPI-Werten des Berichtszeitraumes** zugrunde gelegt werden, um Veränderungen der CO_2e-Emissionen eines SEUs festzustellen (nach einer Multiplikation der EnPI-Werte mit jeweiligen Emissionsfaktoren). Hierauf wird noch zurückzukommen sein. Für die Ermittlung der Änderung der „energiebezogenen Leistung" im Sinne der ISO 50001 ist er nicht geeignet, weil er Veränderungen der Rahmengegebenheiten nicht berücksichtigt. Hierzu wäre der Baseline-EnPI-Wert noch zu normalisieren (→ „normalisierter Baseline-EnPI-Wert").

Mit **Ziel-EnPI-** bzw. **Plan-Werten** versucht man, die Zukunft des Energieverbrauchs eines Steuerungsobjektes (i. d. R. eines Prozesses oder Gebäudes) vorherzusehen. Neben Energieverbrauchs-Ist-Werten der Vorperiode(n) sowie den geplanten Ausprägungen der Bezugsgrößen sollten vor allem vorgesehene Effizienzmaßnahmen bei deren Festlegung berücksichtigt werden. In nicht-normalisierter Form kann der Ziel-EnPI-Wert zur Prüfung der Ziel-Erreichung von CO_2e-Emissionsminderungsvorhaben eingesetzt werden. Für eine entsprechende Prüfung hinsichtlich der „energiebezogenen Leistung" im Sinne der ISO 50001 ist er nicht geeignet, weil er Veränderungen der Rahmengegebenheiten nicht berücksichtigt. Hierzu wäre der Ziel-EnPI-Wert noch zu normalisieren (→ „normalisierter Baseline-EnPI-Wert").

Der **Ist-EnPI-Wert** des Berichtszeitraumes ist das Ergebnis von Messungen und der darauffolgenden Datenaufbereitung. Um Messungen durchführen zu können, müssen entsprechende Messeinrichtungen und Datenübermittlungs- und -auswertungsroutinen vorhanden sein.

Der **normalisierte Baseline-Wert** eines EnPI ist der Vergleichsmaßstab zum (aktuellen) Ist-Wert. Mit ihm wird geprüft, ob am Ende einer Berichtsperiode eine Effizienzverbesserung, also eine partikulare Energieleistungsverbesserung vorliegt. Er wird nicht gemessen, sondern durch Zugrundelegung der aktuellen Werte der Bezugsgrößen (z. B. Temperatur und Produktionsvolumen) bei der Anwendung des jeweiligen EnPI errechnet.

Ein normalisierter Ziel-EnPI-Wert oder ein **Soll-EnPI-Wert** ist begrifflich in der ISO 50006 nicht vorgesehen. Er lässt sich aber aus dem Kontext der Norm und auch aus den Erfordernissen eines energieorientierten Controllings ableiten. Es handelt sich um den um Bezugsgrößenänderungen angepassten, also normalisierten Ziel-Wert (so auch Wohinz/Moor 1988 [24], S. 144 f.). Bei Relativkennzahlen (mit nur einer Bezugsgröße, die im Nenner der Kennzahl steht, und ohne Grundlast) findet die Normalisierung „automatisch“ statt. Bei Absolutkennzahlen muss sie unter Zugrundelegung der Energieverbrauchs- bzw. -Kostengleichung angestoßen werden. Der Soll-Wert ist bei Soll-Ist-Vergleichen der Vergleichsmaßstab zu Ist-Werten. Mithilfe solcher Soll-Ist-Vergleiche lässt sich die Wirksamkeit des Energiemanagementsystems feststellen.

Liegen alle EnPI-Werte vor, können Abweichungsermittlungen durchgeführt werden. Abbildung 2.12 verdeutlicht die Zusammenhänge.

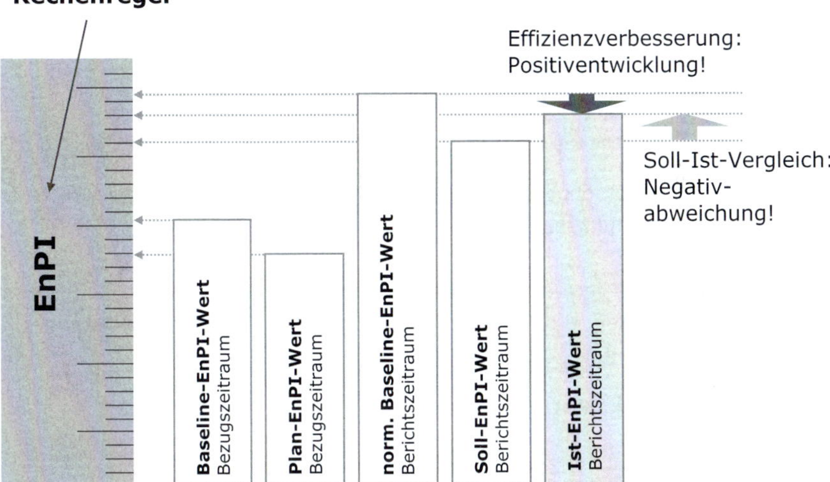

Abbildung 2.12: EnPI-Soll-Ist-Vergleich

Beim Vergleich der Ausführungen zu üblichen Controlling-Mechanismen auf der einen mit kennzahlengestütztem Energiemanagement in Anlehnung an die DIN EN ISO 50001 und DIN ISO 50006 auf der anderen Seite mag deutlich geworden sein, dass zahlreiche Ähnlichkeiten und Anknüpfungspunkte vorliegen. Die folgende Abbildung 2.13 zeigt einige Überschneidungen bzw. Entsprechungen auf.

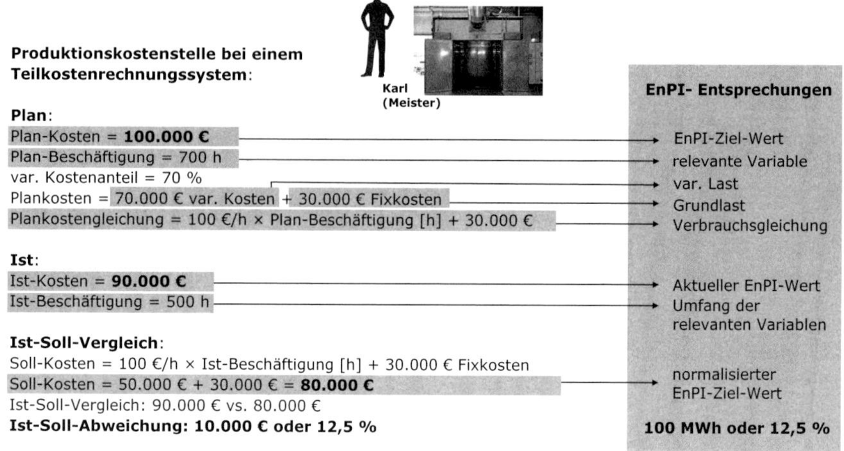

Abbildung 2.13: Überschneidungen von traditionellem Controlling und kennzahlengestütztem Energiemanagement

Um Insellösungen zu vermeiden, gar um Synergieeffekte zu nutzen, scheint es daher Sinn zu machen, eine Energieverbrauchs- und -kostensteuerung in ein vorhandenes Controlling zu integrieren.

2.3 Typisierung von betrieblichen Energiekennzahlen

Als „Kennzahl" im Sinne der Betriebswirtschaftslehre und des Controllings wird im Allgemeinen eine Rechenregel[8] verstanden, deren Rechenwert (Kennzahl-Wert oder Performance Indicator Value) einen Zustand, einen Durchschnittszustand, eine Relation, eine Menge bzw. Quantität oder eine Durchschnittsquantität kennzeichnet oder beschreibt. Eine Energieleistungskennzahl – Energy Performance Indicator oder EnPI – ist eine Kennzahl, die sich auf Energieleistungen bezieht. Durch Vergleich jeweils zweier Energieleistungskennzahlwerte soll die Verbesserung der energiebezogenen Leistung oder ein Zielerreichungsgrad festgestellt und deutlich gemacht werden. Bei EnPI-Werten handelt es sich um messbare oder berechenbare Ergebnisse bezüglich Energieeffizienz, Energieeinsatz oder Energieverbrauch.

8 Der Begriff „Kennzahl" mag darauf hindeuten, dass es sich bereits um eine „Zahl", also um einen Wert handelt. Dies wäre jedoch unpraktisch, denn Begriffe wie „Kennzahlensystem" u. Ä. wären dann missverständlich. Im englischsprachigen Raum werden die Begriffe klarer differenziert in „Key Performance Indicator – KPI" und „KPI value".

Energiekennzahlen lassen sich je nach Aufbau und nach Zweck in unterschiedliche Typen kategorisieren. Zunächst einmal könnte dahingehend unterschieden werden, ob eine Steuerungswirkung erzeugt werden soll oder nicht (vgl. den schwarzen Rahmen in Abbildung 2.14).

Typ	Beispiel	Beispielhafter Ist-, Plan- oder Soll-Wert	Einsatzzweck
Marketingkennzahlen	Energieverbrauch je produziertem Fahrzeug	**2,8 MWh/Fahrzeug**	positive Darstellung in Energiebroschüre des Unternehmens
reine interne Informationskennzahlen	Jahresverbrauch el. Energie am Standort 2015	**12.345 MWh/a**	Informationsversorgung der Unternehmensführung durch Energiebericht
Schwellenwertkennzahlen	Anteil der Energiekosten an Gesamtkosten	**6,4 %**	Trigger für notwendige Aktivitäten bei Überschreitung des Schwellenwertes
Priorisierungskennzahlen (bezugnehmend auf konkrete Regelstrecken)	Gasverbrauch des Produktionsprozesses 4711 im Jahr 2016	**423 MWh/a**	Erarbeitung einer Prioritärenreihenfolge der Energieverbraucher
Wirtschaftlichkeitskennzahlen (Aufwand-Nutzen-Gegenüberstellungen von Maßnahmen)	Kapitalwert einer Effizienzmaßnahme xyz	**328.450 €**	Vorbereitung einer Investitionsentscheidung
Managementbeurteilungskennzahlen (Beiträge zur Wertsteigerung)	Wertsteigerungsbeitrag durch ausgedachte und erwirkte Effizienzmaßnahmen in Periode X durch Mitarbeiter Y	**234.000 €**	Basis für ein Anreizsystem
Steuerungskennzahlen i. e. S. (als Relativkennzahl, wenn nur eine Bezugsgröße und keine Grundlast vorliegen)	Einsatz el. Energie je Tonne Mehl	**124 kWh/t**	darauf hinwirken, dass Baseline-, Soll- oder Zielwerte erreicht werden
Steuerungskennzahlen i. e. S. (als Absolutwert)	Jahresgasverbrauch Prozess xyz	**53.400 kWh**	darauf hinwirken, dass Baseline-, Soll- oder Zielwerte erreicht werden

Steuerungskennzahlen i.w.S.

Abbildung 2.14: Übersicht der üblichen Arten von Energiekennzahlen vor Einführung von EnPIs

Zu den Nicht-Steuerungskennzahlen zählen **„Marketingkennzahlen“** und **„reine Informationskennzahlen“**. Erstgenannte zielen darauf ab, energetische Sachverhalte kompakt für die Außendarstellung bereitzustellen, etwa um Werbeeffekte auszulösen. Demgegenüber bezwecken „reine Informationskennzahlen“ eine interne Informationsversorgung etwa der Unternehmensleitung, die – ohne auf konkrete Entscheidungen abzuzielen – über den aktuellen Stand der Energieleistungsentwicklung oder der Energiekosten informiert sein möchte.

Es folgt die Gruppe der **Steuerungskennzahlen i. w. S.** Sie umfasst all jene Kennzahlenarten, die auf eine Steuerungswirkung abzielen. Damit ist gemeint, dass Vergangenheits-, vor allem aber Ziel- bzw. Soll-Werte regelmäßig mit Ist-Werten verglichen werden, um im Abweichungsfall Korrekturmaßnahmen einzuleiten. Sollten (normalisierte) Ist-Werte der Vergangenheit (Baselinewerte) mit solchen der Gegenwart verglichen werden, geht es um die Prüfung der fortlaufenden Verbesserung. Stehen Plan-, Soll- bzw. Zielwerte, die nicht unmittelbar und ausschließlich aus Ist-Werten der Vergangenheit abgeleitet sind, zum Vergleich mit Ist-Werten der Gegenwart zur Verfügung, ist regelmäßig eine Zielerreichungsprüfung Zweck des Vergleichs. Zu den **„Energiesteuerungskennzahlen i. w. S.“** zählen:

- Schwellenwertkennzahlen
- Priorisierungskennzahlen
- Wirtschaftlichkeitskennzahlen
- Managementbeurteilungskennzahlen
- Steuerungskennzahlen i. e. S.

Werte von **Schwellenwertkennzahlen** dienen dazu, einen Impuls auszulösen, wenn ein zuvor festgelegter Schwellenwert unter- oder überschritten wird. Es sind Trigger für notwendige Aktivitäten. Vorstellbar ist etwa die Festlegung des Energiekostenanteils an den Gesamtkosten eines Unternehmens in Höhe von z. B. 7 % als Schwellenwert. Sobald dieser Wert überschritten wird, muss die Controllingabteilung dem Topmanagement Maßnahmen zur systematischen Reduzierung der Energiekosten vorlegen.

Mit **Priorisierungskennzahlen** bezweckt man, Reihenfolgen festzulegen, um eine schwerpunktorientierte Prüfung (etwa von Energieeffizienzpotenzialen) zustande zu bringen. Üblicherweise werden dabei Jahresenergieverbräuche oder -kosten listenartig erfasst und in einer Ordnung abnehmender Werte sortiert. Jenes Betrachtungsobjekt (Prozess, Anlage, Standort etc.), welches die höchste Wertangabe aufweist, erhält die Priorität eins und so fort.

Wirtschaftlichkeitskennzahlen-Werte leisten demgegenüber Unterstützung bei der Auswahlentscheidung von (Energieeffizienz-)Maßnahmen. Es sind Ergebnisse von Wirtschaftlichkeitsanalysen und damit von Investitionsrechnungen. In Kapitel 6 wird hierzu die Berechnung des Kapitalwertes für Energiemaßnahmen erläutert.

Managementbeurteilungskennzahlen zielen darauf ab, Motivation bei der Aufdeckung und Ausschöpfung von Effizienzpotenzialen auszulösen. Es geht dabei also um die Leistungssteuerung von Energiemanagern. Derartige Kennzahlen werden Personen, die Verantwortung für das Energiemanagement tragen könnten, zugeordnet und regelmäßig mit deren Entlohnung verknüpft. Kapitel 6 zeigt dazu eine personenorientierte Kennzahl zur Ermittlung von Unternehmenswertsteigerungsbeiträgen.

Die letzte Kategorie in der o. a. Übersicht umfasst die **Steuerungskennzahlen i. e. S.** Hiermit sind operative Kennzahlen gemeint, die durch Vergleiche von Kennzahlenwerten unmittelbar in das operative Geschehen hineinwirken sollen. Es handelt sich insofern um Energieleistungskennzahlen (EnPIs) im Sinne der ISO 50006. Bei den „Steuerungskennzahlen i. e. S.“ lassen sich Relativkennzahlen, Absolutkennzahlen und Energieverbrauchsgleichungen unterscheiden. Erstgenannte sind nur dann sinnvoll, wenn der Energieverbrauch eines Steuerungsobjektes von **einer** relevanten Variablen und ohne Grundlast beeinflusst wird.

2.4 Abgrenzung von Steuerungsobjekten

Steuerungsobjekte des Energiemanagements sind üblicherweise energieverbrauchende Prozesse oder Gebäude. Deren Energieeinsatz soll optimiert, mithin minimiert werden. Da in der Unternehmenspraxis häufig viele Einzelprozesse vorliegen und eine Steuerung des Energiebedarfs aller Prozesse einen unverhältnismäßig hohen Aufwand darstellen würde, erscheint es sinnvoll, sich vorrangig auf die Steuerung der Prozesse mit hohem Energieverbrauch zu konzentrieren. Die ISO 50001 sieht das auch so vor, indem sie die Fokussierung auf sogenannte „significant energy uses“ (SEUs) einfordert. Nach der Norm sind insbesondere für SEUs Energieleistungskennzahlen festzulegen, um eine möglichst hohe Effektivität in der Umsetzung von Energieeffizienzmaßnahmen zu erreichen.

Als hilfreich für die Abgrenzung der SEUs hat sich erwiesen, zunächst sämtliche energieverbrauchende Prozesse mit Angabe

- ihrer Bezeichnung,
- ihres Standortes,
- der eingesetzten Energieträger,
- ihres Jahresenergieverbrauchs und
- ihrer Jahresenergiekosten

in einer Verbraucherliste zu erfassen (vgl. Abbildung 2.15). Ist eine Quantifizierung des Energieverbrauchs einer Referenzperiode mangels vorhandener Messdaten schwierig, könnten Energieverbräuche unter Zugrundelegung der Typenschildangaben jeweiliger Prozessanlagen und unter Berücksichtigung der erfassten Laufstunden (Produktivstunden einer Anlage pro Jahr) geschätzt und in Energiemengen und -kosten umgerechnet werden. Gleichartige Klein- und Kleinstverbraucher fasst man dabei sinnvollerweise zu Gruppen zusammen.

Sind Energieverbraucher und Energieverbrauchergruppen umfassend in der Liste erfasst (als umfassend ließen sich etwa 80 % des Jahresgesamtverbrauchs eines jeweiligen Energieträgers ansehen), empfiehlt es sich, eine Reihenfolgebildung mit absteigenden Jahresenergiekosten vorzunehmen, um schließlich eine ABC-Aufteilung der Energieverbraucher zu erhalten, wobei dann die A-Gruppe als „SEUs" angesehen werden könnte.

Bei allen Prozessen, die zur A-Gruppe zählen, bei denen aber die Jahresenergieverbräuche aufgrund fehlender Messeinrichtungen geschätzt werden müssen, wäre zu empfehlen, sie in der Zukunft mit ebensolchen auszustatten. Prozesse, die zwar nicht zu den energieintensivsten (A-Gruppe) zählen, bei denen aber auf relativ einfache Weise Einsparpotenziale ausgeschöpft werden können (low hanging fruits), sollten ebenfalls in die Gruppe der SEUs aufgenommen werden (vgl. Anmerkung 2 in der Definition von „SEU" in Abschnitt 3.1.17 der ISO 50006:2023).

Um schnelle vorzeigbare Ergebnisse zu erzeugen, ist es zudem ratsam, zunächst nur mit einem Ausschnitt der SEU-Gruppe (siehe Abbildung 2.15, Phase 1) zu beginnen, also Verbesserungsideen zu entwickeln, sie zu bewerten, Entscheidungsvorlagen vorzubereiten und umzusetzen, bevor mit der zweiten und dritten Phase begonnen wird.

Prio.	Prozessbezeichnung	...	Jahresenergieeinsatz	Jahresenergiekosten	Kategorie (SEU vs. Nicht-SEU)	...
1	Mühle 4711	...	3.025.639 kWh	544.615 €	SEU	
2	Prozess 4712		1.245.900 kWh	174.426 €	SEU	...
3	...		...	...	SEU	...
4	...				SEU	...
5	...				SEU	...
6	...				SEU	...
7	...				SEU	...
8	...				SEU	...
9	...				SEU	...
-	...				Nicht SEU	...
-	...				Nicht SEU	...
-	...				Nicht SEU	...
-	...				Nicht SEU	...

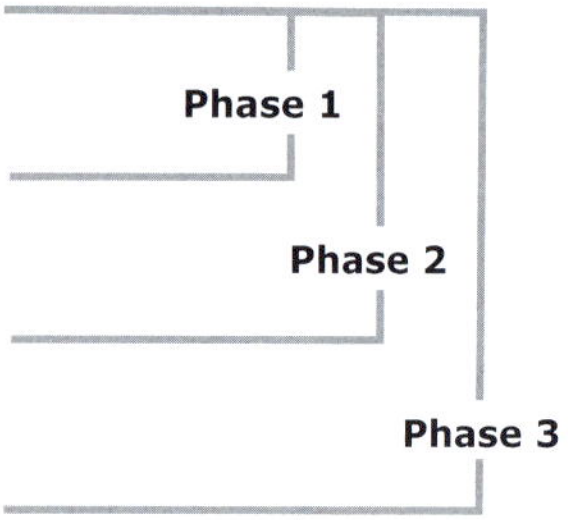

Phase 1 (Prio. 1–3)
Phase 2 (Prio. 1–6)
Phase 3 (Prio. 1–9)

Abbildung 2.15: Unterteilung der SEUs in Phasen

2.5 Festlegung von EnPI-Eignern und Verantwortungsübertragung, Klärung von möglichen „Bezugsgrößen“

Für sämtliche SEUs sollen Energieleistungskennzahlen festgelegt werden. So sieht es die DIN ISO 50006 vor (6.2 der Norm). Mit ihnen sind Ist-Ist- oder Ist-Soll-Vergleiche durchzuführen, die dabei den Druck erzeugen, der regelmäßig notwendig ist, damit sich von Abweichungen Betroffene anstrengen, Zielwerte zu erreichen oder Verbesserungen zu erzielen. Damit diese Wirkung erzeugt wird, ist es erforderlich, dass Personen, die bei ihrer Tätigkeit Einfluss auf den Energieverbrauch ausüben können, im Zuge der Kennzahlenfestlegung dementsprechend zugeordnet werden. In Analogie zu traditionellen Controlling-Kennzahlensystemen könnte man sie als „Kennzahlen-Eigner“ bzw. „EnPI-Eigner“ bezeichnen. EnPI-Eigner wären dann für das Erreichen von Zielwerten (zu ermitteln durch den Vergleich von normalisierten Plan- mit Ist-Werten) bzw. von Verbesserungen (zu ermitteln durch den Vergleich von normalisierten Baseline- mit Ist-Werten) verantwortlich. Die Verantwortungszuordnung ist von herausragender Wichtigkeit, um ein „Sich-darum-Kümmern“ sicherzustellen. Andernfalls bestünde große Gefahr, dass ein derartiges Kennzahlensystem ins Leere liefe. Die DIN ISO 50006:2017 sah die Kennzahlen-Eignerschaft noch nicht explizit vor; in der novellierten Fassung wird diese Rolle berücksichtigt.

Die Erfahrung des traditionellen Controllings lehrt, dass die Zuordnung von Kennzahlen zu Personen singulär zu erfolgen hat, die Verantwortung für eine Kennzahl also immer nur einer Person übertragen werden sollte, um Abwälzungsversuche bei Negativabweichungen auf andere zu verhindern. Eine Steuerungswirkung käme andernfalls nicht zustande oder würde abgeschwächt.

Ferner ist wichtig, dass bei der EnPI-Festlegung nur solche „relevanten Variablen“ berücksichtigt werden dürfen, die der EnPI-Eigner nicht beeinflussen kann; sonst würden im Zuge der Kennzahlenwertberechnung Verhaltensfehler (im Sinne der Energieeffizienz) unsichtbar gemacht (siehe hierzu auch Abschnitt 2.2 und Kapitel 4). Es gilt: Nur die Effekte der Einflussfaktoren, die er nicht verantwortet, sind aus dem Ziel-Energieverbrauch herauszuhalten, um eine Vergleichbarkeit zu ermöglichen. Ausschließlich jene Einflussfaktoren gehören daher in die Kennzahl. In Analogie zum traditionellen Controlling sollen sie auch für die Bildung von Energieleistungskennzahlen „**Bezugsgröße**“ genannt werden.

Das folgende Beispiel aus der Produktion von Keramikprodukten macht deutlich, dass bei einem Brennofen mehrere relevante Variablen vorliegen können, von denen einige zum Einflussbereich des Prozessbedieners gehören, andere aber nicht:

- Einflussgrößen, die im jeweiligen Beeinflussungs- und Verantwortungsbereich liegen (hier **keine Bezugsgröße**):
  - Leerlaufdauer [h]
  - Beladung [%]
- Einflussgrößen, die nicht im jeweiligen Beeinflussungs- und Verantwortungsbereich liegen (hier **Bezugsgröße**):
  - Produktionsvolumen [m^3]
  - Schwankung der Außentemperatur [°C]

Erstgenannte Einflussgrößen (Leerlaufdauer, Beladung) stellen keine Bezugsgrößen dar und sollten daher nicht als Variable in der Energieleistungskennzahl (EnPI) berücksichtigt werden (vgl. die Ausführungen in Abschnitt 2.2). Sie sind nämlich die Stellhebel, die dem Prozessbediener zur Verfügung stehen, um den Energieverbrauch zu verringern. Hinzu kommen noch mögliche statische Faktoren (etwa die Änderung der Wärmedämmung des Ofens; Austausch von ineffizienten Antriebsmotoren etc.), sofern der Prozessbediener die Möglichkeit hat, hierauf Einfluss zu nehmen (vgl. Abbildung 2.16).

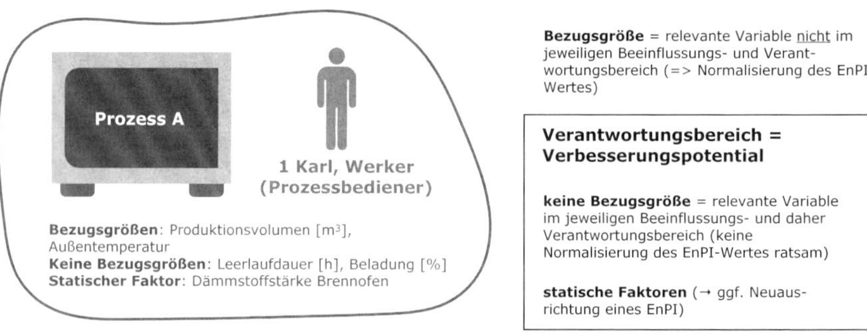

Abbildung 2.16: Einflussfaktoren auf den Energieverbrauch (1)

In diesem Beispiel gelten also das Produktionsvolumen und die Außentemperatur als Bezugsgrößen. Jene relevanten Variablen sollten in der Energieverbrauchsgleichung – als Variable – berücksichtigt werden.

In vielen Fällen wird die Beeinflussung des Energieeinsatzes von Prozessen nicht von den Prozessbedienern alleine ausgehen. In der folgenden Abbildung

2.17 spielt auch ein Prozessgestalter (etwa Meister, Produktionsingenieur etc.) eine Rolle. Ist ein derartiger Fall gegeben, sollte – nach Klärung der relevanten Variablen und des jeweiligen Bezugsgrößencharakters – je Person eine individuelle EnPI festgelegt werden (im Beispiel also zwei Kennzahleneigner für denselben Prozess).

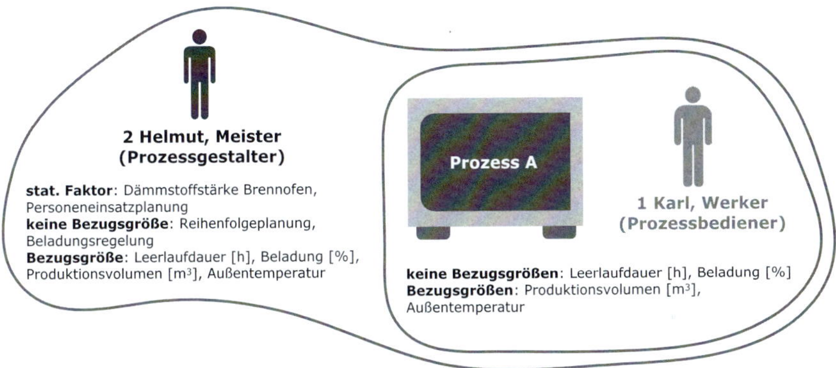

Abbildung 2.17: Einflussfaktoren auf den Energieverbrauch (2)

Das für die Festlegung von Ziel- oder Planwerten zu ermittelnde Reduktionspotenzial wäre dann auch individuell zu ermitteln und zuzuordnen (vgl. Abbildung 2.18).

Energetische Situation	verantwortlich	Prozess A
Spez. Ist-Jahresverbrauch aktuell (Baseline)	Helmut, Karl	100 kWh/t
Reduktionspotential durch techn. Maßnahme	Helmut	-30 kWh/t
Reduktionspotential durch geänderte Bedienerführung (Verhalten)	Karl	-5 kWh/t
Spez. Soll-Jahresverbrauch		65 kWh/t

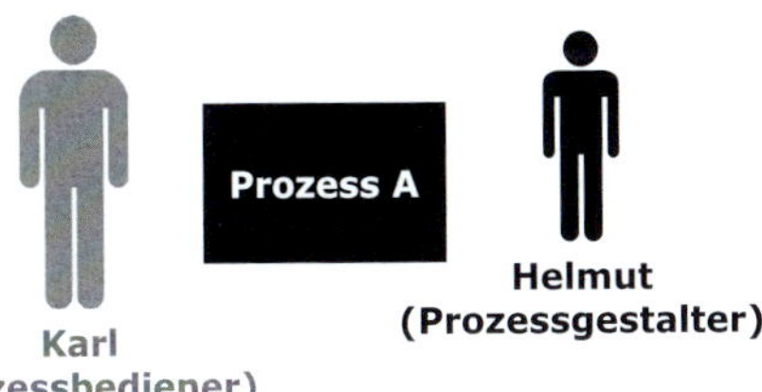

Abbildung 2.18: Aufteilung der Beeinflussungsverantwortlichkeit

Eine derartige Betrachtungsweise der Einflussmöglichkeiten von Prozessen könnte schlussendlich zum folgenden Fünf-Ebenen-Modell der Energieverbrauchsbeeinflussung führen, das deutlich macht, von welchen Faktoren der Energieverbrauch eines Prozesses beeinflusst wird, welche davon prinzipiell als Bezugsgrößen angesehen werden können (→ Aufnahme in Kennzahl als Variable zwecks späterer Normalisierung) und welche nicht (vgl. Abbildung 2.19).

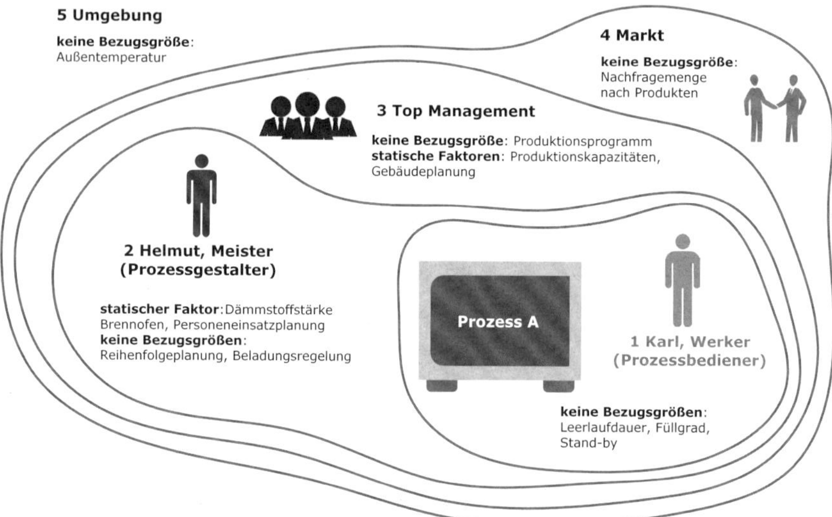

Abbildung 2.19: Die fünf Ebenen der Energieverbrauchsbeeinflussung

3 Entwicklungsgeschichte der ISO-Normen über Energieleistungskennzahlen und Energiemanagementsysteme

Paul Girbig

Bevor man sich in eine Betrachtung der relevanten Normen und Richtlinien im Umfeld der ISO 50006 begibt (vgl. Kapitel 9), gilt es, den Zusammenhang zur ISO 50001 näher zu betrachten. Die ISO 50001 ist ein Management-System-Standard (MSS), der darauf abzielt, Organisationen zu unterstützen, einen Prozess zur Verbesserung der energiebezogenen Leistung zu etablieren. Hierzu ist es erforderlich, Energieeffizienzpotenziale zu identifizieren, Einsparziele und Verbesserungspotenziale zu definieren, Maßnahmen zur Erreichung der Ziele zu konkretisieren, die Umsetzung der Maßnahmen zu beschreiben, die Umsetzung zu verfolgen und zu kontrollieren sowie letztlich die Zielerreichung zu dokumentieren. Dieser Prozessablauf ist kontinuierlich durchzuführen, um weitere Potenziale zu erfassen, und in eine neue Zieldefinition aufzunehmen. Alle MMS verfügen über einen ähnlichen Kreisprozess, der die Kontinuität der Verbesserung beschreibt, wobei das Ziel verfolgt wird, die Implementierung in kleinen wie großen Organisationen zu ermöglichen. Zu den bekannten MSS zählen etwa die Qualitätsmanagementsystemnorm ISO 9001, die Umweltmanagementsystemnorm ISO 14001 und die hier behandelte Energiemanagementsystemnorm ISO 50001. Das ISO-Modell für MSS ist auf folgende Ziele ausgerichtet: (a) effizienterer Umgang mit Ressourcen sowie finanzielle Verbesserungen und (b) Reduktion von Risiken, Schutz von Mensch und Umwelt.

MSS sind das Ergebnis eines Konsenses internationaler Experten mit Erfahrung

- im globalen Management,
- im Umgang mit Strategien zur Führung von Organisationen und
- mit Kenntnis über effiziente wie effektive Prozesse und Praktiken.

Derartige Standards adressieren Prozesse in Organisationen und unterscheiden sich dadurch von typischen produkttechnischen Standards oder Produktklassifizierungen. Diese Differenzierung in dem Verständnis zur Handhabung der Standards ist grundlegend, da die MMS unabhängig von Produktkriterien und technischen Gegebenheiten generell anwendbar sein müssen. In deren Fokus stehen auch Handlungen wie die Definition einer Strategie zur Verbesserung und die Verdeutlichung der Verantwortung, allerdings keine konkreten Mess- oder Klassifizierungsgrößen, wie man dies teils aus produkttechnischen Standards kennt. Diese Hintergrundinformation zu MMS ist insofern von Bedeutung, da die ISO 50001 die Messung der energiebezogenen Leistung unter Nutzung von energetischen Ausgangsbasen (EnB) und Energieleistungskennzahlen (EnPI) erwartet und beschreibt, aber keine konkreten Leistungsvorgaben macht. Sie bietet somit keine konkreten Kenngrößen oder Faktoren zur Klassifizierung der Energieeffizienz, sondern stellt vielmehr Anforderungen an die Aussagefähigkeit von Kennzahlen zur Beurteilung der Energieeffizienz der Organisation. Die Definition in der ISO 50001 zu Ausgangsbasen (EnB) und Energieleistungskennzahlen (EnPI) geht also über eine Einteilung in Energieeffizienzklassen hinaus und berücksichtigt neben technologischen Kenngrößen auch Verbesserungsmaßnahmen in den Prozessen einer Organisation wie z. B. auch die Abschaltung unnötiger Verbraucher. Sie beschreibt die Anforderung, dass ein System von angemessenen Energieleistungskennzahlen aufgebaut werden soll. Demgegenüber zeigt die ISO 50006 Wege auf, wie dies zu geschehen hat.

3.1 Entwicklung der ISO 50001

Die Verfügbarkeit neuer Technologien zur Nutzung erneuerbarer Energieressourcen, die internationalen Forderungen, Emissionen zu reduzieren, und die drohende Gefahr der Abhängigkeit von Energieimporten bewog die EU-Kommission, Maßnahmen zur Nutzung erneuerbarer Energien und zur Steigerung der Energieeffizienz in Europa voranzutreiben. Hieraus resultierend wurde daher am 23. Mai 2006 mit der Europäischen Normungsorganisation CEN (Comité Européen de Normalisation) vereinbart, eine Arbeitsplattform mit dem Fokus auf die Energieeffizienz und Energiemanagement zu etablieren. Man bat dabei das französische Normungsinstitut AFNOR, den Vorsitz des sogenannten Sektor-Forums für Energieeffizienz und Energiemanagement zu übernehmen. Damit erfolgte der Einstieg in eine entsprechende Analyse des Handlungsbedarfs zur Förderung von Energieeinsparmaßnahmen und der Anstoß, unterstützende Regeln zur Umsetzung von Energieeinsparungen zustande zu bringen. Das Sektor-Forum Energiemanagement (SFEM) ist bis heute in Europa die Arbeitsplattform, die die entsprechenden Handlungsbedarfe identifiziert und dann ggf. Normungsvorschläge konkretisiert.

Bereits bei Gründung des SFEM schloss sich das CENELEC (Europäisches Komitee für elektrotechnische Normung) dem CEN in dieser Sache an. Im November 2006 legte AFNOR eine Studie vor, die den erforderlichen Handlungsbedarf in der europäischen Normung zum Energiemanagement erläuterte. Um europäische Standardisierungsorganisationen über die Ergebnisse der CEN/CENELEC-Arbeitsgruppe CEN/CLC BT JWG „Energy management“ zu informieren, wurde auch dem deutschen Normungsinstitut DIN am 9. November 2006 die Studie der CEN/CLC BT JWG „Energy management“ von dem damaligen Chairman Jean Louis Plazy ausgewählten Teilnehmern deutscher Verbände beim DIN in Berlin vorgestellt. Für die Teilnehmer der Sitzung am 9. November 2006 wie auch die Vorstandschaft des DIN war es naheliegend, sich an den EU-Arbeiten mit einem deutschen Spiegelgremium einzubringen, um sich damit aktiv bei der Erarbeitung europäischer Energiemanagement-Standards zu beteiligen.

Auf Empfehlung des SFEM wurde das technische Komitee CEN/BT/TF 189 gegründet, welches dann die Europäische Norm EN 16001 „Energiemanagementsysteme – Anforderungen mit Anleitung zur Anwendung“ erarbeitete, wobei es sich an bestehenden Managementsystemstandards, insbesondere an jenen des Umweltmanagements orientierte.

Im September 2008 hatte ISO mit der Konstituierung des Technical Committee TC 242 ebenfalls das Thema Energiemanagement aufgegriffen. Anfänglich beabsichtigte es, eine neue eigenständige Normung zum Thema Energiemanagement vorzunehmen. Allerdings ließen sich die in der ISO-Sitzung teilnehmenden Ländervertreter überzeugen, die europäische Vorlage EN 16001 als Basis für die neu zu erarbeitende ISO 50001 zu nutzen. Es war hierbei sicher von Vorteil, dass die teilnehmenden europäischen Länder je eine Stimme hatten und nicht nur als eine europäische Stimme auftraten. Zusätzlich wurde im Rahmen des sogenannten „Vienna Agreement“ zwischen CEN/CENELEC und ISO vereinbart, einer späteren Ablösung der europäischen Norm EN 16001 durch einen nachfolgenden Internationalen Standard ISO 50001 zuzustimmen, um konkurrierende Energiemanagementstandards zu vermeiden.

Wesentliche Eckpfeiler der ISO 50001 wurden:

- die Übernahme des Plan-Do-Check-Act-(PDCA-)Zyklus, um eine kontinuierliche Verbesserung der Energieeffizienz zu erreichen,
- die Verantwortung des Topmanagements, um Energieeffizienzsteigerungen das nötige Gewicht bei unternehmerischen Entscheidungen zu geben,
- die übergreifende Funktion des Standards unter Berücksichtigung der energiebezogenen Leistung, welche über die reine technologische Betrachtung der Energieeffizienz hinausgeht,
- der Betrachtungsraum mit nachvollziehbaren Grenzen, die die Berücksichtigung sowohl technologischer wie auch organisatorischer Rahmenbedingungen zulassen, aber auch konkret die Handlungsfähigkeit zur Umsetzung von Maßnahmen einfordern,

- die energetische Ausgangsbasis, um zukünftige Entwicklungen und Umsetzung der Maßnahmen mit vergangenen Zuständen und Umständen zu vergleichen,
- die Kenngrößen, die es erlauben, alle Maßnahmen zur Energieeffizienzsteigerung zu erfassen, zu verfolgen und letztlich transparent zu dokumentieren.

Bereits vor der Veröffentlichung der ISO 50001 war die Arbeit an ergänzenden Standards in der ISO/TC 242 vereinbart und aufgenommen worden. Eine wesentliche Rolle kam hierbei den Energieeffizienzkennzahlen zu, die im Rahmen der ISO 50006 beschrieben sind.

3.2 Entwicklung der ISO 50006

Schon mit der Veröffentlichung der ISO 50001 auf ISO-Ebene im Juni 2011 war deutlich geworden, dass es zielführend ist, einen Leitfaden zur Erläuterung der Schlüsselbegriffe Energy Baselines (EnB) und Energy Performance Indicators (EnPI) zur Verfügung zu stellen, um die Handhabung der ISO 50001 zu unterstützen. In der Working Group 2 des ISO/TC 242 wurde ein erster Working Draft (WD) erarbeitet und im Oktober 2012 den ISO-Mitgliedern als WD3 zur Abstimmung vorgelegt. Bereits ein Jahr später – im Oktober 2013 – lag ein Committee Draft (CD) zur Entscheidung vor, um hieraus einen Final Draft International Standard (FDIS) zu entwickeln. Den DIS legte man den in der Working Group 2 des ISO/ TC 242 an der Entwicklung der ISO 50006 beteiligten Ländern zur Abstimmung vor, was zu einer 97%igen Zustimmung führte (benötigt wird dabei nur eine Zustimmung von 66,66 % der an dem Standardisierungsvorhaben beteiligten Länder). Nach wenigen formellen Änderungen wurde der Final Draft des Internationalen Standards (FDIS) daraus erstellt, abschließend Ende 2014 verabschiedet und im Jahr 2015 veröffentlicht. Seit April 2017 steht mit der DIN ISO 50006 eine deutschsprachige Version zu Verfügung.

Im Jahre 2012 hatte die Internationale Organisation für Normung (ISO) in den „ISO/IEC Directives“ mit dem Annex SL eine neue Grundstruktur für Managementsystemnormen – die sogenannte High Level Structure (HLS) – veröffentlicht, die allerdings mittlerweile als Harmonized Structure (HS) bezeichnet wird. Diese Standardisierung einer Grundstruktur hinsichtlich der Managementsystemnormen soll dafür sorgen, dass die Anwendung der einzelnen Normen innerhalb eines integrierten Managementsystems durch eine angenäherte Struktur in der Handhabung erleichtert wird. Für ISO 50001 war die Umstellung auf die HS-Struktur mit der Aktualisierung der ISO 50001 im Jahre 2018 erfolgt. Die Novellierung der ISO 50001 hatte zur Folge, dass eine Überarbeitung des Leitfadens ISO 50006 für die Anwendung der ISO 50001 nachgezogen werden musste. Diese Aufgabe der Anpassung übernahm die ISO/TC301-Arbeitsgruppe WG2, die sich wiederum aus Vertretern der an ISO-Standards teilnehmenden Ländervertreter zusammensetzte.

Die wichtigsten Änderungen sind wie folgt:

- Konzepte und technische Aspekte wurden mit der neuesten Ausgabe der ISO 50001:2018 harmonisiert.
- Die Definitionen in Abschnitt 3 wurden in Übereinstimmung mit der neuesten Ausgabe der ISO 50001:2018 aktualisiert und unter Berücksichtigung eines neuen Ansatzes für die allgemeine Harmonisierung unter ISO/TC 301 neu strukturiert.
- Aktualisierungen wurden in Bezug auf die Normalisierung von Energieleistungsindikatoren (EnPIs) und der entsprechenden Energie-Basislinien (EnBs) vorgenommen.
- Aktualisierungen und neue Überlegungen wurden im Zusammenhang mit der neuen Definition und der Anforderung, Verbesserung der Gesamtenergieeffizienz nachzuweisen, durchgeführt.

Anfang 2023 wurden die Arbeiten abgeschlossen, und das ISO-Zentralsekretariat hat nach Beratung der Kommentare aus dem öffentlichen Einspruchsverfahren den Schluss-Entwurf der ISO 50006 in englischer Fassung verabschiedet. DIN, als nationales Spiegelgremium für ISO-Normungsvorhaben zuständig, wird eine deutsche Fassung der ISO 50006 voraussichtlich Ende des Jahres 2023 bzw. Anfang des Jahres 2024 anbieten.

Nachfolgend wird daher hinsichtlich der vorgenommenen Aktualisierungsschritte auf die englische Originalfassung der ISO 50006:2023 gegenüber der Vorgängerversion von 2014 Bezug genommen.

Die wesentlichen Anpassungen in der englischen Version der ISO 50006 gegenüber der ISO 50006:2014 betreffen:

1) Anpassung im Titel des Leitfadens ISO/FDIS-2023 gegenüber der ISO 50006:2014 verändert:

   Titel ISO 50006:2014

   Energy management systems — Measuring energy performance using energy baselines (EnB) and energy performance indicators (EnPI)

   Titel ISO/FDIS 50006:2023

   Energy management systems — Evaluating energy performance and energy performance

   improvement using energy baselines and energy performance indicators.

Mit der Ergänzung des Terms „Improvement“ im Titel des Standards ISO 50006:2023 wird der Blick besonders auf die Verbesserung der energiebezogenen Leistung ausgerichtet. Es war der besondere Wunsch der an der Überarbeitung teilnehmenden Ländervertreter, im Rahmen der Aktualisierung der ISO 50006 der Verbesserung in der Energieeffizienz bereits mit der Integration des Terms „Improvement“ mehr Gewicht zu verschaffen.

2) Übersicht inhaltliche Anpassungen der ISO 50006

Anhand des nachfolgenden Vergleichs der Inhaltsverzeichnisse der ISO 50006:2014 und ISO 50006:2023 wird der Umfang der Änderungen verdeutlicht:

Chapter		ISO 50006:2014	Chapter	ISO 50006:2023
1		Scope	1	Scope
2		Normative references	2	Normative references
3		Terms and definitions	3	Terms, definitions, and abbreviated terms
4		Measurement of energy performance	4	Overview of EnPIs, EnBs and energy performance
	4.1	General overview	5	Obtaining relevant energy performance information
	4.2	Obtaining relevant energy performance information from the energy review.	6	Determining energy performance indicators
	4.3	Identifying energy performance indicators.	7	Establishing energy baselines
	4.4	Establishing energy baseline	8	Normalization
	4.5	Using energy performance indicators and energy baseline	9	Maintaining energy performance indicators and energy baselines
	4.6	Maintaining and adjusting energy performance indicators and energy baseline	10	Monitoring and reporting of energy performance and demonstrating energy performance improvement
Annex A (informative)		Information generated through the energy review to identify EnPIs and establish EnBs	Annex A (informative)	EnPI & EnB planning process
Annex B (informative)		EnPI boundaries in an example production process	Annex B (informative)	Examples of EnPI boundaries
Annex C (informative)		Further guidance on energy performance indicators and energy baselines	Annex C (informative)	Examples of energy performance indicators
Annex D (informative)		Normalizing energy baselines using relevant variables.	Annex D (informative)	Example of normalization stepwise process
Annex E (informative)		Monitoring and reporting on energy performance	Annex E (informative)	Example of normalization
			Annex F (informative)	Example of normalization — Multivariate–analysis
			Annex G (informative)	Reporting aggregated information

Abbildung 3.1: Vergleich Standard ISO 50006:2023 gegenüber dem Vorgänger ISO 50006:2014

3) Integration von Emissionsdaten

Es war wiederholt von einzelnen Ländervertretern der Wunsch geäußert worden, Emissionsdaten im Rahmen der Betrachtung der Energieeffizienz zu berücksichtigen. Bei gleichbleibender Produktionsmenge und -verfahren führt meist ein effizienterer Umgang mit der Ressource Energie zu einer Änderung der verursachten GHG-Emissionen. Geht jedoch eine Produktionssteigerung mit der Verbesserung der Energieeffizienz einher, so wird ggf. trotz Steigerung der Energieeffizienz ein Anstieg der Emissionen vorliegen. Es gilt hier zu vermeiden, dass ein gegeneinander Verrechnen von Maßnahmen zur Energieeffizienz mit den Maßnahmen zum Umweltschutz stattfindet. EnPIs sind ein Maßsystem, mit dem ein quantitativer Wert der energiebezogenen Leistung ausgedrückt werden soll, und dies ist durch Regularien und Förderprogramme zur Energieeffizienz der Länder (Deutschland Energieeffizienzgesetz) bewusst so gefordert. Um jedoch darauf explizit hinzuweisen, dass eine Steigerung der Energieeffizienz eine Reduktion der Treibhausgase zur Folge hat, wurde in der Einleitung der aktualisierten ISO 50006:2023 ergänzt:

Improving energy performance helps organizations to become more competitive by reducing their energy costs. In addition, improving energy performance can help organizations to reduce their energy related greenhouse gas emissions. Climate change and the need for decarbonization are major global concerns. Reducing greenhouse gas emissions associated with energy consumption is a significant tool in tackling climate change. Methods for monitoring and measuring energy performance to ensure appropriate results are key aspects of this activity.

Sinngemäße Übersetzung:

Die Verbesserung der energiebezogenen Leistung soll Organisationen dabei helfen, wettbewerbsfähiger zu werden, da sie die energiebedingten Treibhausgasemissionen reduzieren. Der Klimawandel und die Notwendigkeit der Dekarbonisierung sind wichtige globale Anliegen. Die Verringerung der mit dem Energieverbrauch verbundenen Treibhausgasemissionen ist insofern ein wichtiges Instrument zur Bekämpfung des Klimawandels.

Als Neuerung wird nun gestattet, ergänzende Information zu den CO_2-Emissionen als Faktoren zur Zielerreichung aufzunehmen. Maßgebend verbleibt aber die Bewertung der Umsetzung der Maßnahmen nach ISO 50001 mit Größen der energiebezogenen Leistung.

4) Festlegung der Kenngrößen für die energetische Leistung

Gegenüber bisher eher unscharfen Festlegungen der Kenngrößen wurde tabellarisch und auch verbal im Text nun verdeutlicht, dass „Kenngrößen EnPI" klar transparenten Formalismen unterliegen müssen.

So war in der ISO 50006:2014 nur die Identifikation der Anwender der EnPI vorgesehen und in der ISO 50006:2023 wird nun eine definitive Bestimmung eines EnPI Users gefordert.

Weiterhin wird zusätzlich die Benennung eines EnPI-Eigners (Owner) und damit persönliche Verantwortungsübernahme erwartet.

Um die Zielausrichtung auf die tatsächlich stattfindende Umsetzung der geplanten Energieeffizienzmaßnahmen auszurichten, werden der Bezug zu dem PDCA-Zyklus und die Aufforderung für einen kontinuierlichen Verbesserungsprozess verdeutlicht.

Hierzu nachfolgend weitere Details als mögliche deutsche Version abgeleitet von der englischen Originalfassung der ISO 50006:2023.

Arten von EnPI-Anwender	Typische Bedürfnisse
Top-Management	Das Topmanagement benötigt Informationen aus EnPIs, um die Energieleistung der Organisation zu verstehen und Maßnahmen zur Verbesserung der Energieleistung zu unterstützen.
Energiemanagement-Team	Gruppe, die die Organisation, einschließlich der obersten Führungsebene, bei folgenden Aufgaben unterstützt: a) Einrichtung eines EnPI, b) Pflege eines EnPI, c) Überwachung der EnBs, der aktuellen EnPI-Werte und der Werte aller relevanten Variablen in festgelegten Intervallen, d) Festlegung von Energiezielen und Berechnung des Erreichungsgrads des Energieziels, e) Durchführung der Normalisierung und des Vergleichs der aktuellen EnPI-Werte mit den EnBs und dem Energieziel, f) Berichterstattung über die EnPI-Werte und Abweichungen und g) Interpretation der Ergebnisse.
Anlagen- oder Gebäudemanagement	Steuert in der Regel die Ressourcen innerhalb der Anlage oder Einrichtung und ist für die Ergebnisse verantwortlich. Der Werks- oder Betriebsleiter sollte sowohl die geplante Energieleistung verstehen als auch erhebliche Abweichungen von der Energieleistung untersuchen und darauf reagieren, auch in finanzieller Hinsicht. Betriebs- oder Anlagenleiter können alle EnPIs in ihrem Betrieb oder ihrer Anlage verwenden, einschließlich des EnPI für ihre SEU und vergleichbarer EnPIs von anderen Standorten für Benchmarking-Zwecke.
Betriebs- und Wartungspersonal	Verantwortlich für die Verwendung von EnPIs zur Kontrolle und Sicherstellung eines effizienten Betriebs durch Ergreifen von Maßnahmen bei signifikanten Abweichungen in der Gesamtenergieeffizienz, Beseitigung von Energieverschwendung und Durchführung von vorbeugender Wartung. Das Betriebs- und Wartungspersonal kann die EnPIs verwenden, die für den Prozess oder die Ausrüstung relevant sind, für die es verantwortlich ist.
Ingenieure	Planung, Durchführung und Bewertung einer Maßnahme zur Verbesserung der Gesamtenergieeffizienz unter Verwendung geeigneter Kennzahlen für die Maßnahme, einschließlich der zur Bewertung der Verbesserung der Gesamtenergieeffizienz verwendeten Methode(n).
Externe Anwender	Externe Anwender wie Aufsichtsbehörden, Berufs- und Branchenverbände, EnMS-Auditoren, Kunden oder andere Organisationen können Informationen aus EnPIs benötigen, die in ihre jeweiligen Prozesse einfließen.
EnPI-Eigner	Person, die für die Überwachung, Analyse und Berichterstattung eines EnPI und seiner Werte verantwortlich ist.

Abbildung 3.2: Tabelle Kenngrößen für die energetische Leistung in deutscher Übersetzung

5) Definition und Quantifizierung von Variablen im Zusammenhang mit der Gesamtenergieeffizienz (Defining and quantifying variables related to energy performance)

Um für den englischen Begriff „energy performance" eine Klarstellung zu erreichen, dass neben quantitativen Größen auch qualitative Faktoren relevant sein können und dann berücksichtigt werden, wurde in Abschnitt 5.5 der aktualisierten Version der ISO 50006 eine Tabelle eingefügt. Hier wird in einem Prozessbild verdeutlicht, dass qualitative Kriterien hinsichtlich der Prozesseingänge, dem Prozess selbst, den Prozessausgängen und dem Prozessumfeld neben quantitativen Größen auch qualitative Faktoren (FQA in Abbildung 3.3) relevant sein können.

Abbildung 3.3: Berücksichtigung qualitativer Faktoren zur Bestimmung der Energy Performance

6) Indikatoren für die Energieleistung unter Anwendung statistischer Modelle und Einsatz einer Normalisierung, Abschnitt 6.2 (Expressing energy performance indicators)

Mit der Aktualisierung der ISO 50006 wurde wesentlich mehr Methodenkompetenz in den Leitfaden integriert. So sind in dem Abschnitt 6.2 Methoden bei Anwendung statistischer Modelle und einer Normalisierung eingegangen. Mit dem Verweis auf Methoden und der Ergänzung wesentlicher Formeln wird sowohl denjenigen eine Hilfe angeboten, die für die Prozesse verantwortlich sind, als auch denjenigen, die als zertifizierende Organisationen agieren.

7) Maintaining energy performance indicators and energy baselines

   Die Vorgaben in Abschnitt 9 der aktualisierten ISO 50006 verdeutlichen, wann und unter welchen Umständen eine Revision der EnPI und der EnB angeraten ist und vorgenommen werden kann oder soll. Somit wird Transparenz in der Umsetzung und Anpassung an Maßnahmen für die Umsetzung der ISO 50001 geschaffen, die auch hier diejenigen unterstützt, die für die Prozesse verantwortlich sind, und auch diejenigen, die als zertifizierende Organisationen agieren.

Mit der Überarbeitung dieses Buches wurde in den nachfolgenden Kapiteln detailliert auf die aktualisierte Version der ISO 50006 eingegangen und welche Auswirkungen dies auf die Anwender hat.

4 Kommentierte Ablauffolge der Einführung eines Systems von Energieleistungskennzahlen nach der ISO 50006

Ulrich Nissen

Die folgenden Ausführungen beziehen sich auf die ISO 50006:2023. Mit ihrem Bild 1 auf S. 5 machte die Norm in ihrer Erstfassung von 2014 (in deutscher Sprache 2017) bereits deutlich, worum es ihr geht: um den regelmäßigen Vergleich von „Energieleistungskennzahl-Werten“ (energy performance indicator values) mit „Energetischen Ausgangsbasen“ (energy baselines) sowie „operativen Energiezielen“ (vgl. Abbildung 4.1).

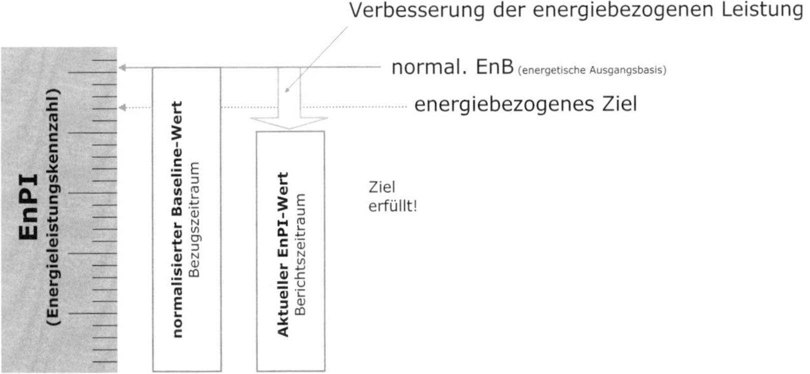

Abbildung 4.1: Beziehung zwischen der energiebezogenen Leistung, EnPIs, EnBs und operativen Energiezielen (in Anlehnung an Bild 1 der DIN ISO 50006:2017[9])

Es sollen über einen **Berichtszeitraum** ermittelte aktuelle, also Ist-Energieleistungskennzahlenwerte Vergleichswerten gegenübergestellt werden, um dann aus festgestellten Abweichungen Verbesserungsideen abzuleiten und so einen fortlaufenden Verbesserungsprozess in Gang zu setzen. In der Norm selbst wird dies als **Steuerung** bezeichnet. Die Vergleichswerte sind dabei:

- **energy baselines** (EnBs) oder energetische Ausgangsbasen (gemeint sind normalisierte EnBs) oder
- **operative Energieziele**.

9 Die Norm spricht zwar von „Verbesserung des EnPI“, meint aber die Verbesserung des EnPI-Wertes.

Energetische Ausgangsbasen sind dabei „quantitative(r) Referenzpunkt(e) als Basis für einen Vergleich der energiebezogenen Leistung“ (3.1.4 der ISO 50006:2023). Es handelt sich um **Ist-EnPI-Werte der Vergangenheit** (zur Ermittlung etwaiger Verbesserungen). Demgegenüber sind „operative Energieziele“ (3.1.12 der Norm) **Soll-EnPI-Werte** (der Zukunft). Bezugszeitraum wäre dann also entweder die Vergangenheit, etwa das letzte Jahr, oder die Zukunft, z. B. das kommende Geschäftsjahr.

Eine **Energieleistungskennzahl** oder ein „EnPI“ ist in der ISO 50006:2023 definiert als Maßgröße zur Quantifizierung der energiebezogenen Leistung („measure used to quantify energy performance“) und somit entweder ein Messwert (Ist-EnPI-Wert) oder ein errechneter Wert (normalisierter EnB) und damit auch eine **Rechenregel**, die beschreibt, aus welchen Berechnungskomponenten sich ein EnPI-Wert zusammensetzt und wie diese Komponenten verknüpft sind. Das Ergebnis der Anwendung eines EnPI ist hingegen der **EnPI-Wert**.

In Abschnitt 4 und insbesondere Abschnitt 8 geht die Norm darauf ein, dass i. d. R. jeweils eine „**Normalisierung**“ durchgeführt werden sollte, und zwar immer dann, wenn „relevante Variablen“ wie das Wetter, die Produktion, Betriebszeiten von Gebäuden usw. den Energieverbrauch beeinflussen. Dadurch soll ein fairer Vergleich von EnPI-Werten (unter gleichen Rahmengegebenheiten) ermöglicht werden. Die Normalisierung dient also dazu, unbeeinflussbare, routinemäßig entstehende Einflüsse auf den Energieverbrauch (z. B. die Umgebungstemperatur) aus den EnPI-Werten herauszurechnen, sie also zu neutralisieren. Hierauf wird noch genauer einzugehen sein.

Mit einer Normalisierung wird versucht, in der Vergangenheit ermittelte Energieverbrauchswerte an aktuelle Gegebenheiten anzupassen. Dies bedeutet, dass Referenz-EnPI-Werte bzw. Plan-EnPI-Werte und somit EnBs normalisiert werden und nicht Ist-EnPI-Werte.

4.1 Grundstruktur eines EnPI-Systems nach der ISO 50006

Zu Beginn des Aufbaus eines Energiekennzahlensystems sind EnPI-Grenzen festzulegen (5.3). Anhang B der Norm beschreibt dazu die Vorgehensweise. Das vorgeschlagene Prozedere zielt darauf ab, schnell den energieintensivsten Teil der Produktionsprozesse zu ermitteln. Dazu legt man in einem ersten Schritt die Außengrenze des EnPI-Systems fest, die – sofern ein EnMS vorliegt – weitestgehend der Systemgrenze des Energiemanagementsystems entspricht, z. B. die gesamte Fabrik. Beginnend mit der Außengrenze werden nun – in Schritt 2 – „Einrichtungen“ abgegrenzt. Die englischsprachige Originalfassung spricht hier von „Facilities“, also (Produktions-)Anlagen. Man hat also eine Übersicht der vorhandenen Anlagen zu erstellen, etwa in der Form einer Liste, denen man Messdaten zu Energieverbräuchen zuordnet.

Sobald dies geschehen ist, werden die Anlagen in zwei Kategorien eingeteilt: „SEU" für „significant energy use" (also Hauptverbraucher bzw. wesentlicher Energieeinsatz) und „Nicht-SEU" für Nebenverbraucher. Abgrenzungskriterien für die Unterteilung in Haupt- und Nebenverbraucher bietet die Norm nicht; die Abgrenzung ist daher nach individuellen Kriterien durchzuführen, etwa durch eine ABC-Analyse, bei der man am Ende Anlagen der Gruppe A als SEU deklariert (vgl. hierzu auch die Ausführungen in Kapitel 5.3).

Sind SEU-Anlagen als solche festgelegt, sollen – in Schritt 3 – ebendiese Anlagen hinsichtlich der Energieintensität ihrer „Ausrüstung" (die englischsprachige Fassung spricht von „equipment", also von Anlagenteilen, geeigneter wäre noch „Anlagenteilprozesse") geprüft werden. Ergebnis ist dann eine Unterteilung in „SEU-Anlagenteilprozesse" und „Nicht-SEU-Anlagenteilprozesse". Die Gesamtstruktur Steuerungsobjekte lässt sich zusammenfassend wie in Abbildung 4.2 darstellen:

Bereich	Anlage	Energieträger	Baseline-Periode	Jahresenergieverbrauch Baselineperiode	Jahresenergiekosten Baselineperiode [€]	Priorität	Kategorie (SEU vs. Nicht-SEU)
Fabrik 1	Prozess XYZ	Erdgas	2022	3.026 MWh/a	272.312 €	1	SEU
		Elektrischer Strom	2022	125 MWh/a	17.500 €		
...	...	...				2	SEU
...	...	Erdgas	2022	2.897 MWh/a	202.790 €	...	...
...	...	...	...	...	...	...	Nicht-SEU
...	...	...	...	...	...	...	Nicht-SEU
				24.560 MWh/a	**mind. 80 %**		

Abbildung 4.2: Aufgliederung der EnPI-Systemgrenze in Steuerungsobjekte (= SEUs)

4.2 Bedeutung von „relevanten Variablen" und „statischen Faktoren"

Als nächsten Schritt sieht die ISO 50006 für alle SEU-Steuerungsobjekte die Bestimmung von Einflussfaktoren des Energieverbrauchs eines jeden Steuerungsobjektes (SEU-Anlage und SEU-Anlagenteilprozess) vor. Die Kenntnis solcher Einflussfaktoren und der jeweiligen Faktoren-Werte ist notwendig, um – wie oben bereits angemerkt – eine Normalisierung der EnPI-Werte zustande zu bringen, die dann später erforderlich ist, um einen Vergleich von EnPI-Werten unter gleichen Rahmengegebenheiten zu ermöglichen. Nur so, also nach Normalisierung, lassen sich zielführende EnPI-Werte ermitteln, die dann Steuerungswirkungen erzeugen.

Bei den Einflussfaktoren unterscheidet die ISO 50006 zwischen „relevanten Variablen" und „statischen Faktoren". Erstgenannte sind solche, die sich routinemäßig ändern (Produktionsvolumen, Außentemperatur, Luftfeuchte, Luftdruck etc.), wohingegen es sich bei „statischen Faktoren" um Größen handelt, die keine routinemäßige Änderung aufweisen, etwa Gebäudegröße, Anzahl der Mitarbeiter, Anzahl der Produktionsschichten, Produktionsumstellungen etc.

Die relevanten Variablen sind in die EnPIs, also in die Rechenregeln zu integrieren (vgl. Kapitel 5). Demgegenüber werden statische Faktoren nicht integriert, sondern dahingehend beobachtet, ob sie sich ändern (z. B. die Gebäudegröße), was ggf. zu einer Anpassung des betroffenen EnPI-Aufbaus führt.

4.3 Bestimmung von „relevanten Variablen"

Die Bestimmung von relevanten Variablen erfolgt der ISO 50006 entsprechend in der Weise, dass zunächst Annahmen über mögliche messbare Faktoren (z. B. Luftdruck, Temperatur, Produktionsvolumen etc.), die einen Einfluss auf den Energieverbrauch eines Steuerungsobjektes ausüben könnten, getroffen werden. Zu diesen Faktoren werden Daten erfasst, den Energieverbräuchen gegenübergestellt und zusammen – i. d. R. statistisch durch Regressionsanalysen – ausgewertet. Hierauf wird in Kapitel 5 genauer eingegangen.

Sofern es sich abzeichnet, dass mehr als eine Variable als „relevant" eingestuft werden sollte, wären üblicherweise multiple Regressionsanalysen durchzuführen, was regelmäßig den Einsatz spezieller Statistiksoftware oder entsprechende Add-ins von Standardtabellenprogrammen wie Excel erforderlich macht.

Stellt die statistische Analyse ein hohes (adjustiertes) Bestimmtheitsmaß R^2 zwischen einem Faktor und dem Energieverbrauch an einem Steuerungsobjekt fest, kann eine untersuchte Variable vorläufig als „relevante Variable" eingestuft werden (später muss im Rahmen von Validitätstests noch bestätigt werden, dass jeweils Signifikanz vorliegt; dazu später mehr). Eine solche Variable ist – später – in den EnPI zu integrieren. Eine detaillierte Festlegung, ab welchem R^2-Wert eine Variable als relevant eingestuft werden soll, enthält die ISO 50006 nicht. Ist eine Variable als „relevant" für ein Steuerungsobjekt und damit für den korrespondierenden EnPI eingestuft, müssen analog zur regelmäßigen Energieverbrauchsmessung des Steuerungsobjektes auch für diese Variable Daten, also Variablen-Messwerte, in den gleichen Erfassungszyklen wie für die Energieverbrauchsmessung ermittelt werden. Andernfalls kann eine Normalisierung nicht zustande kommen.

4.4 Bestimmung von „statischen Faktoren"

Zu der Bestimmung von „statischen Faktoren" enthält die ISO 50006 keine Vorschläge. Eine Regressionsanalyse dürfte regelmäßig ausscheiden, weil aufgrund der nicht vorliegenden routinemäßigen Schwankung der Ausprägung eine statistische Datenauswertung kaum möglich erscheint. Man muss sich dann wohl auf Annahmen verlassen, dass eine bestimmte Zustandsgröße (etwa das Volumen der Fabrikhalle) den Energieverbrauch eines Steuerungsobjektes mit beeinflusst und dass eine Änderung ebendieser Zustandsgröße eine Energieverbrauchsänderung ceteris paribus nach sich zöge.

4.5 Umgang mit Ausreißern

Vor der Berechnung von EnPI-Werten empfiehlt die Norm, die gemessenen Energieverbrauchs- und relevanten Variablen-Werte dahingehend zu überprüfen, ob fehlerhafte Zählungen, eine fehlerhafte Datenerfassung oder untypische Betriebsbedingungen vorgelegen haben könnten, die als Ausreißer anzusehen wären. Zwar geht die ISO 50006 nicht direkt darauf ein, wie mit solchen Ausreißern umgegangen werden sollte. Aus dem Gesamtkontext ergibt sich aber, dass sie bei Referenz-EnPI-Werten (Vergangenheit) herauszurechnen sind, indem etwa entsprechende Ausreißer-Messwerte nicht berücksichtigt werden; andernfalls würde man Ausreißer bei Wertevergleichen implizit tolerieren. Wichtig ist dabei aber, dass tatsächliche ineffiziente Zustände nicht gelöscht werden, etwa hohe Grundlasten an Feiertagen, auch wenn diese ggf. das R^2 senken.

4.6 Festlegung von EnPIs

Die ISO 50006-Norm (Ausgabe 2023) unterscheidet verschiedene Typen von EnPIs (vgl. Abbildung 4.3)

Modellart	Merkmale		EnPI-Typ
statistische Modelle	keine oder eine relevante Variable	Standardfall	$Y = mx + c$
		Spezialfall a) einfache Metrik	$Y = c$
		Spezialfall b) Verhältniswert	$Y = mx$
	multiple relevante Variablen		$Y = m_1x_1 + m_2x_2 + \dots + m_nx_n + c$
aggregierte Modelle	Kombination aus mehreren o. a. Modellen oder zustandsbasierende Modelle (reagieren u. a. auch auf Zustandsgrenzwerte N von relevanten Variablen)		$Y = f(x_1, x_2, \dots x_n) \rightarrow$ wenn $x_i > N$ $Y = g(x_1, x_2, \dots x_n) \rightarrow$ wenn $x_i <= N$
ingenieurtechnische Modelle	häufig beschrieben durch physikalische oder empirische Gesetze		

Legende

Y	ist der Energieverbrauch
m	ist der Energieverbrauch pro Einheit einer relevanten Variablen
x	ist der Wert einer relevanten Variablen
c	ist die Grundlast, die nicht in Verbindung zu einer relevanten Variablen steht, oder ist ein konstanter Energieverbrauch
$m_1, m_2, \dots m_n$	sind der Energieverbrauch pro Einheit der relevanten Variablen
$x_1, x_2, \dots x_n$	sind die relevanten Variablen
f	ist das Energiemodell, das die relevanten Variablen berücksichtigt, wenn die relevante Variable x_i über einem Grenzwert (N) liegt
g	ist das Energiemodell, das die relevanten Variablen berücksichtigt, wenn die relevante Variable x_i unter einem Grenzwert (N) liegt
N	ist der Grenzwert der relevanten Variablen x_i

Abbildung 4.3: EnPI-Typen

Bei einem EnPI-Wert als **„einfache Metrik"** handelt es sich um eine Absolutangabe, etwa ein Energieverbrauch [kWh], eine Energielast [kW] oder eine Energieeinsparung [kWh]. Diese Art der Darstellung wird regelmäßig dann gewählt, wenn relevante Variablen nicht bestimmt werden, weil

- sich Einflussfaktoren nicht finden lassen,
- bei möglichen Einflussfaktoren die Bestimmtheitsmaße zu niedrig sind oder

- die Datenlage für mögliche relevante Variablen nicht ausreicht (etwa, weil eine Messdatenerfassung nicht oder nur eingeschränkt gegeben ist), um sie als solche zu deklarieren.

In letztgenanntem Fall würde sich anbieten, eine regelmäßige Datenerhebung zu initiieren und nach Ablauf einer Periode eine Auswertung vorzunehmen. Eine Normalisierung ist bei diesem EnPI-Typ mangels relevanter Variablen nicht möglich, weil sie eine Anpassung der relevanten Variablenwerte von Bezugs- zu Berichtszeitraum erforderlich machen würde.

Liegt für ein Steuerungsobjekt lediglich eine relevante Variable vor, kann eine Relativkennzahl – EnPI als Quotient etwa aus Energieverbrauch [kWh] dividiert durch relevante Variable – festgelegt werden. Die Norm nennt diesen EnPI-Typ „**Verhältniswert**". Eine solche Kennzahl ist in der Anwendung praktisch, weil die Normalisierung quasi automatisch erfolgt (z. B. „Referenz-EnPI-Wert" = 124 kWh/t vs. „Aktueller-EnPI-Wert" = 154 kWh/t). Eine nachträgliche Normalisierung von Referenz-EnPI-, aktuellen EnPI- oder Plan-EnPI-Werten ist nicht erforderlich. Allerdings ist dieser EnPI-Typ nicht geeignet, Grundlasten oder mehr als eine relevante Variable zu berücksichtigen (der EnPI-Wert würde sich immer auf Null einstellen, wenn die relevante Variable einen Wert von Null annähme). An dieser Stelle wird deutlich, dass bei Erarbeitung der Norm versäumt wurde, auch den Faktor Zeit [h] als „relevante Variable" anzusehen. In der aktuellen Norm ist er keine „relevante Variable", da es sich beim Faktor „Zeit" grundsätzlich nicht um einen routinemäßig ändernden Faktor handelt. Allerdings bestimmt die Zeit den Energieverbrauch der Grundlast, und die Grundlast sollte in einem EnPI berücksichtigt werden, sofern sie vorkommt. Wird festgestellt, dass der Energieverbrauch eines Steuerungsobjektes von einer oder mehreren relevanten Variablen beeinflusst wird und/oder eine Grundlast vorliegt, kommt eine **einfache Metrik** und ein **Verhältniswert** als EnPI nicht mehr infrage. Die ISO 50006 schlägt für einen solchen Fall vor, Energieverbrauchsgleichungen auf der Grundlage von Regressionsanalysen zu entwickeln, die sich – z. B. im Fall angenommener Linearität – aus der Summation von Verbrauchskoeffizienten und relevanten Variablen (etwa Tagesenergieverbrauch$_{\text{elektrisch}}$ = a kWh/kg × Produktionsmenge [kg/d] + b kWh/Kd × Gradtage [Kd] + Grundlast [kWh/d]) zusammensetzen. Derartige Verbrauchsgleichungen sind dann die EnPIs und können für die Referenzperiode genutzt werden, um normalisierte „Baseline-EnPI-Werte" zu ermitteln. Soll zu einem späteren Zeitpunkt – in der Berichtsperiode – eine Abweichungsanalyse durchgeführt werden, sind die Variablenwerte (z. B. Anzahl der Tonnen zu mahlenden Mehls) der Referenzperiode in der Energieverbrauchsgleichung zu berücksichtigen (= normalisierte EnB) und mit dem Ist-EnPI-Wert zu vergleichen. Vergleichsergebnisse sind die Abweichungen, die zu interpretieren wären und schließlich ggf. Abhilfemaßnahmen auslösen.

Weist ein Steuerungsobjekt eine größere Anzahl an relevanten Variablen auf und stehen sie möglicherweise z. T. auch noch interdependent zueinander, schlägt die Norm die Durchführung multivariater Regressionsanalysen oder gar die Erarbeitung **„ingenieurtechnischer Modelle“** vor. Im Wesentlichen handelt es sich bei Letztgenanntem um umfangreiche Energiefluss- und Simulationsmodelle basierend auf physikalischen oder empirischen Gesetzmäßigkeiten. Derartige Modelle sind dann als EnPI anzusehen, weil sie die Berechnungslogik festlegen. Und Simulationsergebnisse wären die EnPI-Werte.

4.7 Ermittlung und Einsatz von „energetischen Ausgangsbasen“ bzw. „Referenz-EnPI-Werten“ und Länge der Bezugs- und Berichtszeiträume

„Energetische Ausgangsbasen“ oder EnBs (was dasselbe ist) dienen dazu, mit „aktuellen EnPI-Werten“ verglichen zu werden, um Fortschritte vom Bezugszum Berichtszeitraum aufzuzeigen und Verbesserungen der energiebezogenen Leistungen nachzuweisen. Grundlage sind die festgelegten EnPIs, deren Herleitung im vorangegebenen Abschnitt beschrieben wurde. Der Betrachtungszeitraum sollte lang genug sein, um sicherzustellen, dass die Variabilität der betrieblichen Abläufe komplett erfasst wird. Die Norm empfiehlt, üblicherweise 12 Monate als Zeitraum festzulegen, um die Saisonabhängigkeit des Energieverbrauchs und der relevanten Variablen berücksichtigen zu können.

Zur Quantifizierung der energetischen Ausgangsbasen von EnPIs sind für die Dauer des Bezugszeitraumes zunächst einmal Energieverbrauchswerte möglichst feingranuliert am Steuerungsobjekt zu messen und festzuhalten. Gleiches gilt für alle Werte der Variablen, die für das korrespondierende Steuerungsobjekt als „relevant“ festgestellt wurden, und für „statische Faktoren“. Sofern der EnPI ein Verhältniswert ist, ist es notwendig, den Energieverbrauchswert durch den relevanten Variablenwert zu dividieren, andernfalls reicht der Absolutwert. An dieser Stelle unterscheidet sich dieser EnPI-Typ von den anderen EnPI-Typen.

Ein direkter Vergleich eines „Referenz-EnPI-Wertes“ bzw. „Plan-EnPI-Wertes“ mit dem korrespondierenden „aktuellen EnPI-Wert“ im Rahmen einer Abweichungsanalyse könnte nun durchgeführt werden, allerdings nur, wenn keine wesentlichen Änderungen der relevanten Variablen vorliegen. Ist dieser Fall nicht gegeben (was normal sein dürfte), wäre zuvor eine Normalisierung vorzunehmen (bei Verhältniswerten nicht notwendig, weil sich die Normalisierung bereits im Rahmen der Ermittlung des EnPI-Wertes ergibt).

Wie geht man dabei vor? Ziel einer Normalisierung ist es, einen Vergleich der energiebezogenen Leistung eines Prozesses oder Teilprozesses unter gleichwertigen Bedingungen zu ermöglichen. Der Vergleich bezieht sich entweder auf Leistungen zu unterschiedlichen Zeiträumen (Vergangenheit vs. Gegenwart), oder es wird eine tatsächliche Leistung einer Ziel- bzw. Plan-Leistung gegenübergestellt. Haben sich vom Bezugszeitraum bis zum Berichtszeitraum die Rahmengegebenheiten, die für den Energieverbrauch eines Steuerungsobjektes von Bedeutung sind, verändert, dann wird das in den Werten der jeweils „relevanten Variablen" sichtbar. Diese Werte werden nun in die Energieverbrauchsgleichungen, also in die EnPIs, übertragen und führen dann so zu normalisierten EnPI-Werten. Ergebnis der Normalisierung sind demzufolge EnPI-Werte, die als solche im Bezugszeitraum in genau dieser Höhe ermittelt bzw. festgelegt worden wären, hätte bei ihrer Messung bzw. Festlegung dieselbe Einstellung der relevanten Variablen vorgelegen wie im Berichtszeitraum.

Eine Normalisierung führt nach alldem in aller Regel – also sofern relevante Variablen vorliegen und sich Rahmengegebenheiten von der Referenzperiode bis zur Berichtsperiode ändern – zu einer Änderung der EnBs und auch der Plan-EnPI-Werte. Insofern erscheint es zweckmäßig, das Werte-Potpourri der ISO 50006 um zwei weitere Wertangaben zu ergänzen:

- „Baseline-EnPI-Wert" (oder EnB)
- „Normalisierter Baseline-EnPI-Wert"
- „Ist-EnPI-Wert (oder „Aktueller EnPI-Wert")
- „Ziel-EnPI-Wert" (oder „Plan-EnPI-Wert")
- „Normalisierter Ziel-EnPI-Wert" oder – im Controlling-Jargon – **„Soll-EnPI-Wert"**

Nach einer Normalisierung haben die Standard-„Baseline-Werte" und die „Ziel-EnPI-Werte" ihre Bedeutung verloren, da sie für Abweichungsanalysen nicht geeignet sind (sie sind nicht normalisiert). Die Steuerungslogik auf der Grundlage von Abweichungsanalysen ergibt sich dann wie in Abbildung 4.4 dargestellt.

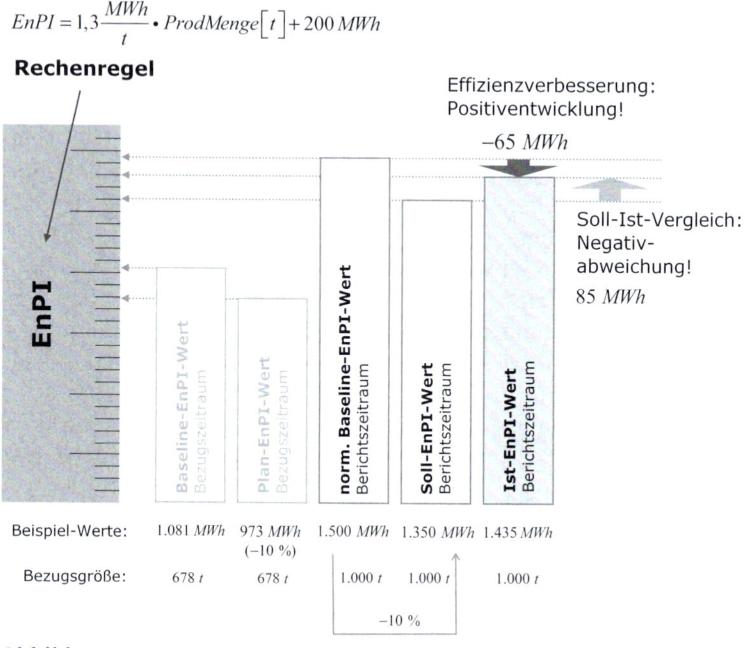

Abbildung 4.4: Steuerungslogik auf der Grundlage von Abweichungsanalysen (Weiterentwicklung von Bild 1 der ISO 50006:2023)

Die Aufbau- und Regelungsstruktur der ISO 50006 lässt sich nach alldem in ihren wesentlichen Zügen wie folgt zusammenfassen:

- Erfassung aller energetisch relevanten Anlagen und Anlagenteilprozessebenen bzw. Gebäude und ihrer Jahresenergieverbräuche
- Ermittlung der Energieverbräuche Bezug nehmend auf eine Referenzperiode (i. d. R. Vorjahr[e]) und Zuordnung zu möglichen Steuerungsobjekten (= EnBs der Referenzperiode, nicht normalisiert)
- Abgrenzung der Hauptenergieverbraucher (SEU) auf der Grundlage der erfassten Energieverbräuche im Rahmen einer ABC- oder ähnlichen Analyse
- Identifizierung der potenziellen Benutzer von EnPIs, die EnPI-Eigner genannt werden
- Klärung der möglichen relevanten Variablen und Abgrenzung von statischen Faktoren; „Relevante Variable“ = Faktor, der den Energieverbrauch beeinflusst und routinemäßig schwankt; „Statischer Faktor“ = Faktor, der den Energieverbrauch beeinflusst und der nicht routinemäßig schwankt (z. B. Witterung, Anzahl der Produktionsschichten etc.)

- Erhebung von – möglichst feingranulierten – Daten zu den möglichen relevanten Variablen
- Erarbeitung geeigneter Energieleistungskennzahlen (EnPIs) für alle SEU-Steuerungsobjekte i. d. R. durch Regressionsanalysen (i. d. R. Energieverbrauchsgleichungen)
- Planung und Umsetzung von Verbesserungsmaßnahmen

Ab neuer Geschäftsperiode:

- Ermittlung der Energieverbräuche aller SEUs
- Festlegung von Ziel- oder Plan-EnPI-Werten mit Blick auf die Berichtsperiode
- Messung von aktuellen EnPI-Werten (Energieverbräuche der SEUs) in der Berichtsperiode
- Messung von aktuellen Werten der relevanten Variablen
- Normalisierung der EnBs durch Verwendung gemessener Werte der relevanten Variablen in den EnPIs
- Quantifizierung der energiebezogenen Leistungsveränderung aus dem Vergleich zwischen normalisierten EnBs und den Ist-EnPI-Werten
- Vergleich von Ist-EnPI-Werten mit den Soll-EnPI-Werten (= normalisierte Plan-Werte) und Abweichungsursachenanalyse
- Bekanntmachung der energiebezogenen Leistung
- Anpassung des EnPI-Systems und Neufestlegung von EnPI-Zielen

5 Erarbeitung geeigneter Energieleistungskennzahlen gemäß DIN EN ISO 50001 und ISO 50006

Nathanael Harfst

5.1 Relevanz und Zielsetzungen von Energieleistungskennzahlen

Kennzahlen im Allgemeinen sind Informationsträger, welche quantifizierbare Sachverhalte zusammenfassend in einer Ziffer auszudrücken vermögen. Es handelt sich somit um den Versuch, die Realität in eine Zahl zu „packen". Der sich daraus ergebende Nutzen besteht zunächst in der vereinfachten Darstellung von eben diesen Sachverhalten, welche in Bezug auf einen bestimmten Erkenntniszweck betrachtet werden. Die aufbereiteten Informationen sollen letztlich zu Entscheidungen führen. Die Kennzahl bietet dabei eine Entscheidungsgrundlage, die den betrachteten Sachverhalt zusammenfassend darstellt. Beispielhaft informieren wir uns mithilfe eines Tachos über die aktuelle Geschwindigkeit unseres Autos (realer Sachverhalt), um eine Entscheidung bezüglich unserer weiteren Fahrweise zu treffen. Nach Abgleich mit der vorgeschriebenen Geschwindigkeit und dem Ziel, ordnungsgemäß fahren zu wollen, werden wir unsere Geschwindigkeit entsprechend wählen bzw. anpassen. Somit entsteht aus dem Abgleich zwischen **realem Sachverhalt** (repräsentiert in einer Kennzahl – hier der Geschwindigkeit) und einer Referenz (hier die Geschwindigkeitsvorgabe) eine Entscheidung für unser Verhalten.

Mit Bezug zu unternehmerischen Entscheidungen werden Kennzahlen regelmäßig dazu eingesetzt, sicherzustellen, dass reale Sachverhalte (etwa die Produktionsleistung) mit den erwünschten Zielen übereinstimmen. Dies geschieht gewöhnlich, indem aktuelle, also Ist-Kennzahlenwerte, mit einem Referenzwert verglichen und bei Abweichungen Gegenmaßnahmen erarbeitet und eingeleitet werden. Im besten Fall geht es bei den Referenzwerten um Plan- bzw. Zielvorgaben, sodass die Kennzahlen dabei helfen, eine jeweils gesetzte Zielsetzung zu erreichen bzw. den Zielerreichungsgrad beurteilen zu können (vgl. Kapitel 2 + 8). Es handelt sich hierbei um eine kennzahlenbasierte Steuerung realer Sachverhalte.

Eine Steuerungswirkung erwartet man regelmäßig auch von Energiekennzahlen im Rahmen des betrieblichen Energiemanagements (EnM), welches in den letzten Jahren wachsende Verbreitung gefunden hat. Diese Entwicklung ist in Deutschland vor allem auf die vielfache und zunehmende Einführung von grundsätzlich freiwillig anzuwendenden Energiemanagementsystemen (EnMS) nach der DIN EN ISO 50001 „Energiemanagementsysteme – Anforderungen mit Anleitung zur Anwendung“ in Unternehmen und sonstigen Organisationen zurückzuführen.[10]

Das Interesse an der Anwendung dieser Norm war und ist in Deutschland im Wesentlichen auf staatliche Anreize zurückzuführen (vgl. Kapitel 2). Die Idee des Gesetzgebers scheint zu sein, vorhandene Energieeinsparpotenziale, welche bisher aufgrund von fehlender Information und Organisationsstruktur nicht ausgeschöpft wurden, nun mithilfe von EnMS sichtbar zu machen und hierdurch letztlich eine Verringerung des Energieverbrauchs[11] bzw. Erhöhung der Effizienz bei den zertifizierten Organisationen herbeizuführen. Darüber hinaus geben viele Organisationen an, dass sie eine einmal eingeführte EnMS auch ohne staatliche Anreize weiterführen würden.[12] Somit könnten diese auch als „Starthilfe“ zur systematischen Verbesserung der energiebezogenen Leistung gesehen werden. Dieser verbesserte Umgang mit der Ressource Energie beschreibt die eigentliche Idee der DIN EN ISO 50001.

Das Ziel der Norm ist gemäß ihrer Einleitung: „Organisationen in die Lage zu versetzen, die Systeme und Prozesse festzulegen, die zur fortlaufenden Verbesserung der energiebezogenen Leistung [...] erforderlich sind“ (Abschnitt 0.1 der DIN EN ISO 50001:2018). Energieleistungskennzahlen (EnPIs) sind dabei von zentraler Bedeutung. Dies war schon in der 2011er-Version der DIN EN ISO 50001 der Fall. In der DIN EN ISO 50001:2018 steht dazu im Abschnitt 6.4:

> Die Organisation muss EnPI(s) bestimmen, die
>
> a) für die Messung und Überwachung ihrer energiebezogenen Leistung geeignet sind;
>
> b) es der Organisation ermöglichen, eine Verbesserung der energiebezogenen Leistung nachzuweisen.

10 Vgl. ISO, 2016.

11 Obwohl Energie im technischen Sinne nicht verbraucht werden kann, wird im Folgenden immer wieder der Begriff „Energieverbrauch“ für die Menge der eingesetzten Energie benutzt. Dies nicht zuletzt auch deshalb, da in der DIN EN ISO 50001 und der DIN ISO 50006 auch von „Energieverbrauch“ gesprochen wird und somit Missverständnisse vermieden werden sollen.

12 Vgl. Deutsch et al. 2022

Die fortlaufende Verbesserung der energiebezogenen Leistung soll also mithilfe von **geeigneten** EnPIs gemessen und überwacht – man könnte sagen gesteuert – werden. In einem zweiten Schritt wäre dann der Erfolg dieser Steuerung (Verbesserung der energiebezogenen Leistung) letztlich auch auf Basis von geeigneten EnPIs nachzuweisen.

Der Nachweis der fortlaufenden Verbesserung der energiebezogenen Leistung ist in der Norm als zentrale Anforderung verankert (vgl. DIN EN ISO 50001:2018, Abschnitt 10.2) und bildet eine Voraussetzung für die Zertifizierung. Die Überprüfung dieses zentralen Elements der ISO 50001 wurde durch die DIN ISO 50003 „Energiemanagementsysteme — Anforderungen an Stellen, die Energiemanagementsysteme auditieren und zertifizieren", die seit Oktober 2017 verpflichtend von Zertifizierungsstellen anzuwenden ist, noch einmal verdeutlicht. Sie verpflichtet die Zertifizierungsstellen, geeignete Nachweise über die Verbesserung der energiebezogenen Leistung vor der Zertifizierungsentscheidung zu verlangen und zu prüfen (vgl. DIN ISO 50003:2019 Abschnitt 9.6.3). Gegebenenfalls ist bei nicht vorhandenem Nachweis die Zertifizierung zu verweigern. Es besteht folglich im Rahmen eines EnMS gemäß DIN EN ISO 50001 zum einen die Notwendigkeit, sich zu verbessern und zum anderen, diese Verbesserung auch adäquat darstellen zu können. Für beides werden **„geeignete"** – man könnte auch sagen **aussagefähige** – EnPIs benötigt.

Die Erfahrung zeigt allerdings, dass in der Vergangenheit bei der Festlegung von EnPIs häufig auf veröffentlichte „Katalog-Kennzahlen" zurückgegriffen wurde. Diese erlauben meist keine zufriedenstellende Überwachung, Messung und Darstellung der energiebezogenen Leistung, weil sie individuelle Rahmengegebenheiten regelmäßig vernachlässigen. Zu diesen Rahmengegebenheiten zählen unter anderem Witterungsbedingungen am eigenen Standort, individuelle Kundenanforderungen etwa bzgl. der Qualität der hergestellten Produkte, modifizierte Prozessabläufe etc. Zielführender wäre daher, dieses zentrale Instrument des Energiemanagements auf den jeweiligen Betrieb bzw. Prozess maßzuschneidern. Eine Anleitung für eine derart individuelle Erarbeitung von EnPIs bietet die ISO 50006. In Anlehnung an diese Norm wird im Folgenden die Aufstellung und Nutzung geeigneter EnPIs unter Berücksichtigung der relevanten Einflussgrößen vorgestellt und anhand von Praxisbeispielen verdeutlicht.

5.2 Umfang des Energiekennzahlensystems

Die Erarbeitung, Pflege und Verfolgung von EnPIs und EnPI-Werten ist mit Aufwand verbunden. Im Sinne einer wirtschaftlichen Ausgestaltung des EnMS und des dazugehörigen EnPI-Systems wäre daher eine Aufwand-Nutzen-Optimierung anzustreben. Dies geschieht insbesondere durch die schwerpunktorientierte Festlegung des Umfangs eines Energiekennzahlensystems. Gesucht ist demnach das Optimum zwischen dem Aufwand, der sich aus der Aufstellung, der Aufrechterhaltung und der Anwendung der EnPIs ergibt, und dem hierdurch zu erwartenden Nutzen. Ratsam erscheint, einen solchen Detaillierungsgrad anzustreben, der entweder einen intendierten Nutzen bei einem möglichst geringen Aufwand bietet oder der bei einem festgelegten Aufwand einen möglichst großen Nutzen hervorruft.

Dieses anzustrebende Optimum liegt zwischen zwei theoretischen Extrema. Das erste Extrem wäre, gar keinen Aufwand zu betreiben, also keine einzige EnPI aufzubauen – nicht einmal für die Bereiche mit wesentlichem Energieeinsatz (engl. ‚significant energy use' SEU). Infolgedessen wäre aber auch kein Nutzen (im Sinne vom Erkennen und Ausschöpfen vorhandener Potenziale) aus dem Instrument „Energiekennzahlen" zu ziehen. Im anderen Extrem versuchte man, EnPIs für jeden auch noch so kleinen Prozess im Unternehmen zu definieren. Hierdurch wäre es theoretisch denkbar, die Messung und Überwachung aller energetischen Prozesse zu ermöglichen. Allerdings ginge dabei irgendwann der zusätzlich zu erwartende Nutzen insbesondere bei Anlagen mit sehr geringem Energieeinsatz gegen null, während der zusätzliche Aufwand deutlich stiege (vgl. Abbildung 5.1).

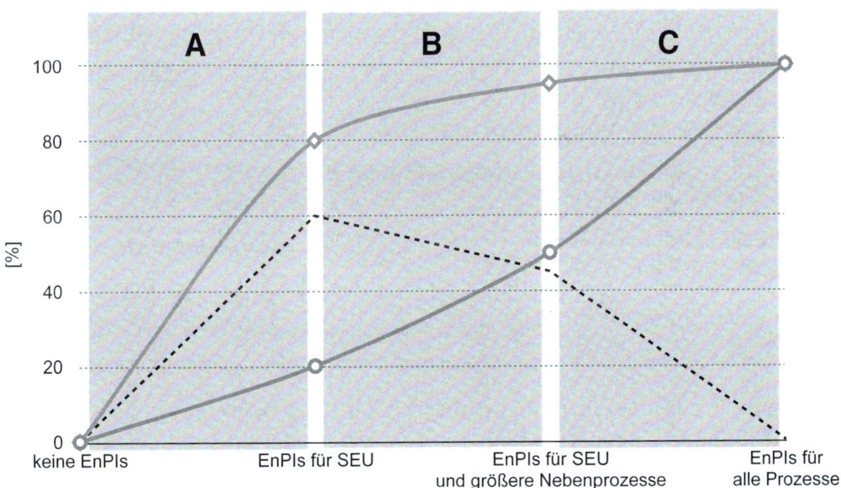

Abbildung 5.1: Optimum zwischen Aufwand und Nutzen eines EnPI-Systems

Eine Schwerpunktorientierung scheint somit zweckmäßig. Regelmäßig können ABC-Analysen dabei helfen, eine Schwerpunktorientierung zu erreichen, indem zwischen wesentlichen (Gruppe A) und nicht wesentlichen Anlagen und Prozessen (Gruppen B+C) unterschieden wird (vgl. Abschnitt 5.3). Durch eine Fokussierung auf die energieintensivsten Prozesse ist mit verhältnismäßig geringem Einsatz ein relativ großer Nutzen zu erwarten. Aus ökonomischer Sicht macht es Sinn, EnPIs in dem Ausmaß festzulegen, bei dem davon auszugehen ist, dass der Nettonutzen (Nutzen-Aufwand) am höchsten ist. Dies bedarf der Abgrenzung der relevanten Bereiche und Prozesse, die wesentliche Einsparpotenziale versprechen.

In den Normen der ISO 50000er-Reihe wird diesbezüglich von ‚significant energy use' (SEU) und in der deutschen Übersetzung von ‚wesentlichem Energieeinsatz' gesprochen. Insbesondere für SEUs ergeben sich aus der Norm spezifische Anforderungen, etwa die Messung der energiebezogenen Leistung auf Basis von EnPIs für jeden SEU (vgl. DIN EN ISO 50001:2018, Abschnitt 6.3 „Energetische Bewertung"). Somit bestimmt die Anzahl der SEUs maßgeblich den Umfang des EnMS und des dazugehörigen EnPI-Systems. Es stellt sich also die Frage, was als SEU anzusehen ist und was nicht. Die Definition des wesentlichen Energieeinsatzes lautet (DIN EN ISO 50001:2018, Abschnitt 3.5.6):

> Energieeinsatz, der wesentlichen Anteil am Energieverbrauch hat und/oder erhebliches Potential für eine Verbesserung der energiebezogenen Leistung bietet
>
> Anmerkung 1 zum Begriff: Kriterien dafür, was als wesentlich anzusehen ist, werden von der Organisation bestimmt.

Zur Abgrenzung des wesentlichen Energieeinsatzes ergeben sich somit zwei Kriterien:

- Höhe des Energieverbrauchs und
- mögliche Potenziale zur Verbesserung der energiebezogenen Leistung.

Allerdings ist in der Norm nicht beschrieben, was konkret als „wesentlich" bzw. „erheblich" einzustufen ist. Die Festlegung der Wesentlichkeit wird der jeweiligen Organisation überlassen (siehe Anmerkung 1 zum Begriff). Diese relativ unkonkrete Vorgabe scheint allerdings immer wieder dazu zu führen, dass bei den Anwendern in der Praxis eine systematische Abgrenzung fehlt, die zum einen die Annäherung an ein optimales Verhältnis aus Aufwand und Nutzen ermöglicht und sich zum anderen auch für ein mögliches Audit klar dokumentieren lässt. Daher wird im Folgenden gezeigt, wie eine solche schwerpunktorientierte Herangehensweise aussehen könnte.

5.3 Schwerpunktorientierte Abgrenzung des wesentlichen Energieeinsatzes

Unter der Annahme, dass die Anlagen bzw. Bereiche mit dem höchsten absoluten Energieverbrauch gleichzeitig auch das größte absolute Einsparpotenzial bergen, erscheint es zweckmäßig, zunächst die Ermittlung der Wesentlichkeit anhand der jeweiligen absoluten Energieverbräuche von Anlagen, Standorten oder Prozessen (z. B. über ein Jahr) vorzunehmen. Eine Einteilung anhand der „erheblichen Potenziale“ ist aufgrund der nötigen vorhergehenden Identifikation dieser Potenziale vor der Durchführung einer ersten Analyse der einzelnen Prozesse in der Regel schwierig. Sollten nach der Einteilung anhand des absoluten Verbrauchs noch bekannte erhebliche Potenziale vorliegen, können diese noch – unter dem Hinweis auf deren Potenzial – als SEUs hinzugefügt werden. Da es sich beim Energiemanagement um ein zyklisches Vorgehen handelt, lassen sich nach der erstmaligen Durchführung der energetischen Bewertung unter Umständen mögliche Potenziale deutlich besser einschätzen und für die Ableitung von SEUs nutzen.

Für die systematische Festlegung der SEUs ist von der Organisation eine Vorgehensweise zu definieren, anhand der zu beurteilen ist, ob ein Prozess bzw. Bereich als SEU gilt. Dazu bietet sich beispielsweise eine ABC-Analyse an (vgl. Abbildung 5.1). Es stellt sich jedoch die Frage, anhand welcher Kriterien die Gruppe A von den Gruppen B und C zu differenzieren ist. Rajan (2008 [18], S. 3) verdeutlicht anhand von praktischen Erfahrungen, dass die Verteilung des absoluten Energieverbrauchs auf Prozesse bzw. Bereiche und Anlagen regelmäßig dem Pareto-Prinzip folgt. Dies würde bedeuten, dass 20 % der Prozesse bzw. Bereiche und Anlagen etwa 80 % des gesamten Energieeinsatzes verursachen. Daraus ließe sich ableiten, dass es durch die intensive Auseinandersetzung mit relativ wenigen Prozessen bzw. Bereichen und Anlagen (etwa 20 %) möglich ist, den Großteil des gesamten Energieeinsatzes (etwa 80 %) zu erfassen und zu steuern. Ausgehend von dieser Logik könnten die Prozesse bzw. Bereiche und Anlagen als wesentlich eingestuft werden, die beginnend mit dem größten absoluten Jahresenergieeinsatz kumuliert 80 % des Gesamtenergieeinsatzes ausmachen. Abbildung 5.2 zeigt dies beispielhaft.

Neben der Abgrenzung der SEUs anhand des Energieverbrauchs könnte – vor dem Hintergrund der gewünschten Kosteneinsparung – die Reihenfolgebildung auch anhand der durch den Energieeinsatz verursachten Kosten erfolgen. Dazu wären der Energieverbrauch [MWh] mit den spezifischen Energiepreisen [€/MWh] der jeweiligen Energieträger zu multiplizieren. Hierdurch ergibt sich der jeweilige Kostenanteil der Prozesse bzw. Bereiche (vgl. Abbildung 5.3).

Anlagenbezeichnung	Gesamtverbrauch [MWh]	Verbrauchsanteil	kumulierter Verbrauchsanteil
Anlage 1	3.941	15,0 %	15,0 %
Anlage 2	3.677	14,0 %	29,0 %
Anlage 3	2.879	10,9 %	39,9 %
Anlage 4	2.795	10,6 %	50,5 %
Anlage 5	2.339	8,9 %	59,4 %
Anlage 6	2.287	8,7 %	68,1 %
Anlage 7	1.529	5,8 %	73,9 %
Anlage 8	854	3,2 %	77,2 %
Anlage 9	509	1,9 %	79,1 %
Anlage 10	148	0,6 %	79,7 %
....	...	...	...
Anlage 121	0,60	0,0 %	100,0 %
Anlage 122	0,20	0,0 %	100,0 %
Summe	26.305	100,00 %	

Abbildung 5.2: Abgrenzung von SEUs anhand des Energieverbrauchs

Anlagen-bezeichnung	Gesamtverbrauch [MWh]	Kosten [€]	Kostenanteil	kumulierter Kostenanteil
Anlage 2	3.677	478.061	13,43 %	13,43 %
Anlage 3	2.879	374.240	10,51 %	23,94 %
Anlage 1	3.941	245.831	6,90 %	30,84 %
Anlage 7	1.835	238.526	6,70 %	37,54 %
Anlage 8	1.709	222.116	6,24 %	43,78 %
Anlage 9	1.528	198.640	5,58 %	49,36 %
Anlage 10	1.480	192.435	5,40 %	54,76 %
Anlage 11	1.457	189.458	5,32 %	60,08 %
Anlage 4	2.795	177.710	4,99 %	65,07 %
Anlage 12	1.268	164.808	4,63 %	69,70 %
Anlage 13	1.256	163.268	4.59 %	74.29 %
Anlage 5	2.339	152.643	4,29 %	78,58 %
...	...	...	...	...
Anlage 122	0,20	26	0,00 %	100,00 %
Summe	26.305	3.560.552	100,00 %	

Abbildung 5.3: Abgrenzung von SEUs anhand der Energiekosten

Alle Prozesse und Anlagen, die kumuliert etwa 80 % der Energiekosten verursachen, würden hierbei als SEU abgegrenzt. Wie in Abbildung 5.3 dargestellt, können sich hierdurch Verschiebungen gegenüber der Reihenfolgebildung anhand des Energieverbrauchs ergeben. Diese resultieren aus den unterschiedlichen spezifischen Energiepreisen der jeweiligen Energieträger. Auch wenn diese Vorgehensweise zunächst nicht exakt der SEU-Definition der ISO 50006 bzw. der DIN EN ISO 50001:2018 folgt, scheint eine derartige Einteilung aus verschiedenen Gründen sinnvoll; denn analog zu der Annahme, dass die Bereiche mit dem höchsten Energieeinsatz das höchste absolute Verbrauchsreduktionspotenzial aufweisen, bergen in der Regel die Bereiche mit den höchsten Energiekosten das größte finanzielle Einsparpotenzial. Darüber hinaus spiegeln die Energiekosten regelmäßig die CO_2-Emissionen des Energieverbrauchs besser wider als der absolute nicht nach Energieträgern differenzierte Endenergieverbrauch. Dies resultiert daraus, dass sich die CO_2-Emission aus dem jeweiligen Primärenergiebedarf eines Energieträgers ergibt. Bei Energie-Arten, welche schon Wandlungen unterzogen wurden, etwa bei elektrischer Energie aus konventionellen Kraftwerken, deuten höhere Kosten auch auf einen höheren Primärenergieeinsatz hin. Somit würde durch eine solche Einteilung eine ökonomische und ökologische Schwerpunktorientierung erreicht.

Nach der systematischen Abgrenzung der SEUs kann nun mit der eigentlichen Kennzahlen-Entwicklung begonnen werden. Dabei soll für jeden SEU mindestens ein zur Messung der energiebezogenen Leistung geeigneter EnPI festgelegt werden. Hierfür ist es regelmäßig nötig, relevante Einflussfaktoren, die den Energieverbrauch eines jeweiligen SEUs beeinflussen, zu identifizieren und zu messen. Diese Notwendigkeit wird in der Norm dadurch deutlich, dass vorgeschrieben wird, für jedes SEU sogenannte **relevante Variablen** zu identifizieren und zu messen (DIN EN ISO 50001:2018, Abschnitt 6.3), um diese dann in geeigneter Weise bei der Kennzahlen-Entwicklung zu berücksichtigen (DIN EN ISO 50001:2018, Abschnitt 6.4).

5.4 Berücksichtigung relevanter Einflussgrößen zur Normalisierung von EnPI-Werten

Die Berücksichtigung von relevanten Einflussgrößen in den EnPIs soll dabei helfen, die EnPI-Werte so anpassen zu können, dass eine Vergleichbarkeit von EnPI-Werten ermöglicht wird. Dieser Prozess der Anpassung an die jeweils vorliegenden Rahmenbedingungen wird in der DIN EN ISO 50001:2018 als „Normalisierung“ bezeichnet und ist in Abschnitt 3.4.10 wie folgt definiert:

> Modifizierung von Daten zur Berücksichtigung von Änderungen, um den Vergleich der energiebezogenen Leistung unter gleichwertigen Bedingungen zu ermöglichen

Die Normalisierung soll also dazu beitragen, einen aussagekräftigen Vergleich der energiebezogenen Leistung eines betrachteten Systems unter Zugrundelegung gleicher Bedingungen zu ermöglichen (hierauf wurde in Kapitel 2 bereits eingegangen). Vereinfacht ließe sich sagen: Die Normalisierung dient dazu, dass alle Einflüsse, bei denen es **normal bzw. akzeptabel** ist, dass sie sich ändern, aus der Kennzahl herausgerechnet bzw. in den Referenzwert hineingerechnet werden, damit man erkennen kann, was **nicht normal** ist – etwa Ineffizienzen oder Verbesserungen.

Beispielsweise schwankt der Heizenergieverbrauch eines Gebäudes regelmäßig in Abhängigkeit von der Außentemperatur. Der Vergleich absoluter Heizenergieverbräuche kann daher nur eine eingeschränkte Aussage darüber zulassen, wie wirksam eine energetische Sanierung war, oder ob sich die Nutzer im Gebäude energieeffizient verhalten – etwa durch Stoßlüften statt dauerhaft gekippter Fenster bei laufender Heizung. So ist es denkbar, dass sich die Nutzer des Gebäudes energieeffizient verhalten, der absolute Energieverbrauch aufgrund eines kälteren Winters dennoch höher liegt als im Vorjahr.

Um Energieeffizienzkennzahlen im beschriebenen Fall auf das Erkenntnisziel – „Haben sich die Nutzer des Gebäudes energieeffizient verhalten?“ – auszurichten, sind die von den Nutzern bzw. von der Organisation nicht beeinflussbaren Effekte beim Vergleich der Verbrauchswerte zu berücksichtigen. Heizenergieverbräuche werden daher regelmäßig „witterungsbereinigt“ – mit anderen Worten der Einfluss der Außentemperatur wird im Referenzwert und im Ist-Wert berücksichtigt. Erst hierdurch wird es möglich, Veränderungen, die **nicht** auf die Außentemperatur zurückzuführen sind, sichtbar zu machen – etwa effizienteres Verhalten der Gebäudenutzer.

Abbildung 5.4 zeigt eine solche Anpassung (Normalisierung) beispielhaft auf. Im Jahr 2020 lag der Gasverbrauch des Gebäudes bei 9.000 kWh bei 3.000 Gradtagen [Kd].[13] Unter der Annahme, dass der Heizenergieverbrauch ausschließlich von der Außentemperatur abhängt, hieße dies, dass ein Gradtag [Kd] einen Verbrauch von 3 kWh „verursacht". Im Jahr 2021 lag der Gasverbrauch bei 8.000 kWh also 2.000 kWh unter dem Verbrauch von 2020. Allerdings war der Winter auch „wärmer". Daher lagen die Gradtage bei 2.500 Kd anstatt bei 3.000 Kd. Da im vorliegenden Fall der Gasverbrauch nur für die Beheizung des Hauses genutzt wird und nicht für die Warmwasseraufbereitung, ist es möglich, die Normalisierung über eine Variable und ohne „Grundlast" durchzuführen. Ein Beispiel der Normalisierung des Gasverbrauchs mit einem witterungsunabhängigen Anteil für die Warmwasseraufbereitung findet sich im Abschnitt 5.7.1.

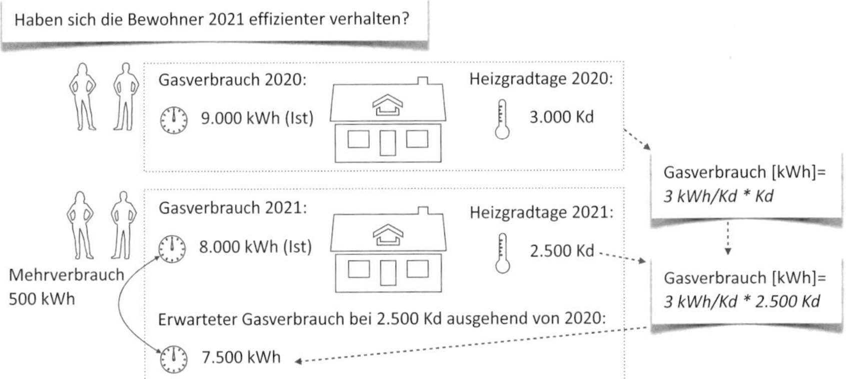

Abbildung 5.4: Beispielhafte Bestimmung eines normalisierten Ausgangswertes in Bezug auf den Heizenergieverbrauch

Zur Beurteilung des Nutzerverhaltens ist der Vergleich der absoluten Verbräuche nutzlos. Entscheidend ist der Wert, der bei 2 500 Gradtagen „zu erwarten gewesen wäre". Dieser ergibt sich aus dem Durchschnittsverbrauch pro Gradtag des Jahres 2020 multipliziert mit den tatsächlichen Gradtagen in 2021.

$$Erwarteter\ Gasverbrauch_{2021} = 3\frac{kWh}{Kd} \times 2.500\ Kd = 7.500\ kWh \qquad (5.1)$$

13 Produkt aus der Differenz der Innenraum- und Außentemperatur und der Dauer der Differenzen in „Kelvin*Days" [Kd]

Dieser an die tatsächlichen Bedingungen angepasste (normalisierte) Referenzwert macht deutlich, dass im Jahr 2021 **500 kWh** mehr verbraucht wurden, als bei den gegebenen Gradtagen zu erwarten gewesen wäre. Dass diese „einfache" Betrachtung, auf Basis des durchschnittlichen Verbrauchs pro Gradtag, problematisch sein kann, da etwaige temperaturunabhängige Energieverbrauchsanteile nicht adäquat berücksichtigt werden, wird in Abschnitt 5.7aufgezeigt, in dem reale Daten zu dem hier dargestellten Beispiel detaillierter analysiert werden.

Zusätzlich zur gerade beschriebenen Situation beim Heizenergieverbrauch mag das folgende Beispiel einer Normalisierung des Treibstoffverbrauchs von Pkw die Zweckmäßigkeit einer Normalisierung auch verdeutlichen: Der absolute Treibstoffverbrauch eines Pkws – gemessen etwa in Litern pro Monat – lässt regelmäßig keine Aussage über die Effizienz des Fahrzeuges zu, da er keine Informationen über die gefahrene Strecke enthält. Üblicherweise dividiert man daher den Verbrauch in Liter durch die gefahrenen Kilometer. Durch die Anpassung an die gefahrene Strecke lassen sich unterschiedliche Verbräuche, die für das Zurücklegen von unterschiedlichen Strecken entstanden sind, besser miteinander vergleichen. Die gefahrene Strecke ist somit eine relevante Einflussgröße auf den Energieverbrauch eines Pkws. Erst die Berücksichtigung der Strecke ermöglicht den Vergleich der energiebezogenen Leistung des Pkws unter gleichwertigeren Bedingungen. Der Treibstoffverbrauch wird also durch die Einbeziehung der gefahrenen Strecke normalisiert.

Neben ebendieser Strecke könnten aber auch noch weitere Faktoren den Treibstoffverbrauch eines Pkws beeinflussen, etwa:

- die Außentemperatur [°C]
- die Betriebsstunden der Klimaanlage [h]
- das Streckenprofil (Höhenmeter)
- der Beladungszustand des Pkws (kg Zuladung)
- die Fahrweise (etwa Durchschnittsgeschwindigkeit)
- die Streckenart (innerorts, über Land, Autobahn)
- die Bereifung (Winter oder Sommerreifen)
- der genutzte Energieträger (Benzin, Gas, Diesel, elektrischer Strom)

Ob diese Einflussfaktoren letztlich bei der Festlegung einer geeigneten Verbrauchskennzahl des Pkws berücksichtigt werden sollten, wäre nach Abwägung des Aufwands und Nutzens durch die Hinzunahme weiterer Variablen und der Zielsetzung der Kennzahl individuell zu entscheiden. Denn einerseits steigt die Aussagekraft und Vergleichbarkeit mit der Berücksichtigung von weiteren relevanten Einflussgrößen – den sogenannten „relevanten Variablen“ – i. d. R. an. Andererseits ist die Ermittlung des Einflusses der einzelnen Variablen auf den Treibstoffverbrauch (Energieverbrauch) mit zusätzlichem Aufwand verbunden.

Weiterhin ist in Abhängigkeit vom Erkenntniszweck der Kennzahl zu entscheiden, ob die durch diese Variable entstehenden Effekte tatsächlich innerhalb der Kennzahl zu berücksichtigen sind oder nicht. So könnte etwa bei dem vorliegenden Pkw-Beispiel festgestellt werden, dass die Fahrweise einen entscheidenden Einfluss auf den Energieverbrauch hat, man diesen aber nicht durch eine Normalisierung neutralisieren sollte, da genau hierin der Nutzen der Kennzahl liegt – nämlich zu sehen, wie bzw. von wem der Pkw effizienter gefahren wird. Neutralisierte man die Fahrweise durch Einbeziehung in die Kennzahl, wäre zum einen ein Negativverhalten (ineffiziente Fahrweise), zum anderen aber auch ein Positivverhalten (effiziente Fahrweise) nicht mehr sichtbar. Dahingehende Steuerungssignale könnte die Kennzahl dann nicht mehr aussenden. Die Kennzahl würde (in dieser Hinsicht) wirkungslos werden.

Demgegenüber mag es sinnvoll erscheinen, den Einfluss des Streckenprofils zu normalisieren, da dieses regelmäßig durch die zu fahrende Strecke vorgegeben und somit auch vom Fahrer nicht beeinflussbar ist.

Gesucht sind demnach zunächst sämtliche Parameter,

- die einen bedeutenden Einfluss auf den betrachteten Energieverbrauch haben, und
- das Ausmaß dieser Einflüsse.

Nach der Identifikation der Einflussgrößen wäre dann die Entscheidung zu treffen, ob diese im Zuge der Normalisierung Berücksichtigung finden sollen oder nicht. Im Folgenden wird nun auf die Identifikation der „relevanten Variablen“ eingegangen.

5.5 Ermittlung der Einflussfaktoren auf die Energieverbräuche

5.5.1 Kategorien von Einflussfaktoren

Die ISO 50006 und die DIN EN ISO 50001:2018 unterscheidet zwei Kategorien an wesentlichen Einflussgrößen.

1) Einflussgrößen, die sich regel- und damit routinemäßig ändern – etwa Produktionsmengen, Produktarten, Außentemperaturen etc. – und den Energieverbrauch[14] signifikant beeinflussen, werden als **„relevante Variablen“** bezeichnet.

2) Liegt demgegenüber eine Energieverbrauchsbeeinflussung aufgrund einer nicht routinemäßigen Veränderung der Anlage oder der Rahmengegebenheiten eines Prozesses vor, spricht man von **„statischen Faktoren“**. Hierbei handelt es sich beispielsweise um die Größe von Anlagen, den Dämmungszustand, die eingesetzten Energieträger, die Anzahl der Arbeitsschichten etc.

Im Pkw-Beispiel lägen demnach folgende mögliche[15] „relevante Variablen“ vor:

- die Fahrtstrecke [km]
- die Außentemperatur [°C]
- die Betriebsstunden der Klimaanlage [h]
- das Streckenprofil [Höhenmeter]
- der Beladungszustand des Pkw [kg Zuladung]
- die Fahrweise [etwa Durchschnittsgeschwindigkeit]
- die Streckenart (innerorts, über Land, Autobahn)

Statische Faktoren wären hingegen beispielsweise

- die Bereifung (Winter- oder Sommerreifen) und
- der genutzte Energieträger (Benzin, Gas, Diesel, elektrischer Strom).

14 In der DIN EN ISO 50001:2018 wird in der Definition von „wesentlichen Einfluss auf die energiebezogene Leistung“ gesprochen. Hier wird die Meinung vertreten, dass die relevanten Variablen nicht die energiebezogene Leistung, sondern den Energieverbrauch beeinflussen. Da die relevanten Variablen regelmäßig nicht von der Organisation zu beeinflussen sind, sollte deren Einfluss auf den Energieverbrauch durch die Normalisierung neutralisiert werden, um letztlich die energiebezogene Leistung darzustellen.

15 Hier wird noch von „möglichen“ relevanten Variablen gesprochen, da die Relevanz noch nicht festgestellt ist.

Ob die „Variablen“ den Energieverbrauch jeweils wesentlich beeinflussen, ist in einem nächsten Schritt durch eine statistische Auswertung zu klären. Eine solche Analyse ist bei der Beurteilung der Relevanz von „statischen Faktoren“ hingegen nicht möglich. Jene sind bei der nachträglichen Anpassung und weniger beim Aufbau von EnPIs relevant.

Im Folgenden wird eine dreistufige Vorgehensweise zur Ermittlung von relevanten Variablen und statischen Faktoren vorgestellt:

1) theoretische Vorüberlegung, welche die wesentlichen Einflussfaktoren sein könnten
2) Differenzierung zwischen relevanten Variablen und statischen Faktoren
3) statistische Überprüfung des Einflusses der angenommenen relevanten Variablen

5.5.2 Theoretische Vorüberlegung zu den wesentlichen Einflussfaktoren

Der Prozess der Kennzahlenerarbeitung ist im Folgenden maßgeblich anhand eines Produktionsprozesses dargestellt. Im Zentrum der Betrachtung steht exemplarisch eine Kartonmaschine (KM), das zentrale Aggregat eines Kartonherstellers, die aus aufgeschlämmter Zellulose Karton in unterschiedlichen Stärken herstellt. Dazu wird Dampf, Gas und elektrischer Strom eingesetzt. Als Praxisbeispiel der nächsten Abschnitte dient die Erarbeitung eines EnPI für die eingesetzte elektrische Energie (im Folgenden **Energieverbrauch**$_{\mathbf{el.}}$) der KM.

Anhand von theoretischen Vorüberlegungen und Gesprächen mit Mitarbeitern des Beispielunternehmens wurde zunächst angenommen, dass die folgenden Variablen einen relevanten Einfluss auf den Energieverbrauch$_{el.}$ der KM haben könnten:

- die Gesamtproduktion der Anlage pro Tag [t]
- die durchschnittliche Grammatur des Kartons des jeweiligen Tages [g/m^2]
- die durchschnittliche Außentemperatur des jeweiligen Tages [°C]
- die durchschnittliche finale Kartonfeuchte des jeweiligen Tages [%]
- die Anzahl der Schichten, in denen die Kartonmaschine in Betrieb ist [n/d]

Die Unterteilung nach statischen Faktoren und möglichen relevanten Variablen ergab, dass lediglich die Anzahl der Schichten, in denen die Kartonmaschine im Einsatz ist, als statischer Faktor anzusehen ist, da diese sich nicht routinemäßig ändert. Aktuell wird die Anlage 24 Stunden an sieben Tagen der Woche betrieben. Die Auswirkungen des statischen Faktors spielen lediglich bei einer Änderung dieser Betriebsweise eine Rolle. Ist dies der Fall, wäre zu beurteilen, inwiefern eine Änderung der Betriebsweise den Energieverbrauch$_{el.}$ und damit letztlich auch die EnPI beeinflusst. Liegt eine wesentliche Veränderung vor, wäre die Kennzahl bzw. die energetische Ausgangsbasis (engl. energy baseline EnB) anzupassen bzw. neu zu ermitteln. Alle anderen Einflussfaktoren unterliegen regelmäßigen bzw. routinemäßigen Schwankungen und sind daher als mögliche relevante Variablen anzusehen.

5.5.3 Beurteilung der Relevanz der sich routinemäßig ändernden Variablen

Die Relevanz der sich routinemäßig ändernden Variablen hängt davon ab, wie stark deren Schwankung zu Änderungen des Energieverbrauchs führen. Dabei geht es zunächst nur um den Zusammenhang ungeachtet der Wirkungsrichtung. In der DIN ISO 50006 aus dem Jahr 2014 fand sich dazu in Abschnitt 4.2.4 eine Grafik, die einen Anhaltspunkt zur Beurteilung der Relevanz bietet (vgl. Abbildung 5.5).

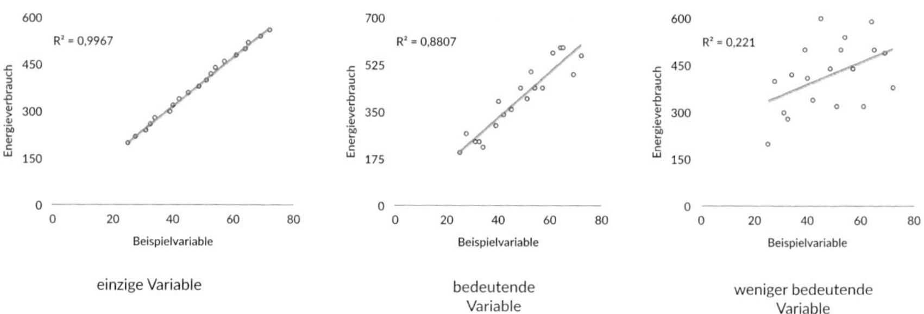

Abbildung 5.5: Relevanz von Variablen anhand von xy-Diagrammen und R^2 in Anlehnung an die ISO 50006:2014

Die Grafik zeigt drei xy-Diagramme, bei denen auf der x-Achse die Ausprägung einer Beispielvariablen und auf der y-Achse die jeweils dazugehörige Ausprägung des Energieverbrauchs abgetragen ist. Das linke Diagramm verdeutlicht einen nahezu perfekten Zusammenhang zwischen der Variablen und dem Energieverbrauch. Mit anderen Worten führt eine Erhöhung des Wertes der Beispielvariablen jeweils zu einer nahezu gleichmäßigen Erhöhung des Energieverbrauchs. Alle Punkte des Diagramms liegen sehr nah an oder auf der eingezeichneten Trendlinie. Es ist also davon auszugehen, dass der Energieverbrauch im Beispiel fast ausschließlich durch die Beispielvariable beeinflusst wird.

Das mittlere Diagramm zeigt ein ähnliches Bild. Allerdings ist hier erkennbar, dass der Energieverbrauch z. T. stärker nach oben und unten von der Trendlinie abweicht. Dies deutet darauf hin, dass die Beispielvariable nicht den alleinigen Einflussfaktor auf den Energieverbrauch darstellt.

Beim rechten Diagramm ist eine deutliche Streuung des Energieverbrauchs gegenüber der Trendlinie zu erkennen. Dennoch scheint auch hier noch ein Zusammenhang zwischen der Beispielvariablen und dem Energieverbrauch vorzuliegen, der allerdings die Veränderungen des Energieverbrauchs nur mäßig erklärt.

Neben der rein optischen Betrachtung ist es möglich, auf Basis des jeweiligen Bestimmtheitsmaßes „R^2“ eine Einschätzung der Relevanz vorzunehmen. Das R^2 ist ein Gütemaß der Statistik, welches die Stärke eines Zusammenhangs beschreibt. Es kann Werte zwischen 0 (kein Zusammenhang) und 1 (perfekter Zusammenhang) annehmen. Ein R^2 von 1 würde bedeuten, dass sämtliche Variationen der abhängigen Variable (hier der Energieverbrauch) durch die Veränderungen der unabhängigen Variable (hier die Beispielvariable) zu erklären sind. Ein R^2 von 0,99 im linken Diagramm zeigt demnach auf, dass 99 % der Veränderung des Energieverbrauchs durch die Beispielvariable erklärt werden können. Liegt eine logische – im Energiebereich meist physikalische/technische – Erklärung für diesen Zusammenhang vor, kann man davon ausgehen, dass der Energieverbrauch kausal von der Ausprägung der Beispielvariable abhängt. Für die mittlere und rechte Grafik gilt analog, dass die Beispielvariable ca. 88 % bzw. nur 22 % der Energieverbrauchsänderung erklärt.

In der DIN ISO 50006 werden keine harten Schwellenwerte zur Unterscheidung von relevanten und nicht relevanten Variablen beschrieben. Allerdings deuteten die Beschriftung unter den Diagrammen in Abbildung 6 in Abschnitt 4.2.4 der Version von 2014 (vgl. Abbildung 5.5) darauf hin, dass für die Autoren der Norm Variablen mit einem R^2 von ca. 0,90 als relevant, mit ca. 0,75 als weniger relevant und ab ca. 0,25 als nicht relevant einzustufen wären. Hier wird allerdings die Meinung vertreten, dass auch Variablen, die einzeln betrachtet „nur“ 25 % oder auch weniger der Veränderung des Energieverbrauchs erklären, regelmäßig als relevante Variablen anzusehen sind. Dies insbesondere dann, wenn der Energieverbrauch anhand mehrerer Variablen erklärt werden soll, also mehr als eine relevante Variable vorliegt. Dabei ist es üblich, dass die einzelnen Variablen jeweils nur einen Teil der Veränderung erklären und somit jeweils für sich genommen nur ein verhältnismäßig geringes R^2 aufweisen. Durch die gleichzeitige Berücksichtigung der Einflüsse der Variablen kann die Gesamterklärung der abhängigen Variable (hier des Energieverbrauchs) letztlich aber doch recht hoch ausfallen. Daher liefert diese Analyse auf Basis der xy-Diagramme, insbesondere für EnPIs mit mehreren relevanten Variablen lediglich eine erste Einschätzung zur Beurteilung der Relevanz von Variablen. Nicht zuletzt wegen dieser beschriebenen Notwendigkeit, bei mehreren Einflussgrößen alle Variablen gleichzeitig zu betrachten, findet sich oben genannte Grafik in der überarbeiteten ISO 50006:2023 nicht mehr. Insgesamt kann dennoch davon ausgegangen werden, dass die Variable mit dem höchsten R^2 den Energieverbrauch am stärksten beeinflusst.

Für die Aufstellung von geeigneten EnPIs ist es anzustreben, all jene Variablen als relevante Variablen anzusehen, durch deren Kombination das maximale **adjustierte R^2** erreicht wird. Dieses beschreibt genau wie das „normale" R^2 auch die Güte des erklärten Zusammenhangs zwischen den unabhängigen Variablen und der abhängigen Variable, korrigiert den Wert jedoch mit zunehmender Komplexität des Modells (Menge der berücksichtigten Variablen) nach unten, sodass es eine Art Optimum zwischen Erklärungsgüte und Komplexität aufzeigt. Die Anwendung des „normalen" R^2 eignet sich bei mehr als einer relevanten Variablen zur Beurteilung nicht, weil jenes Bestimmtheitsmaß grundsätzlich immer ansteigt, wenn zusätzliche Variablen in das EnPI-Modell aufgenommen werden, und zwar unabhängig davon, ob sie tatsächliche Einflussfaktoren sind oder nicht. Insbesondere bei Datensätzen mit wenigen Beobachtungen, wie es im Energiebereich häufig vorkommt (etwa bei 12 Monatswerten), ist auf die Nutzung des adjustierten R^2 abzustellen.

Bei der Beschreibung zur Erarbeitung von EnPIs mit mehreren relevanten Variablen wird daher auf diese adjustierte R^2 Bezug genommen. Neben dieser Kenngröße sollten auch noch die Signifikanzen der Koeffizienten anhand der p-Werte geprüft werden. Hierauf wird im Verlauf des Beispiels noch eingegangen.

Anwendung anhand des Praxisbeispiels

Bezogen auf den Produktionsprozess der Kartonherstellung sollen nun die relevanten Variablen ermittelt werden. Hier spielt neben den bereits beschriebenen theoretischen Vorüberlegungen auch die Datenverfügbarkeit bei der Auswahl möglicher Variablen eine entscheidende Rolle. Im vorliegenden Fall liegen umfangreiche Produktionsdaten für alle Variablen, bei denen ein Einfluss auf den $\text{Energieverbrauch}_{\text{el.}}$ Vermutet wurde, auf Tagesbasis vor. Insgesamt handelt es sich um Daten für einen Zeitraum von 261 Tagen, also für ein knappes Dreivierteljahr, das den Referenzzeitraum für die weitere Betrachtung bildet. Ein ganzes Jahr wäre grundsätzlich als Datenbasis zu empfehlen, um eventuelle saisonal bedingte Schwankungen noch besser berücksichtigen zu können. Manchmal – wie hier – sind aber Daten für ein gesamtes Jahr nicht verfügbar. Die ausgewählten Variablen und ein Auszug der dazugehörigen Daten sind in Abbildung 5.6 dargestellt.

Tage	Energieverbrauch$_{el.}$ [MWh]	Gesamtproduktion [t]	Grammatur [g/qm]	Außentemperatur [°C]	Kartonfeuchte [%]
01.02.	298,42	1.074	237,47	11,4	6,1
02.02.	290,78	1.194	307,04	8,8	6,1
03.02.	320,39	1.063	193,77	5,0	5,3
04.02.	321,20	972	164,86	4,2	5,9
05.02.	319,46	1.101	186,48	7,4	5,4
06.02.	315,57	1.212	220,85	9,6	5,7
07.02.	312,89	1.282	227,44	9,1	6,0
08.02.	284,88	1.219	322,80	8,5	6,4
09.02.	304,58	1.265	241,22	6,2	5,3
10.02.	324,41	1.167	194,81	4,3	5,2
11.02.	224,58	605	223,96	4,0	5,5
...	...	...	...	...	...
22.09.	341,57	1.028	190,20	15,0	5,9

Abbildung 5.6: Auszug der Daten zum Energieverbrauch$_{el.}$ der KM und den vermuteten relevanten Variablen

Bei den aufgeführten Einflussgrößen handelt es sich um Variablen, die routinemäßigen Schwankungen unterliegen und somit die erste Voraussetzung relevanter Variablen erfüllen. Im nächsten Schritt soll nun festgestellt werden, ob und wie stark diese Variablen den Energieverbrauch$_{el.}$ jeweils beeinflussen. Um einen ersten Eindruck über die Zusammenhänge zu gewinnen, werden die Daten in Anlehnung an die Vorgehensweise in der DIN ISO 50006:2014 gegeneinander auf xy-Diagrammen abgetragen. Die Abbildung 5.7 zeigt dies für die Datenpunkte der jeweiligen Variable im Zusammenhang mit dem Energieverbrauch$_{el.}$ der Kartonmaschine für die vorliegenden 261 Tage.

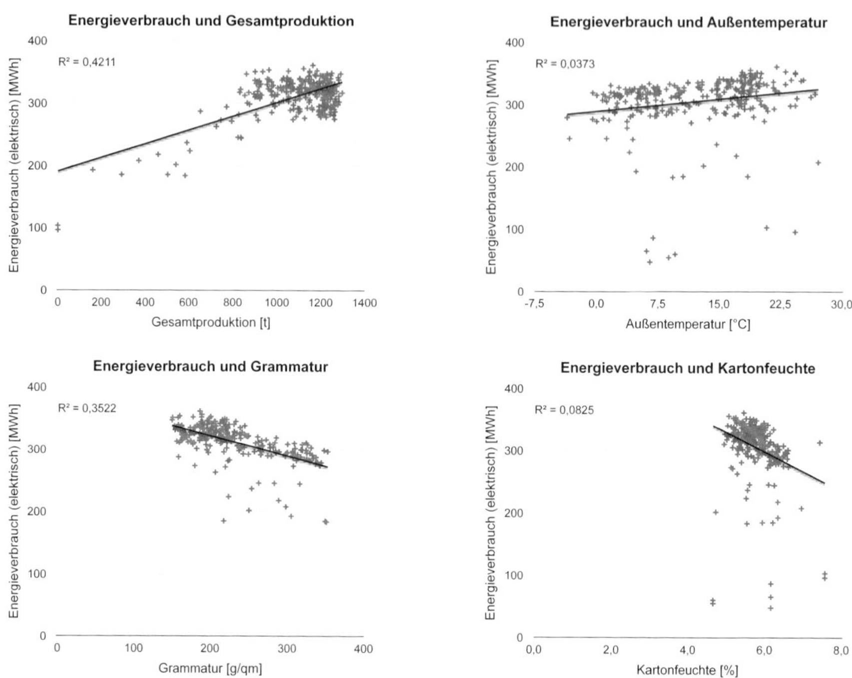

Abbildung 5.7: xy-Diagramme der vermuteten relevanten Variablen und des Energieverbrauchs$_{el.}$ der KM

In den Diagrammen lassen sich vor allem ein positiver Zusammenhang zwischen dem Energieverbrauch$_{el.}$ und der Gesamtproduktion sowie ein negativer Zusammenhang zwischen dem Energieverbrauch$_{el.}$ und der Grammatur feststellen. Ein Blick auf das Bestimmtheitsmaß R^2 gibt näheren Aufschluss über die tatsächlichen Zusammenhänge. Im vorliegenden Fall zeigt dieses, dass sich 42 % der Schwankungen des Energieverbrauchs$_{el.}$ durch die Veränderungen der Gesamtproduktion erklären lassen. Die Schwankung der Grammatur erklärt etwa 35 % der Veränderung beim Energieverbrauch$_{el.}$ Der Einfluss der Außentemperatur und der Kartonfeuchte scheint mit einem $R^2 < 0{,}1$ zunächst eher gering zu sein. Bevor wir uns nun der Aufstellung der Energiekennzahl für den Energieverbrauch$_{el.}$ der KM widmen, soll zunächst auf die unterschiedlichen in der DIN ISO 50006 beschriebenen Arten von EnPIs eingegangen werden.

5.6 Zusammenhang zwischen relevanten Variablen und den Arten von Energiekennzahlen

Abhängig vom Vorliegen relevanter Variablen kommen – wie in Kapitel 2 bereits angeführt – unterschiedliche Arten von EnPIs für die Messung, Überwachung und Darstellung der energiebezogenen Leistung infrage.

In der ISO 50006 werden drei Kennzahlentypen beschrieben:

- der nicht normalisierte Absolutverbrauch,
- das statistische Modell mit einer oder mehreren Variablen und
- das technische Modell.

Alle oben genannten Typen lassen sich als Energieverbrauchsgleichungen zur Ermittlung von Referenzwerten beschreiben, welche im Folgenden beschrieben sind. Die Nutzung von EVGs bietet viele wertvolle Vorteile im Rahmen des Energiemanagements, auf die im Anschluss eingegangen wird.

Nicht normalisierter Gesamtverbrauch

Bei Prozessen, bei denen keine relevante Variable identifiziert werden kann (also auch davon auszugehen ist, dass keine solche vorliegt und in der Folge der Verbrauch keinen wesentlichen Schwankungen unterliegt), sollte der nicht normalisierte Gesamtverbrauch als EnPI dienen. Eine andere Möglichkeit besteht hier nicht, da eine Normalisierung die Berücksichtigung der relevanten Einflussgrößen voraussetzt, die in jenen Fällen aber nicht bekannt bzw. vorhanden sind. Der Energieverbrauch wäre beim Fehlen wesentlicher Einflussfaktoren theoretisch konstant (vgl. Abbildung 5.8). In der Praxis scheinen Prozesse, die nicht durch relevante Variablen beeinflusst werden, allerdings die Ausnahme darzustellen.

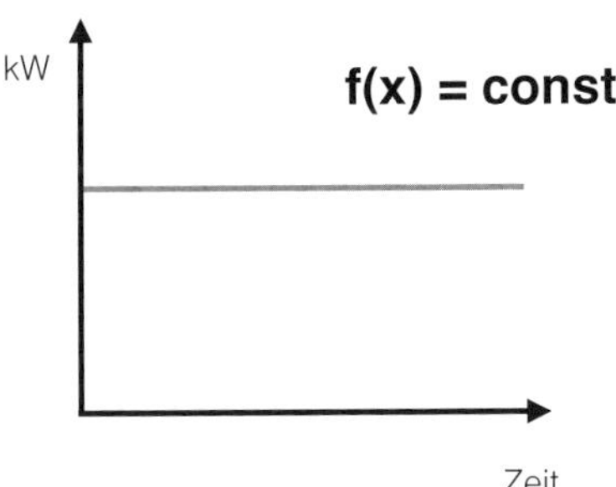

Abbildung 5.8: Nicht normalisierter Gesamtverbrauch ohne relevante Variable

Statistische Modelle

Die Grundlage statistischer Modelle bilden Vergangenheitswerte. Anhand derer wird die während des betrachteten Referenzzeitraums vorliegende Abhängigkeit des Energieverbrauchs von einer oder mehreren relevanten Variablen durch eine sogenannte Regression ermittelt. Das Ergebnis ist eine mathematische Funktion, anhand der der Energieverbrauch durch Einsetzen der Werte der relevanten Variablen möglichst genau „geschätzt" werden kann. Im Folgenden wird diese als „Energieverbrauchsgleichung" (EVG) bezeichnet. Idealerweise ergäbe sich eine EVG, welche die abhängige Variable (hier der Energieverbrauch) auf Basis der relevanten Variablen so genau schätzt, dass der errechnete Wert exakt dem gemessenen Ist-Wert entspräche. Eine solche perfekte Schätzung der abhängigen Variable ist allerdings in der Praxis nicht zu erwarten, da hierzu alle möglichen Einflussfaktoren in der EVG Berücksichtigung finden müssten.

Zur Beurteilung, wie genau eine EVG die tatsächlichen Werte auf Basis der unabhängigen Variablen berechnet, zeigt vor allem das adjustierte R^2 auf. Umso näher dessen Wert an 1 liegt, desto geringer sind die Abweichungen zwischen den durch die EVG ermittelten und den tatsächlich gemessenen Ist-Werten. Das adjustierte R^2 ist also ein Indikator dafür, wie genau die ermittelte EVG die Realität beschreiben kann. Aus der EVG geht letztlich auch der Einfluss der jeweiligen unabhängigen Variablen – etwa der Tonnage – auf die abhängige Variable hervor.

Die durch Regression ermittelten Funktionen können grundsätzlich jede denkbare Form annehmen. Vor der Durchführung der Regression ist allerdings vom Anwender anzugeben, welche Grundform die zu ermittelnde Funktion haben soll. Die Annahme linearer Zusammenhänge ist dabei die Regel.

Auf eine detaillierte Beschreibung der Vorgehensweise bei nichtlinearen Zusammenhängen wird hier verzichtet. Letztlich folgt deren Analyse aber dem Vorgehen bei linearen Zusammenhängen, mit der Einschränkung, dass der Anwender die zu erwartende nicht lineare Grundform der Energieverbrauchsgleichung vor der Analyse festlegen muss. Dafür ist ein umfangreiches Verständnis des Energieverbrauchsverhaltens der zu analysierenden Prozesse erforderlich. Zusätzlich kann häufig eine gute Näherung an die tatsächlichen Zusammenhänge durch eine lineare Funktion dargestellt werden. Bei den weiteren Ausführungen wird daher jeweils Linearität unterstellt.

Nach der Festlegung der Grundform der EVG ist die Regression entweder mit einer oder mehreren Variablen durchzuführen. Bei Linearität beschreibt die EVG mit einer Variablen eine Gerade bzw. bei zwei Variablen eine Fläche (vgl. Abbildung 5.9). Bei Modellen mit n Variablen, beschreibt die Funktion einen n-dimensionalen Raum.

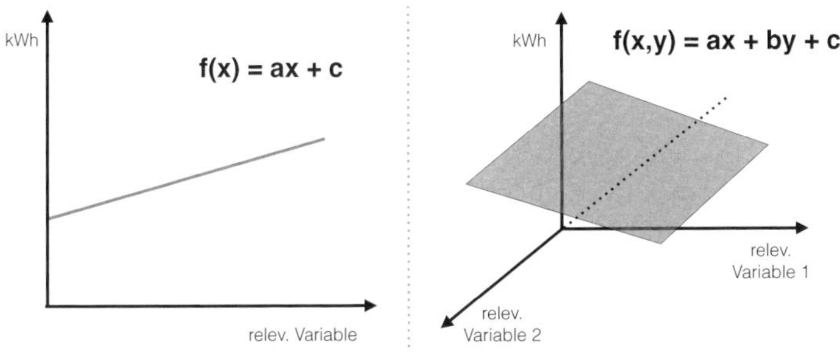

Abbildung 5.9: Lineare Verbrauchsfunktionen mit einer bzw. zwei relevanten Variablen

Spezialfall des statistischen Modells – Einfache Verhältniszahl

Die einfache Verhältniszahl – etwa kWh/t – ist eine in der Praxis häufig verwendete Energiekennzahlen-Art. Vor dem Hintergrund der einfachen Bildung und Interpretation einer solchen EnPI erscheint dies auch nachvollziehbar. Bei ihnen ist jedoch zu beachten, dass durch deren Verwendung ausgedrückt wird, dass der Energieverbrauch zu hundert Prozent linear und ohne Grundlast von einer berücksichtigten Einflussgröße abhängt, denn aus dem als Bruch dargestellten EnPI – etwa kWh/t – ließe sich ableiten, dass sich der Gesamtverbrauch aus der Multiplikation des spezifischen Energieverbrauchs [kWh/t] und der Produktionsmenge [t] ergibt (vgl. Abbildung 5.10).

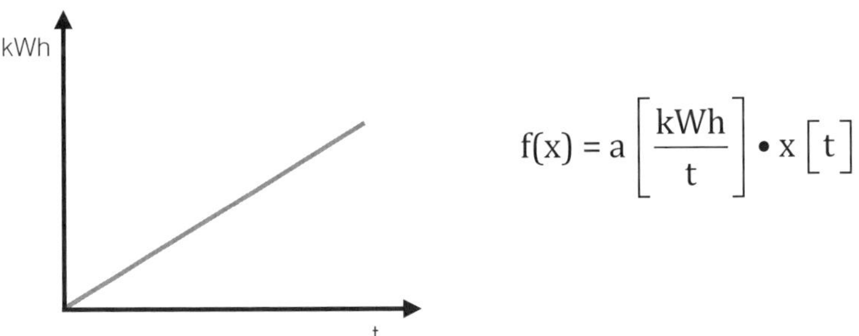

Abbildung 5.10: Implizierte Energieverbrauchsverhalten bei einfacher Verhältniszahl

In Einzelfällen – wenn nur eine relevante Variable und keine Grundlast vorliegt – mag die einfache Verhältniszahl sinnvolle und richtige Ergebnisse liefern. Regelmäßig wird bei der Festlegung einer solchen Kennzahl jedoch nicht geprüft, ob eine Grundlast vorliegt – also der Schnittpunkt der beschriebenen Geraden mit der y-Achse wirklich bei 0 liegt – und ob durch die Berücksichtigung von lediglich einer Variablen ein zufriedenstellendes R^2 erreicht wird. Beides sollte laut der ISO 50006:2023 statistisch geprüft werden, etwa anhand eines einfachen xy-Diagramms mit Trendlinie in Standard-Tabellenkalkulations-Programmen wie Excel oder Numbers. Auf die Probleme, die durch eine „statistisch ungeprüfte" Verwendung einer einfachen Verhältniskennzahl auftreten können, wird im nächsten Abschnitt anhand des Praxisbeispiels eingegangen.

Technisches Modell

Neben der statistischen Herleitung von EVGs können diese auch auf Basis physikalischer Gesetzmäßigkeiten bzw. technischer Berechnungen ermittelt werden. Beispielsweise könnten der Zusammenhang der Geschwindigkeit eines Pkw und dessen Treibstoffverbrauch in l/100 km durch die quadratische Zunahme des Widerstands bei Verdopplung der Geschwindigkeit und weitere bekannte physikalische Gesetzmäßigkeiten ermittelt werden. Die Abbildung 5.11 zeigt ein mögliches Ergebnis eines solchen technischen Modells.

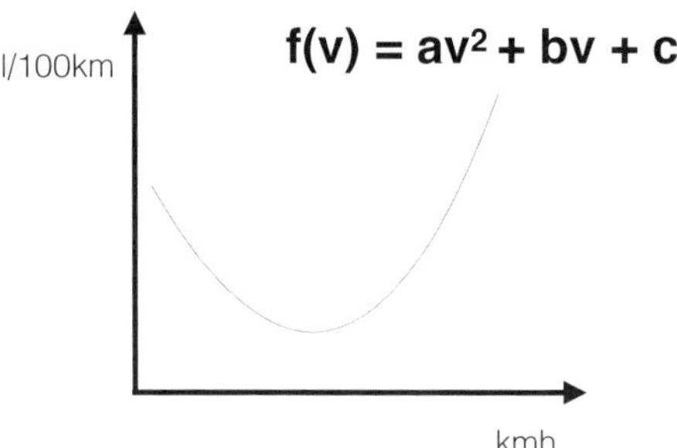

Abbildung 5.11: Technisches Modell des Energieverbrauchs eines Pkw in Abhängigkeit von der Geschwindigkeit

Diese Vorgehensweise setzt allerdings voraus, dass die Grundform der Funktion bekannt ist und zusätzlich die Koeffizienten (hier a, b und c) für die Einflussvariablen errechnet werden können bzw. schon an anderer Stelle – etwa technischen Merkblättern – errechnet wurden oder sich aus physikalischen Zusammenhängen ergeben. Technische Modelle können daher auch jede mögliche Form annehmen und sind in der Menge der genutzten Einflussvariablen nicht limitiert. Letztlich setzt die Aufstellung eines solchen technischen Modells auch sehr detaillierte Kenntnisse bzw. bereits durchgeführte Berechnungen des Energieverbrauchsverhaltens des betrachteten Systems voraus. Im weiteren Verlauf der Ausführungen liegt der Fokus auf der statistischen Auswertung von Vergangenheitswerten, da die statistische Analyse lediglich ein allgemeines Verständnis der tatsächlichen Zusammenhänge erfordert und damit allgemein einfacher anwendbar ist.

Vorteile der Nutzung von Energieverbrauchsmodellen

Aggregation von EnPI-Werten

Ein wesentlicher Vorteil der Nutzung von Energieverbrauchsmodellen besteht darin, dass aus ihnen resultierende Energieverbrauchsgleichungen es ermöglichen, alle EnPI-Werte unabhängig von der Art und Anzahl der Einflussgrößen in der gleichen Einheit darzustellen (etwa kWh). Hierdurch lassen sich die EnPI-Werte aufaddieren. Beispielhaft ließen sich die Differenzen zwischen Erwartungswerten und den Ist-Verbräuchen – also die Änderung der energiebezogenen Leistung – des Gasverbrauchs der Heizung und des Stromverbrauchs der Produktion aufaddieren, sodass eine Darstellung der Verbesserung für den ganzen Betrieb in einer Zahl möglich wird.

Lägen hingegen die Verhältniskennzahlen **Kilowattstunde pro Gradtag (kWh/Kd)** für den einen und **Kilowattstunde pro Tonne (kWh/t)** für den anderen Prozess vor, ließen sich die Verbesserungen dieser Kennzahlen nicht ohne Weiteres zusammenfassen, da sie nicht die gleiche Einheit besäßen. Bei der Umstellung zu Verbrauchsfunktionen hingegen ergäben sich für beide Prozesse Energieverbrauchswerte, die sich zusammenfassen und mit Ist- oder Zielwerten vergleichen lassen.

Möglichkeit der Berücksichtigung von Grundlasten und mehreren Einflussfaktoren

Ein weiterer und entscheidender Vorteil besteht darin, dass EVGs die Möglichkeit bieten, den tatsächlichen Einfluss mehrerer Faktoren und auch Grundlasten zu berücksichtigen. Dies ist, wie bereits erwähnt, bei Verhältniskennzahlen und einfachen Metriken nicht möglich.

Zusätzliche finanzielle und klimabezogene Auswertungsmöglichkeiten

Durch den Vergleich zwischen dem erwarteten (auf Basis der Funktion) und dem tatsächlichen Energieverbrauch zeigen sich die Auswirkungen von Energieeffizienzmaßnahmen direkt in Kilowattstunden. Durch einfache Multiplikation mit spezifischen Energiekosten können die ermittelten Differenzen als finanzielle Einsparungen oder durch Multiplikation mit spezifischen CO_2-

Emmisionswerten als absolute CO_2-Einsparungen dargestellt werden. Diese Werte lassen sich wiederum auch über alle Prozesse und Abteilungen hinweg zusammenfassen und auch für Organisationen als Ganzes ausweisen. Aussagekräftige EnPIs auf Basis von Modellen bilden hierdurch auch eine geeignete Grundlage zur Bestimmung und Nachverfolgung der Klimawirkung von energiebezogenen Maßnahmen.

Zusammenfassend ergeben sich die folgenden Vorteile bei der Nutzung von Energieverbrauchsmodellen:

- mehrere Einflussfaktoren und mögliche Grundlasten lassen sich berücksichtigen
- Verbrauchsreduktionen bei unterschiedlichen Anlagen und Bereichen lassen sich unabhängig von der „Art" der Einflussfaktoren aufaddieren
- Verbrauchsreduktionen lassen sich über Zeiträume aufaddieren
- Verbrauchsreduktionen lassen sich direkt in CO_2- und Kosten-Einsparungen umrechnen

Entscheidend ist letztlich, die „richtige" Funktion zu finden, die die relevanten Einflüsse berücksichtigt und somit eine adäquate Berechnung erwarteter Energieverbräuche erlaubt. Die nächsten Abschnitte bietet hierzu eine Anleitung.

5.7 Statistische Ermittlung von Energieverbrauchsgleichungen

5.7.1 Beispiel mit einer Variable – Wärmebedarf eines Gebäudes

Wie im vorigen Abschnitt beschrieben, ist es hilfreich, Energieverbräuche anhand von Gleichungen zu beschreiben. Hierzu ist der Einfluss einzelner Einflussfaktoren zu quantifizieren. Es geht im Grunde genommen darum, herauszufinden, wie sich der Energieverbrauch bei Schwankungen relevanter Variablen (Einflussfaktoren) verhält. Dabei handelt es sich um eine **individuelle Analyse** des Energieverbrauchs des jeweiligen betrachteten Prozesses, der Einrichtung oder des Unternehmens, die die tatsächlichen Rahmengegebenheiten berücksichtigt. Wie bereits erwähnt, helfen bei der Identifikation der relevanten Treiber und der Beschreibung der funktionalen Zusammenhänge statistische Analysen – insbesondere die Regression.

Die Regression errechnet eine mathematische Funktion, eine Gleichung, die den Zusammenhang von Variablen innerhalb vorhandener Daten möglichst genau beschreibt.

Dabei soll der funktionale Zusammenhang zwischen einer

- abhängigen Variable (hier der Energieverbrauch) bestmöglich durch
- eine oder mehrere unabhängige Variablen (Produktionsmenge, Außentemperatur etc.) beschrieben werden.

Es wird eine mathematische Funktion bestimmt, bei der die Abstände (Fehler) zwischen der Funktion und den zugrunde gelegten IST-Daten am niedrigsten ist.

Für den Fall, dass es nur einen relevanten Einflussfaktor gibt, lässt sich die Regressionsfunktion mit einem einfachen xy-Diagramm und der „Trendlinienfunktion“ ermitteln. Hierzu sind Daten zum Energieverbrauch und dem vermuteten Einflussfaktor zu sammeln und auszuwerten.

Gegeben seien beispielhaft die Daten in Abbildung 5.12, die den Heizenergieverbrauch (Gas) und die Gradtage eines Gebäudes über ein Jahr zeigen. Das hier beschriebene Beispiel diente auch als Basis des neuen Anhang E der neuen ISO 50006:2023. Der Energieverbrauch lag, ähnlich wie im Eingangsbeispiel, bei 9.010 kWh bei 3.011 Gradtagen, sodass auf Basis einer einfachen Division zunächst vermutet werden könnte, dass pro Gradtag der Energieverbrauch um 3 kWh steigen würde. Nun setzen wir diese beiden Werte jedoch nicht direkt ins Verhältnis, sondern analysieren, wie die Abhängigkeiten in den Daten und damit in der Realität tatsächlich waren.

Zeitraum (2020)	Gradtage [Kd]	Heizenergieverbrauch Gas [kWh]
Januar	598	1.414
Februar	397	916
März	325	1.007
April	345	921
Mai	95	475
Juni	0	260
Juli	0	218
August	4	252
September	168	635
Oktober	210	607
November	393	1.038
Dezember	476	1.267
Summe	**3.011**	**9.010**

Abbildung 5.12: Beispieldaten Heizenergieverbrauch

Hierzu erstellen wir ein xy-Diagramm. Abbildung 5.13 zeigt die Daten aus Abbildung 5.12 in einem solchen xy-Diagramm. Neben den Datenpunkten lassen wir uns auch die Trendlinie (blau gestrichelte Linie) anzeigen. Diese ist eine Gerade, die den Zusammenhang zwischen dem Gasverbrauch und den Gradtagen bestmöglich beschreibt. Die Trendlinie wird auch **Regressionsgerade** genannt, da die Steigung (Koeffizient der Gradtage) und der Achsenabschnitt (Grundlast) auf Basis einer Regression berechnet werden.

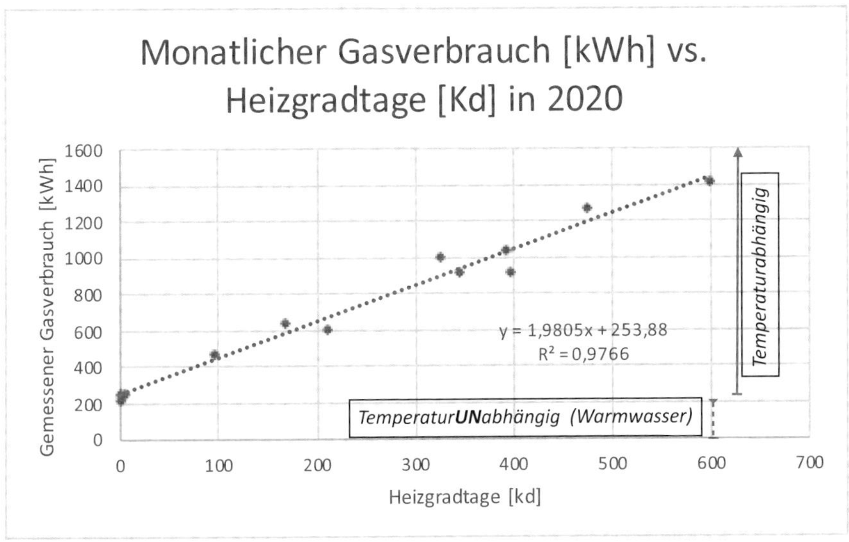

Abbildung 5.13: xy-Diagramm „Heizenergieverbrauch vs. Gradtage"

Im vorliegenden Fall zeigt sich, dass die Gradtage, welche maßgeblich auf der Außentemperatur basieren, die Schwankungen des Gasverbrauchs über die Monate hinweg nahezu vollständig erklären, denn die gemessenen Werte liegen nahe an der Trendlinie.

Die deutliche Abhängigkeit zeigt sich auch im Bestimmtheitsmaß R^2 mit einem Wert von 0,9766. Die Funktion, die die Gerade in Abbildung 5.13 beschreibt, lässt sich in entsprechenden Tabellenkalkulationsprogrammen einfach anzeigen. Im hier beschriebenen Beispiel macht diese deutlich, dass der Energieverbrauch pro Gradtag um ca. 2 kWh steigt (anstatt der auf Basis eines Verhältnisses vermutet um 3 kWh) und eine von der Außentemperatur unabhängiger Wärmebedarf i. H. v. ca. 250 kWh pro Monat vorliegt. Ein solcher Sockelverbrauch ergibt sich bei der Betrachtung von Heizenergieverbräuchen regelmäßig aus dem Warmwasserbedarf für Brauchwasser, welcher nicht von der Außentemperatur abhängt. Die Funktion zur Berechnung des erwarteten Energieverbrauchs pro Monat lautet daher:

$$Erwarteter\ Gasverbrauch_{pro\ Monat} = 1{,}98\ \frac{kWh}{Kd} \times Kd + 253{,}88\ kWh \tag{5.2}$$

Die Gleichung beschreibt den durchschnittlichen Einfluss der berücksichtigten Variablen auf den Energieverbrauch in der Basisperiode (hier ein Jahr). Die Gleichung repräsentiert daher die energetische Ausgangsbasis auf Grundlage der Daten aus 2020 und eignet sich zur Ermittlung normalisierter EnB-Werte im Berichtszeitraum. Gleichzeitig bietet die Nutzung des gemessenen und erwarteten Energieverbrauchs als EnPI die Chance, die Abschätzung des zukünftigen Energieverbrauchs durch Abschätzung der Werte der genutzten relevanten Variablen zu ermitteln. Darüber hinaus kann auch der Normanforderung (ISO 50001:2018, 9.1.1. a) 4) Rechnung getragen werden, da dort verlangt wird, **den tatsächlichen gegenüber dem erwarteten Energieverbrauch zu überwachen und zu messen**.

Die hier ermittelte Gleichung lässt sich nun beginnend mit den Daten aus 2020 nutzen, um den erwarteten normalisierten Energieverbrauch mithilfe der realen Gradtage zu ermitteln. Abbildung 5.14 zeigt die Ergebnisse der Berechnung.

Jahr	Monate	Gemessener Gas-Verbrauch [kWh]	Heizgradtage [Kd]	EnB (Erwarteter Verbrauch berechnet mit der Funktion)	Änderung der ebL[kWh]	Kumulierte Abweichungen – Verbesserung der ebL [kWh]
2020 (Zeitraum der Ausgangsbasis)	Januar	1.414	598	1.438	-24	-24
	Februar	916	397	1.040	-124	-148
	März	1.007	325	898	109	-39
	April	921	345	937	-16	-55
	Mai	475	95	442	33	-22
	Juni	260	0	254	6	-16
	Juli	218	0	254	-36	-52
	August	252	4	262	-10	-62
	September	635	168	587	48	-13
	Oktober	607	210	670	-63	-76
	November	1.038	393	1.032	6	-70
	Dezember	1.267	476	1.197	70	0
2021 (Berichtzeitraum)	Januar	1.343	612	1.466	-123	-123
	Februar	968	365	977	-9	-131
	März	957	345	937	19	-112
	April	750	298	844	-94	-206
	Mai	451	75	402	49	-157
	Juni	247	0	254	-7	-164

Abbildung 5.14: Beispielhafte Auswertung des Heizenergieverbrauchs (Gas) 2020 und 2021 – Messung und Berechnung

Abbildung 5.15 zeigt den Verlauf der gemessenen und berechneten Verbräuche. Es wird deutlich, dass sich auf Basis der Funktion nicht nur der Jahresverbrauch, sondern auch die Verbräuche der einzelnen Monate recht gut berechnen lassen. Da im Jahr 2021 Effizienzmaßnahmen umgesetzt wurden – hydraulischer Abgleich und Absenkung der Raumtemperatur um 1°C – bleiben die Ist-Verbräuche ab Oktober 2021 deutlich unter der Erwartung auf Basis der Situation in 2020.

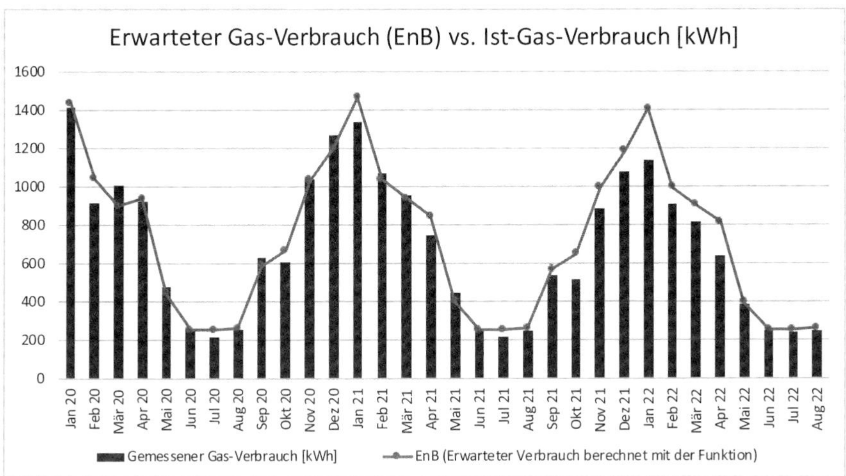

Abbildung 5.15: Berechneter vs. gemessener Energieverbrauch auf Basis der Regressionsfunktion

Noch deutlicher wird der Unterschied, wenn man die Differenz zwischen EnB und Ist-Werten kumuliert (siehe rechte Spalte der Abbildung 5.14). Hierdurch werden zufällige Streuungen der Ist-Werte um den erwarteten Wert, welche sich unter Umständen allein aufgrund unterschiedlich langer Monate ergeben, geglättet und machen somit systematische Abweichungen zwischen EnB und Ist-Werten schnell sichtbar.

Die Ergebnisse zeigen, dass sich bis Ende 2021 Einsparungen in Höhe von 556 kWh ergeben haben. Abbildung 5.16 zeigt den Verlauf der kumulierten Abweichung. Am Knick der Linie im Oktober 2021 lässt sich eine deutliche systematische Beeinflussung des Energieverbrauchs ableiten – hier die Umsetzung von Energieeffizienzmaßnahmen. Sollte die Linie in der Folge jedoch wieder nach oben abknicken, würde dies entweder bedeuten, dass die eingeführten Maßnahmen nicht mehr wirken oder durch andere Einflüsse – etwa ineffizientem Verhalten – zunichtegemacht werden. Auf Basis der kumulierten Abweichungen lässt sich somit eine gute visuelle Steuerung der betrachteten Energieverbräuche etablieren.

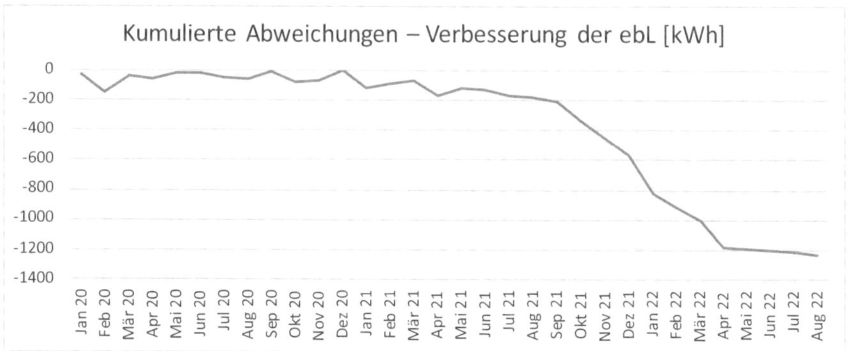

Abbildung 5.16: Kumulierte Abweichungen Heizenergieverbrauch

Neben der **einfachen Regression** mit einer Variable, die sich – wie hier gezeigt – mit einem xy-Diagramm und der Trendlinienfunktion durchführen lässt, können auch mehrere Einflussfaktoren gleichzeitig berücksichtigt werden, was zu einer **multivariaten Regression** führt. Zentrales Ergebnis solcher Analysen ist ebenso eine Gleichung, mit der sich der erwartete Energieverbrauch in Abhängigkeit von mehreren Faktoren errechnen und die Abweichungen kumulieren lassen. Der folgende Abschnitt zeigt eine solche Analyse anhand der Daten der bereits angesprochenen Kartonmaschine.

5.7.2 Beispiel mit mehreren Variablen – Schrittweise Ableitung der EnPI einer Kartonmaschine

5.7.2.1 Energieverbrauchsgleichung – einfache Verhältniskennzahl

Die Beurteilung der Relevanz der Variablen in Abschnitt 5.5.3 machte deutlich, dass die Tonnage der Gesamtproduktion den stärksten Einfluss ($R^2 = 0{,}42$) auf den Energieverbrauch$_{el.}$ der KM zu haben scheint. Davon ausgehend könnte man argumentieren, dass es ausreichend wäre, eine einfache Verhältniskennzahl (MWh/Tonnen) als EnPI zu definieren. Die Verwendung einer solchen einfachen Verhältniskennzahl führt im vorliegenden Fall allerdings zu massiven Ungenauigkeiten und ist daher abzulehnen. Im Folgenden sind die Ursachen der Ungenauigkeiten dargestellt.

Zur Veranschaulichung legen wir die Tageswerte des Monats März zugrunde und bilden für jeden Tag die einfache Verhältniskennzahl aus dem Energieverbrauch$_{el.}$ und der Tonnage der Gesamtproduktion [MWh/t] (vgl. Abbildung 5.17).

Tage	Gesamtproduktion [t]	IST-Energieverbrauch$_{el.}$ [MWh]	Spezifischer Energieverbrauch$_{el.}$ [MWh/t]
01.03.	1048,40	308,07	0,2938
02.03.	911,12	311,55	0,3419
03.03.	745,34	274,16	0,3678
04.03.	1218,76	314,50	0,2580
05.03.	1257,43	316,78	0,2519
06.03.	1259,86	296,94	0,2357
07.03.	1262,31	276,17	0,2188
08.03.	835,08	246,56	0,2953
...	...	...	...
31.03.	1095,16	323,48	0,2954
	Mittelwert (März) =		0,2843

Abbildung 5.17: Spezifischer Energieverbrauch – einfache Verhältniszahl

Als Mittelwert des Monats ergibt sich ein Wert von 0,2843 MWh/t. Die EVG lautet demnach:

Energieverbrauchsgleichung – einfache Verbrauchsfunktion

$$Energieverbrauch_{el.}[MWh] = 0{,}2843\frac{MWh}{t} \times Gesamtproduktion[t] \tag{5.3}$$

Durch Einsetzen der Tonnage des jeweiligen Tages in die EVG ließe sich nun der zu erwartende Energieverbrauch$_{el.}$ für jeden Tag bestimmen. Für den 3. März ergäbe sich beispielsweise ein Wert von 211,68 MWh (vgl. Formel (5.4)).

Energieverbrauchsberechnung für den 3. März

$$Energieverbrauch_{el.3.März}[MWh] = 0{,}2843\frac{MWh}{t} \times 745{,}34t = 211{,}68MWh \tag{5.4}$$

Auf diese Weise wurde für jeden Tag im März der zu erwartende Energieverbrauch berechnet. Der Vergleich der Mess- und Rechenwerte des Energieverbrauchs$_{el.}$ (etwa für den 3. März 274,16 MWh vs. 211,68 MWh) macht deutlich, dass die Anwendung der auf der einfachen Verhältniskennzahl basierenden EVG zu erheblichen Abweichungen führt (vgl. Abbildung 5.18).

Tage	Gesamtproduktion [t]	Energieverbrauch$_{el.}$ [MWh]	Spezifischer Energieverbrauch$_{el.}$ [MWh/t]	errechneter Energieverbrauch$_{el.}$ (aus Formel 5.4) [MWh]	Abweichung [MWh]	Abweichung
01.03.	1048,40	308,07	0,2938	297,75	10,32	3,3 %
02.03.	911,12	311,55	0,3419	258,76	52,79	16,9 %
03.03.	745,34	274,16	0,3678	211,68	**62,49**	**22,8 %**
04.03.	1218,76	314,50	0,2580	346,13	-31,63	-10,1 %
05.03.	1257,43	316,78	0,2519	357,11	-40,33	-12,7 %
06.03.	1259,86	296,94	0,2357	357,80	-60,86	-20,5 %
07.03.	1262,31	276,17	0,2188	358,50	**-82,32**	**-29,8 %**
08.03.	835,08	246,56	0,2953	237,16	9,40	3,8 %
...	...	...	...	...	...	
31.03.	1095,16	323,48	0,2954	311,03	12,45	3,8 %
	Mittelwert (März) =		**0,2843**			

Abbildung 5.18: Mess- und Rechenwerte auf Basis der einfachen Verhältniskennzahl MWh/t

Innerhalb der ersten 8 Tage im März ergeben sich Abweichungen von −62 MWh bzw. +82 MWh bzw. +23 % und −30 %. In Abbildung 5.19 sind die sich aus Formel (5.3) ergebenden Rechenwerte (Linie) den Ist-Werten (Balken) für den ganzen März gegenübergestellt. Aus der Abbildung wird sichtbar, dass sich solche massiven Abweichungen über den gesamten März ergeben. Es ist also davon auszugehen, dass die vorliegende EVG in dieser Form nicht geeignet scheint, um brauchbare Referenzwerte für den Energieverbrauch$_{el.}$ zu ermitteln. Sie spiegelt die Realität insofern nur sehr eingeschränkt wider.

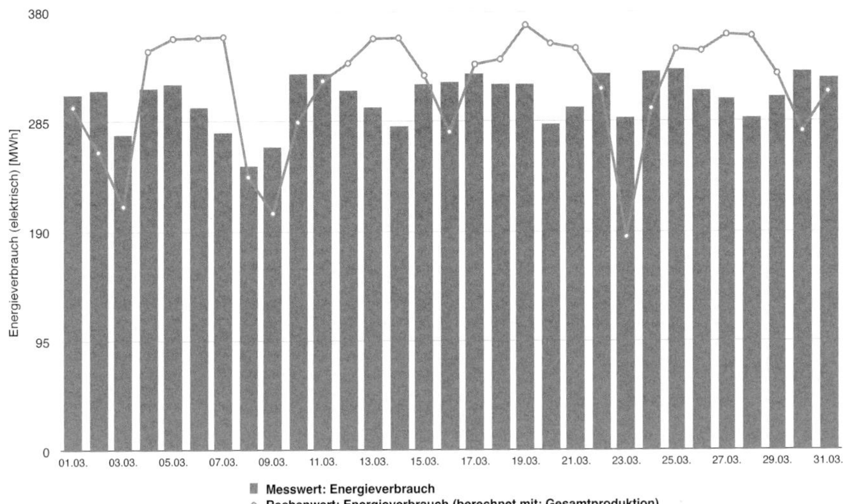

Abbildung 5.19: Vergleich von Mess- und Rechenwerten auf Basis der einfachen Verhältniskennzahl MWh/t

Eine genauere Untersuchung der täglichen Tonnage zeigt, dass der gemessene $\text{Energieverbrauch}_{el.}$ besonders bei sehr hoher oder sehr niedriger Ausbringungsmenge stark vom Rechenwert abweicht. Daraus könnte der Rückschluss gezogen werden, dass eine Art „Grundlast" vorliegt, die in der aktuellen Verbrauchsfunktion noch keine Berücksichtigung findet. Im Folgenden wird daher gezeigt, wie eine solche „Grundlast" anhand einer einfachen Regression zu bestimmen ist.

5.7.2.2 Statistische Ermittlung der Energieverbrauchsgleichung mit einer relevanten Variablen

Den Startpunkt der einfachen Regression bildet wieder das xy-Diagramm, siehe Abbildung 5.20. Neben dem R^2 ist nun auch die lineare Funktion, die die eingezeichnete Trendlinie beschreibt, angezeigt (etwa in einem MS Excel-Diagramm, in dem durch Auswahl im Menü Trendlinie formatieren der R^2-Wert und EVG automatisch anzeigt werden können).

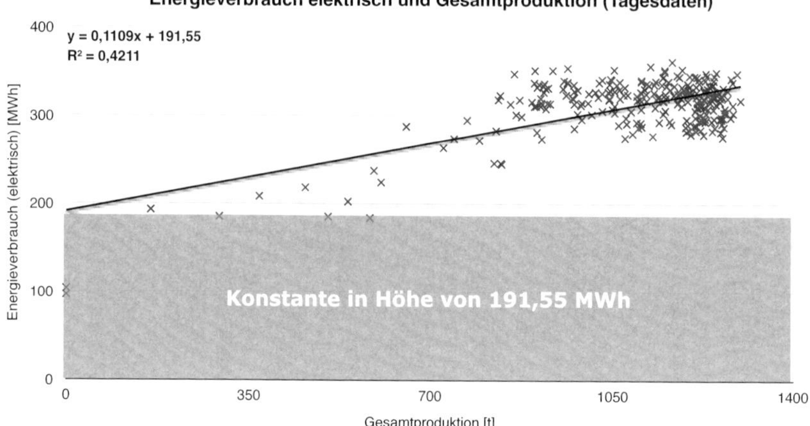

Abbildung 5.20: Regression mit einer Variablen

In Formel (5.5) ist die in Abbildung 5.20 dargestellte Funktion noch einmal mit den entsprechenden Einheiten dargestellt. Wichtig ist es hierbei, zu beachten, dass die Funktion für die Ermittlung von Tageswerten geeignet ist, da sich die Konstante wegen der zugrunde gelegten Tagesdaten von 191,55 MWh auf einen Tag bezieht. Würde man beispielsweise eine Monatsproduktionsmenge eingeben, brächte man falsche Ergebnisse hervor, da die Konstante dann nur einmalig berücksichtigt würde und nicht für jeden Tag des betrachteten Monats. Eine Ermittlung von Monatswerten lässt sich allerdings unproblematisch durch die Addition der jeweiligen Tageswerte erreichen.

EVG auf Basis der Regression mit einer Variablen

$$Energieverbrauch_{el.pro\,Tag}[MWh] = 0{,}11\frac{MWh}{t} \times Gesamtproduktion[t] + 191{,}55MWh \qquad (5.5)$$

Der Funktion lässt sich entnehmen, dass sich ein Teil des $\text{Energieverbrauchs}_{\text{el.}}$ nicht nur durch die Veränderung der Ausbringungsmenge in Tonnen erklären lässt, sondern für die Berechnung genauerer Werte die Berücksichtigung einer Konstante in Höhe von 191,55 MWh nötig ist[16]. Allerdings ist die Genauigkeit dieser Funktion mit einem R^2 von 0,42 nur mittelmäßig, sodass auch hier – wie Abbildung 5.21 dargestellt – die anhand der Funktion aus Formel (5.5) ermittelten Rechenwerte regelmäßig deutlich von den Ist-Messwerten abweichen.

16 Die durch die Regression ermittelte Konstante kann nicht zweifelsfrei als technische Grundlast verstanden werden. Detaillierte Ausführungen hierzu finden sich im Abschnitt 5.11.

Tage	Gesamtproduktion [t]	Energieverbrauch$_{el.}$ [MWh]	errechneter Energieverbrauch$_{el.}$ (aus Formel 5.5) [MWh]	Abweichung [MWh]	Abweichung
01.03.	1048,40	308,07	307,71	0,36	0,1 %
02.03.	911,12	311,55	292,50	19,05	6,1 %
03.03.	745,34	274,16	274,13	0,03	0,0 %
04.03.	1218,76	314,50	326,58	-12,08	-3,8 %
05.03.	1257,43	316,78	330,87	-14,09	-4,4 %
06.03.	1259,86	296,94	331,14	-34,20	-11,5 %
07.03.	1262,31	276,17	331,41	-55,24	-20,0 %
08.03.	835,08	246,56	284,07	-37,51	-15,2 %
...	...	...	...	...	...
31.03.	1095,16	323,48	312,89	-12,45	3,3 %

Abbildung 5.21: Mess- und Rechenwerte auf Basis der Regression mit einer Variablen

Insgesamt scheint die in Formel (5.5) dargestellte Funktion die Messwerte besser zu schätzen als die Funktion aus Formel (5.3). Die Abweichungen zwischen Mess- und Rechenwerten sind also durch die Berücksichtigung der Konstanten kleiner. Abbildung 5.22 zeigt den Verlauf über den ganzen Monat März.

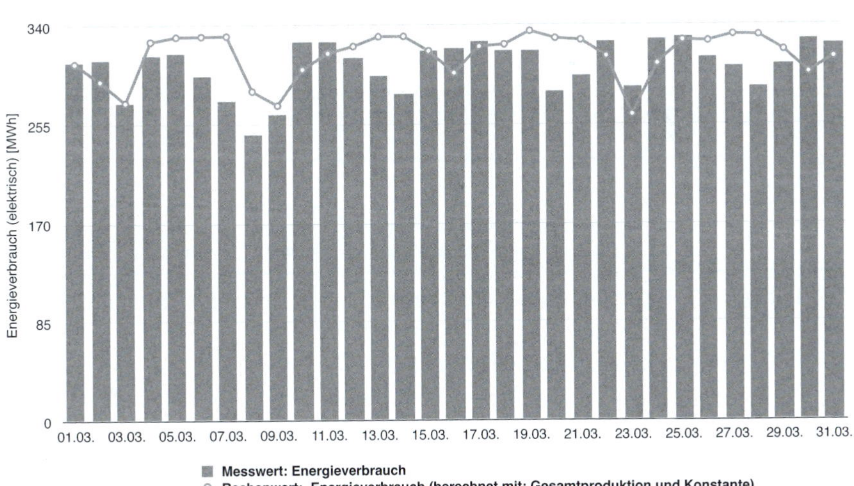

Abbildung 5.22: Vergleich von Mess- und Rechenwerten auf Basis der EVG mit einer Variablen

Die vorhandenen, teilweise immer noch erheblichen Abweichungen deuten darauf hin, dass die EVG noch nicht alle relevanten Einflussgrößen berücksichtigt. Aus der Analyse der möglichen Einflussgrößen ging hervor, dass die Grammatur mit einem R^2 von 0,35 einen nicht unerheblichen, aber auch nicht umfassenden Einfluss auf den $\text{Energieverbrauch}_{\text{el.}}$ hat. Eine Kennzahlenbildung auf Basis der Grammatur als einzige relevante Variable scheint daher auch nicht zielführend. Möglicherweise beeinflussen beide Variablen den $\text{Energieverbrauch}_{\text{el.}}$ gemeinsam. Um diese gemeinsame Beeinflussung zu bestimmen, ist eine Regression mit zwei Variablen durchzuführen.

Regressionsgeraden mit einer Variablen lassen sich ohne größeren Aufwand direkt mithilfe von gewöhnlichen Tabellenkalkulations-Programmen (etwa Excel oder Numbers) als Trendlinien in Punktdiagrammen ermitteln. Für die Durchführung von Regressionen mit mehreren Variablen gibt es geeignete Plug-ins (etwa das Solver-Add-in), durch welche diese Funktionalität in Tabellenkalkulations-Programmen integriert werden kann. Ansonsten bieten sich bei der Berücksichtigung von mehr als einer Variablen eigens dafür ausgelegte Statistik-Programme an (etwa SPSS, STATA, R, Wizard). Beispielhaft ist in Abbildung 5.23 die Ergebnistabelle für die einfache Regression des $\text{Energieverbrauchs}_{\text{el.}}$ anhand der Gesamtproduktion dargestellt, wie sie durch das Statistikprogramm STATA ausgegeben wird.

Source	SS	df	MS			
				Number of obs	=	261
				F(1, 259)	=	188.41
Model	132915.171	1	132915.171	Prob > F	=	0.0000
Residual	182712.143	259	705.452288	R-squared	=	0.4211
				Adj R-squared	=	0.4189
Total	315627.314	260	1213.95121	Root MSE	=	26.56

Strombezug	Coef.	Std. Err.	t	P>|t|	[95% Conf.	Interval]
Gesamtproduktion	.1108713	.0080773	13.73	0.000	.0949658	.1267768
_cons	191.545	8.898882	21.52	0.000	174.0216	209.0684

Abbildung 5.23: Ergebnistabelle der Regression mit einer Variablen in STATA

Die EVG kann aus dieser Abbildung 5.23 abgeleitet werden. Im unteren Abschnitt befinden sich die Werte der Koeffizienten unter der Überschrift „Coef.“ (für engl. „coefficient“). In dieser Spalte ist zum einen der Koeffizient der Tonnage (in der Zeile „Gesamtproduktion“) von 0,1108 MWh/t und zum anderen die Konstante (in der Zeile „_cons“) mit 191,545 MWh zu finden. Die STATA-Regressionstabelle zeigt keine Einheiten der Koeffizienten an. Daher ist bei der Auswertung darauf zu achten, welche Eingabeparameter in der Regression verarbeitet wurden, um Fehler beim Aufstellen der EVG zu vermeiden.

Neben den Koeffizienten, die sich auch in der Funktion der Trendlinie des Punktdiagramms finden, zeigt die Tabelle oben rechts das R^2 mit der Bezeichnung „R-squared“ und den Wert des adjustierten R^2 „Adj R-Squared“. Neben den R^2-Werten und den jeweiligen Koeffizienten enthält die Tabelle aber noch zusätzliche Informationen zur Regression, die in den einfachen xy-Diagrammen von Excel regelmäßig nicht angezeigt werden. Für unsere Analyse sei daher auf drei weitere Informationen hingewiesen:

- die Signifikanzniveaus (unter der Überschrift „P>|T|“ auch häufig als p-Wert bezeichnet)
- die Anzahl der berücksichtigten Datensätze („Number of obs“ oben rechts), hier 261

Den p-Werten ist im Rahmen von statistischen Analysen besondere Beachtung zu schenken. Der p-Wert gibt eine Auskunft darüber, ob die Variable einen zufälligen oder systematischen Einfluss auf den Energieverbrauch hat. Die p-Werte beschreiben dabei vereinfacht gesagt die Wahrscheinlichkeit dafür, dass der ermittelte Koeffizient dem Zufall zuzuordnen ist. Prüfen Sie daher, dass in der Spalte zu den p-Werten Werte kleiner 0,05 (ggf. 0,1 bei Monatswerten) stehen – also die Koeffizienten statistische Signifikanz aufweisen. Variablen, die höhere p-Werten ausweisen, sollten von der Analyse ausgeschlossen werden, auch wenn dies zu einer Verringerung des adjustierten R^2 führt. Da die p-Werte auch stark von der Anzahl der in der Analyse genutzten Beobachtungen abhängt, kann auch eine „Erweiterung“ des Basiszeitraums etwa auf 24 Monatswerte oder die Nutzung von Tages- anstatt Monatswerten eine deutliche Verbesserung der Ergebnisse hervorrufen. Wichtig ist dennoch, dass nur Gleichungen mit signifikanten Variablen zu verlässlichen Vorhersagen führen, mit denen eine Steuerung möglich wird.

Auf weitere detaillierte Ausführungen zu den Signifikanzniveaus wird an dieser Stelle verzichtet.

Anhand der Anzahl der berücksichtigten Beobachtungen kann überprüft werden, wie viele der vorhandenen Beobachtungen tatsächlich zur Analyse genutzt wurden. Sollten in den Rohdaten fehlende Werte vorliegen, werden nicht vollständige Datensätze i. d. R. von der Analyse ausgeschlossen. Zunächst ist es aber entscheidend, die EFV anhand der Koeffizienten und der Konstanten abzuleiten und nach Berücksichtigung der p-Werte die Güte auf Basis des adjustierten R^2 zu beurteilen.

5.7.2.3 Ermittlung von Verbrauchsgleichungen mit mehreren relevanten Variablen

Um den Einfluss der Tonnage und der Grammatur gleichzeitig zu berücksichtigen, ist eine Regression mit zwei Variablen durchzuführen. Im Berechnungsalgorithmus der Regression wird dabei nun nicht eine Trendlinie, sondern eine Trendfläche ermittelt, die den Energieverbrauch$_{el.}$ anhand der Ausprägungen der relevanten Variablen am besten beschreibt. Abbildung 5.24 zeigt das Ergebnis der Regression mit zwei Variablen.

Source	SS	df	MS			
				Number of obs	=	259
				F(2, 256)	=	598.54
Model	185968.115	2	92984.0576	Prob > F	=	0.0000
Residual	39769.9045	256	155.351189	R-squared	=	0.8238
				Adj R-squared	=	0.8224
Total	225738.02	258	874.953564	Root MSE	=	12.464

Strombezug	Coef.	Std. Err.	t	P>|t|	[95% Conf.	Interval]
Gesamtproduktion	.1152421	.0044023	26.18	0.000	.1065728	.1239114
Grammatur	-.4145948	.0148245	-27.97	0.000	-.4437882	-.3854013
_cons	282.5436	5.275083	53.56	0.000	272.1555	292.9317

Abbildung 5.24: Ergebnistabelle der Regression mit zwei Variablen

Die Beurteilung der Ergebnisse beginnt mit der Betrachtung der p-Werte. Da diese bei Null liegen, kann von systematischen Einflüssen ausgegangen werden. Im zweiten Schritt betrachten wir das adjustierte R^2. Dieses liegt bei gleichzeitiger Berücksichtigung der Gesamtproduktion und der Grammatur nun bei 0,82. Das bedeutet, dass mit den beiden nun zugrunde gelegten Variablen 82 % der Varianz des Energieverbrauchs$_{el.}$ erklärt werden können. Der Erklärungsgehalt hat sich also gegenüber der Regression mit einer relevanten Variable deutlich gesteigert.

Der Koeffizient der Tonnage verändert sich gegenüber der Regression mit einer relevanten Variable nicht wesentlich. Er liegt nun bei 0,115 MWh/t. Der nun ermittelte zusätzliche Koeffizient der Grammatur ist negativ. Das bedeutet, dass bei steigender Grammatur der Energieverbrauch$_{el.}$ der KM sinkt. Hierfür gibt es eine logische Erklärung, denn bei dickerem Karton wird die Anlage langsamer gefahren, um eine zufriedenstellende Trocknung des Kartons zu gewährleisten. Hierdurch sinkt der Energiebedarf pro Tag, der maßgeblich durch die Antriebe der Anlage verursacht wird. Die Konstante liegt nun bei 282,54 MWh. Es ergibt sich somit die folgende EVG für den Energieverbrauch$_{el.}$ auf Basis der Gesamtproduktion und der Grammatur:

EVG auf Basis der Regression mit zwei Variablen

$$\begin{aligned} &Energieverbrauch_{el.pro\,Tag}[MWh] \\ &\quad = 0{,}115\frac{MWh}{t} \times Gesamtproduktion\,[t] \\ &\quad - 0{,}4145\frac{MWh}{\frac{g}{m^2}} \times \emptyset Grammatur\left[\frac{g}{m^2}\right] + 282{,}54MWh \end{aligned} \tag{5.6}$$

Diese Funktion beschreibt eine Fläche in einem dreidimensionalen Koordinatensystem (vgl. Abbildung 5.25). Die Schattierungen in der Grafik zeigen die Bereiche des Energieverbrauchs$_{el.}$ auf der dargestellten Fläche in Schritten von 50 MWh.

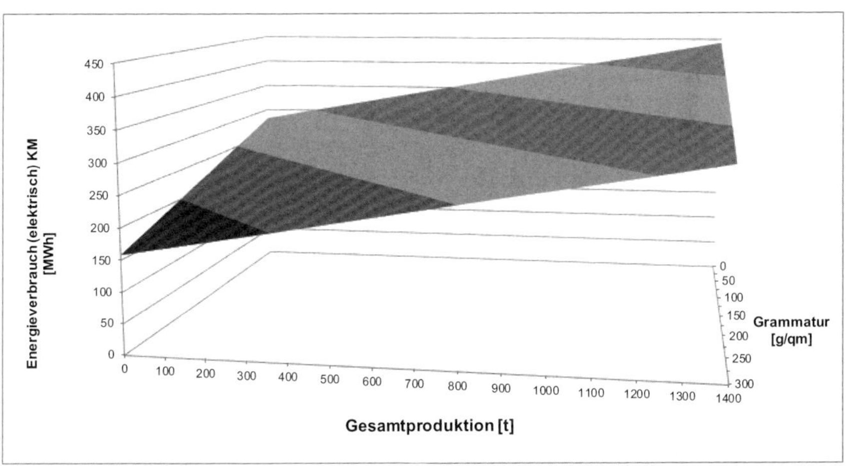

Abbildung 5.25: Darstellung der EVG unter Berücksichtigung von zwei Variablen

Das nun relativ hohe adjustierte R^2 (82 %) deutet darauf hin, dass die meisten gemessenen Werte des Energieverbrauchs$_{el.}$ nahe an der durch die Formel beschriebenen Fläche liegen. Mit anderen Worten sollten die Abweichungen zwischen errechneten und den gemessenen Werten nun deutlich geringer ausfallen. In Abbildung 5.26 sind den auf Basis der EVG ermittelten Rechenwerten wieder die Messwerte gegenübergestellt.

Tage	Gesamtproduktion [t]	Grammatur [g/qm]	Energieverbrauch$_{el.}$ [MWh]	errechneter Energieverbrauch$_{el.}$ (aus Formel 5.6) [MWh]	Abweichung [MWh]	Abweichung
01.03.	1048,40	194,55	308,07	318,16	10,09	3,3 %
02.03.	911,12	159,48	311,55	317,47	5,92	1,9 %
03.03.	745,34	180,24	274,16	290,50	16,34	6,0 %
04.03.	1218,76	208,24	314,50	331,37	16,87	5,4 %
05.03.	1257,43	224,08	316,78	329,09	12,32	3,9 %
06.03.	1259,86	257,31	296,94	315,60	18,66	6,3 %
07.03.	1262,31	342,33	276,17	280,68	4,50	1,6 %
...	...	...	...	...	...	...
31.03.	1095,16	192,03	323,48	324,38	0,91	0,3 %

Abbildung 5.26: Mess- und Rechenwerte auf Basis der Regression mit zwei Variablen

Die prozentualen Abweichungen zwischen den Mess- und Rechenwerten liegen nun alle unter zehn Prozent. Das ist vor dem Hintergrund der Komplexität des Prozesses schon ein gutes Ergebnis (vgl. Abbildung 5.27, in der die Ist-Verbräuche [Balken] den Errechneten-Verbräuchen [Linie] gegenübergestellt sind). Die errechneten Werte folgen nun dem gemessenen Verlauf der Ist-Werte relativ genau.

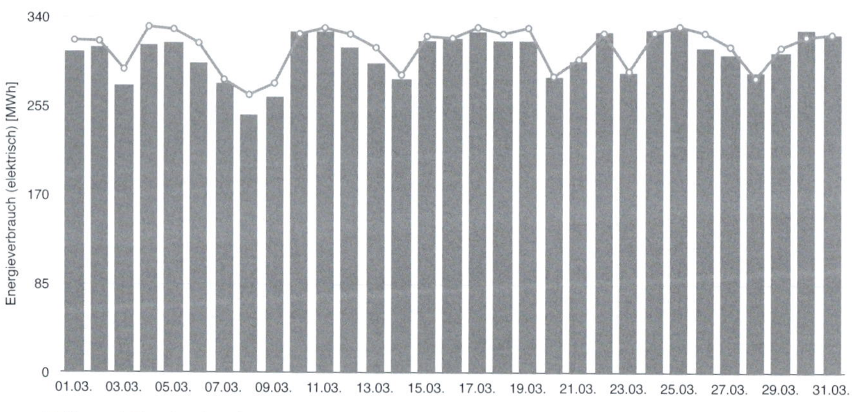

Abbildung 5.27: Vergleich von Mess- und Rechenwerten auf Basis der EVG mit zwei Variablen

Weiterführend soll auch noch untersucht werden, ob durch die Hinzunahme einer weiteren Variable eine abermalige Verbesserung des Modells möglich ist. Insofern wird eine weitere Regression durchgeführt, in die nun drei Variablen, nämlich die Gesamtproduktion, die Grammatur und die Außentemperatur, einfließen. Das Analyseergebnis ist in Abbildung 5.28 dargestellt.

Source	SS	df	MS			
				Number of obs	=	259
				F(3, 255)	=	693.74
Model	201098.442	3	67032.8141	Prob > F	=	0.0000
Residual	24639.5772	255	96.6257927	R-squared	=	0.8908
				Adj R-squared	=	0.8896
Total	225738.02	258	874.953564	Root MSE	=	9.8298

Strombezug	Coef.	Std. Err.	t	P>|t|	[95% Conf.	Interval]
Gesamtproduktion	.1141547	.003473	32.87	0.000	.1073153	.1209941
Grammatur	-.410519	.011696	-35.10	0.000	-.4335521	-.387486
Außentemperatur	1.098822	.0878112	12.51	0.000	.9258945	1.271749
_cons	269.0378	4.297965	62.60	0.000	260.5737	277.5018

Abbildung 5.28: Ergebnistabelle der Regression mit drei Variablen

Die Beurteilung der Ergebnisse beginnt wieder mit der Betrachtung der p-Werte. Alle Variablen sind mit p-Werten von 0.000 hoch signifikant, weisen also auf systematische, nicht zufällige Zusammenhänge zwischen den relevanten Variablen und dem $\text{Energieverbrauch}_{\text{el.}}$ hin. Das adjustierte-R^2 zeigt, dass die Hinzunahme der Außentemperatur die Erklärungsgüte des Modells um ca. 7 % (von 0,82 → 0,89) steigert. Dies deutet darauf hin, dass die Hinzunahme der Außentemperatur nicht nur zu einer Erhöhung der Komplexität des Modells führt, sondern auch der Zugewinn der Güte das „Mehr" an Komplexität rechtfertigt. In der Regression wurden 259 der 261 vorhandenen Datensätze verarbeitet. Die sich aus dieser Regression ergebende Gleichung lautet wie folgt:

EVG auf Basis der Regression mit drei Variablen

$$
\begin{aligned}
&Energieverbrauch_{el.pro\,Tag}[MWh] \\
&\quad = 0{,}114\frac{MWh}{t} \times Gesamtproduktion\;[t] - 0{,}4105\frac{MWh}{\frac{g}{m^2}} \times \varnothing Grammatur\left[\frac{g}{m^2}\right] \\
&\quad + 1{,}098\,\frac{MWh}{°C} \times \varnothing Außentemp.\,[°C] + 269{,}03MWh
\end{aligned}
\tag{5.7}
$$

Der Vergleich der Mess- und Rechenwerte in Abbildung 5.29 zeigt nun noch geringere Abweichungen. Im März liegen sie bei maximal 4,6 %. Für eine Einschätzung, welche Abweichungen über die gesamten 261 zugrunde gelegten Tage auftreten, können die Häufigkeiten der Abweichung gegen die Höhe der Abweichungen abgetragen werden. Daraus ergibt sich das folgende Bild (vgl. Abbildung 5.30).

Tage	Gesamtproduktion [t]	Grammatur [g/qm]	Außen-temperatur [°C]	Energieverbrauch$_{el.}$ [MWh]	errechneter Energieverbrauch$_{el.}$ (aus Formel 5.7) [MWh]	Abweichung [MWh]	Abweichung
01.03.	1048,40	194,55	0,70	308,07	309,66	-1,59	-0,5 %
02.03.	911,12	159,48	6,00	311,55	314,15	-2,60	-0,8 %
03.03.	745,34	180,24	3,70	274,16	284,21	-10,05	-3,7 %
04.03.	1218,76	208,24	2,20	314,50	325,12	-10,62	-3,4 %
05.03.	1257,43	224,08	2,80	316,78	323,69	-6,91	-2,2 %
06.03.	1259,86	257,31	2,40	296,94	309,90	-12,96	-4,4 %
07.03.	1262,31	342,33	1,50	276,17	274,35	1,83	0,7 %
...	...	...	...	...	...	...	...
31.03.	1095,16	192,03	7,60	323,48	324,38	-0,90	-0,3 %

Abbildung 5.29: Mess- und Rechenwerte auf Basis der Regression mit drei Variablen

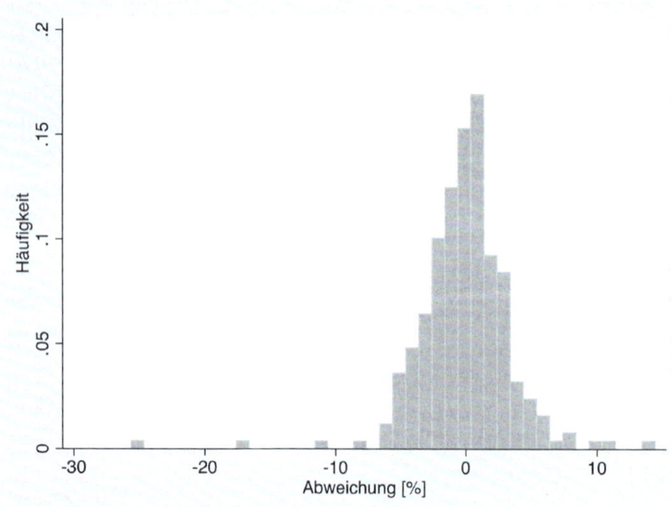

Abbildung 5.30: Häufigkeitsverteilung der Abweichungen zwischen errechneten und gemessenen Werten

Die Verteilungs-Grafik zeigt, dass die Abweichungen relativ gleichmäßig um null Prozent streuen, also keine systematische Über- oder Unterschätzung der tatsächlichen Werte auf Basis der EVG über den gesamten Betrachtungszeitraum vorliegt. Daher ist davon auszugehen, dass alle maßgeblichen Einflussgrößen berücksichtigt wurden. Somit kann auf eine weitere Regression mit allen vier möglichen Variablen (Tonnage, Grammatur, Außentemperatur und Kartonfeuchte) verzichtet werden. Zusätzlich fällt bei der genaueren Betrachtung der Verteilung in Abbildung 5.30 auf, dass lediglich sechs Ist-Werte mehr als zehn Prozent vom errechneten Wert abweichen. Bei den Tagen, an denen solche Abweichungen vorliegen, könnte man nun gemeinsam mit den Prozesseignern und Maschinenführern versuchen, zu ergründen, weshalb diese Abweichungen entstanden sind. Es kann allerdings davon ausgegangen werden, dass sich diese Abweichungen nicht aus Schwankungen der

- Produktion,
- Grammatur und
- Außentemperatur

ergeben, da Schwankungen dieser Variablen in der EVG Berücksichtigung finden.

Der EnPI ermöglicht es daher nun, Abweichungen aufzuzeigen, die nicht aus den regelmäßigen Schwankungen von nicht beeinflussbaren Umgebungs- und Produktionsparametern entstehen. Damit ist die Basis für die Messung, Überwachung und die Darstellung der energiebezogenen Leistung geschaffen, welche durch Analyse der Abweichungen und deren kumulierte Werte erweitert werden kann.

5.8 Kritische Betrachtung der statistischen Analyse zur Erarbeitung von Energieleistungskennzahlen

5.8.1 Relevanz der zugrunde liegenden Daten

Aus den Ergebnissen der Regressionsanalyse kann ein mathematisches Modell gebildet werden, welches die für die Regression verwendeten Vergangenheitswerte der energetischen Ausgangsbasis (EnB) am besten beschreibt. Die Aussagekraft der durch die Regression ermittelten EVG hängt daher maßgeblich von der Qualität der zugrunde gelegten Daten ab. Deshalb ist es notwendig, dass die verwendeten Daten:

1) möglichst frei von Messfehlern sind,

2) einen repräsentativen Zeitabschnitt umfassen und

3) die „normalen“ Betriebszustände beschreiben.

Anderenfalls könnte über den Normalzustand nur bedingt eine Aussage getroffen werden. Dies bedeutet, dass vor der Regressionsanalyse eine Überprüfung und Bereinigung der Daten zweckmäßig erscheinen kann, in deren Rahmen Fehler und Ausreißer gelöscht werden.

Zusätzlich sind vor jeder Analyse zunächst theoretische Vorüberlegungen zu den vermuteten Abhängigkeiten der relevanten Variablen und dem Energieverbrauch anzustellen. Erst dann sollte die Regression dazu genutzt werden, die Stärke der Zusammenhänge zu ergründen; denn reine Korrelationen von Datenpunkten können dann in die Irre leiten, wenn kein solider logischer bzw. physikalischer Zusammenhang vorliegt oder erkennbar ist.

Eine weitere wesentliche Einschränkung basiert auf der Tatsache, dass die durch die Regression ermittelte EVG besonders den Datenbereich (Ausprägung der Variablen und des Energieverbrauchs) gut beschreibt, für den die meisten Beobachtungen vorliegen. Daher können insbesondere bei extremen Ausprägungen einzelner Variablen die durch die Gleichung geschätzten Werte stärker von den Ist-Werten abweichen als beim Einsetzen von Variablen-Werten aus den Bereichen, für die jeweils viele Beobachtungen vorliegen.

Zur Verdeutlichung, dass auch die in den vorherigen Abschnitten abgeleitete Funktion insbesondere für bestimmte Ausprägungen der Variablen gültig ist, sei exemplarisch die Verteilung der Grammatur in den zugrunde liegenden Daten dargestellt (vgl. Abbildung 5.31).

Abbildung 5.31 zeigt die Häufigkeit der durchschnittlichen Kartonstärke für die zugrunde gelegten 261 Tage. Es lässt sich erkennen, dass bei dem Großteil der Beobachtungen die Grammatur bei etwa 200 g/m^2 liegt. Das Minimum liegt bei ca. 150 g/m^2 und das Maximum bei ca. 350 g/m^2. Für das hier gegebene Beispiel bedeutet dies, dass die ermittelte EVG insbesondere für Ausprägungen der Grammatur im Bereich $>$150 g/m^2 und $<$350g/m^2 Gültigkeit besitzt.

Dies ist auch deshalb der Fall, da die tatsächlichen Zusammenhänge in aller Regel keine exakte Linearität über das gesamte mögliche Ausprägungsspektrum von Variablen aufweisen. Auch wenn sich die Schwankungen innerhalb des Bereichs, für den viele Beobachtungen vorliegen, relativ gut durch eine lineare Gleichung darstellen lassen, können bei extremen Ausprägungen – etwa, wenn keine Produktion stattfindet – die durch die lineare Gleichung errechneten Werte stark von den Ist-Werten abweichen (vgl. Abbildung 5.32). Die Interpretation von Ergebnissen der Gleichung beim Einsetzen von Werten, die deutlich von den zugrunde gelegten Daten abweichen, würde zu groben Ungenauigkeiten führen.

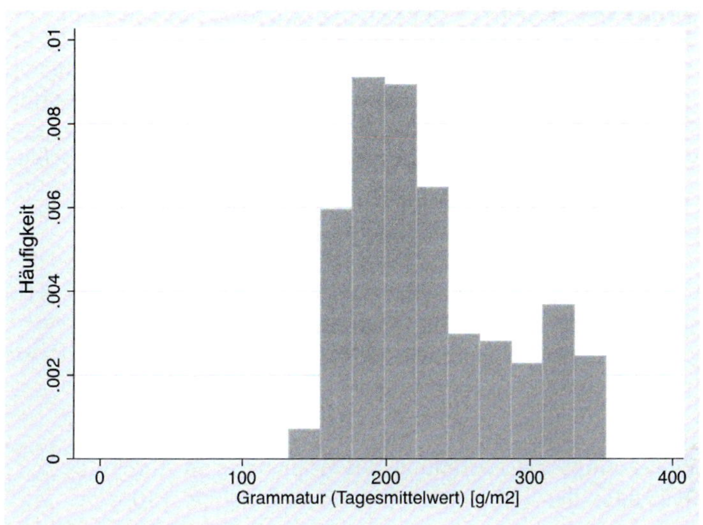

Abbildung 5.31: Verteilung der Grammatur in den zugrunde gelegten Daten

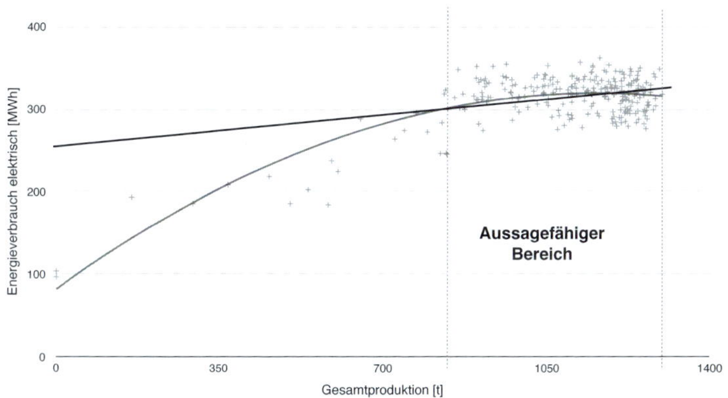

Abbildung 5.32: Darstellung des aussagefähigen Bereichs einer Regression

5.8.2 Einführung des Begriffs „Sockelverbrauch"

Weist die durch eine Regressionsanalyse hergeleitete EVG eine Konstante auf, liegt die Vermutung nahe, diese als Grundlast zu betrachten. Eine solche Interpretation ist allerdings nicht immer zweifelsfrei möglich. Bei der vorliegenden EVG mit drei Variablen wurde eine Konstante von 269 MWh ermittelt (siehe Formel (5.8))

EVG mit drei relevanten Variablen und einer Konstanten

$$\begin{aligned} &Energieverbrauch_{el.pro\,Tag}[MWh] \\ &= 0{,}114\frac{MWh}{t} \times Gesamtproduktion\,[t] - 0{,}4105\frac{MWh}{\frac{g}{m^2}} \times \varnothing Grammatur\left[\frac{g}{m^2}\right] \\ &+ 1{,}098\,\frac{MWh}{°C} \times \varnothing Außentemp.[°C] + 269{,}03MWh \end{aligned} \tag{5.8}$$

Sieht man sich allerdings die Verteilung der Grammatur in Abbildung 5.31 an, wird deutlich, dass der kleinste Grammaturwert bei ca. 150 g/m^2 liegt. Dies bedeutet, dass sich durch Einsetzen des Grammaturwertes an allen betrachteten Tagen mindestens ein „Abzug" von −61,575 MWh (150 g/m^2 x−0,401 $MWh/g/m^2$) ergibt. Um dennoch die „richtigen" Werte durch die Funktion schätzen zu können, legt die Regression die Konstante bei 269 MWh/d fest, welche unter Umständen sogar über dem absoluten Ist-Verbrauch eines Tages liegen kann. Die Konstante beschreibt daher nicht zwangsläufig eine Grundlast, sondern dient vielmehr dazu, die Gesamtfunktion an die vorhandenen Daten anzupassen.

Darüber hinaus ist es denkbar, dass ähnlich wie in Abbildung 5.32 die zugrunde liegenden Daten nur einen Teilbereich einer Energieverbrauchsgleichung beschreiben, welcher sich linear gut beschreiben lässt, obwohl die „Gesamtfunktion" nicht linear ist. In solchen Fällen weicht der Schnittpunkt der linearen Funktion mit der y-Achse regelmäßig deutlich vom Schnittpunkt der nicht linearen Funktion mit der y-Achse ab. Dies soll anhand des Treibstoffverbrauchs eines Pkws verdeutlicht werden (vgl. Abbildung 5.33).

Die Abbildung 5.33 zeigt beispielhaft den Zusammenhang zwischen der Geschwindigkeit und dem Treibstoffverbrauch in Litern pro 100 km. Schnell ist zu erkennen, dass es sich nicht um eine lineare Funktion handelt. Davon ausgehend, dass die zugrunde gelegten Daten lediglich im Geschwindigkeitsbereich zwischen 100 und 160 km/h lägen, könnte dieser Bereich gut durch eine lineare Funktion beschrieben werden, wie durch die Gerade in Abbildung 5.33 dargestellt. Es wird allerdings auch deutlich, dass diese lineare Funktion außerhalb dieses Bereiches keine brauchbaren Ergebnisse liefert. Insbesondere im Hinblick auf eine mögliche Grundlast bei null Stundenkilometern (Schnittpunkt der Gerade mit der y-Achse) gibt die ermittelte Funktion die Realität in keinster Weise wieder. Daher kann die in einer linearen Funktion angegebene Konstante nicht als technische Grundlast interpretiert werden.

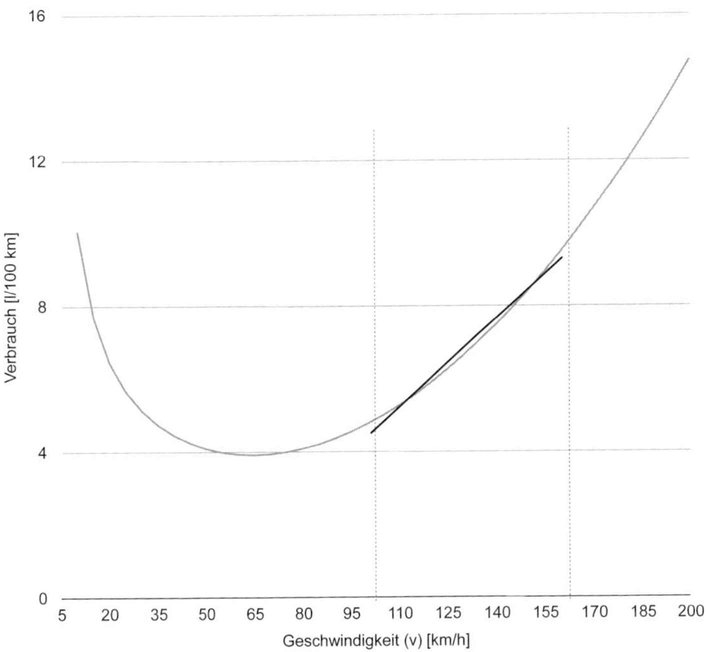

Abbildung 5.33: Energieverbrauch Pkw in Abhängigkeit von der Geschwindigkeit (fiktives Beispiel)

Liegt eine Funktion mit nur einer Variablen vor, die zum einen die Auslastung der Anlage beschreibt und bei der zum anderen tatsächlich von einem nahezu vollständig linearen Zusammenhang ausgegangen werden kann, könnte der konstante Term tatsächlich nahe an der technischen Grundlast liegen. Diese „Grundlast" beschriebe den Verbrauch der Anlage, der entstünde, wenn diese voll im Einsatz wäre, aber kein Material verarbeitet. Es handelt sich somit um den von der Menge und andere Variablen unabhängigen Teil des Energieverbrauchs. Allerdings ist auch hierbei zu beachten, dass der Schnittpunkt mit der y-Achse nur eine Schätzung auf Basis der zugrunde gelegten Daten ist. Letztlich kann also die Konstante nur in Ausnahmefällen als technische Grundlast interpretiert werden und wird daher im Folgenden als **Sockelverbrauch** bezeichnet.

5.9 Nachweis der Verbesserung der energiebezogenen Leistung

In der DIN EN ISO 50001:2018 wird eine fortlaufende Verbesserung der energiebezogenen Leistung gefordert. Die Darstellung der Verbesserung soll laut Norm durch den Vergleich von Ist-EnPI-Werten mit Referenz-EnPI-Werten der energetischen Ausgangsbasis (engl. energy Baseline [EnB]) stattfinden. Wichtig ist dabei, dass die EnPIs so gestaltet sind, dass ein Vergleich unter gleichwertigen Bedingungen möglich ist. Daher ist es insbesondere für diesen Nachweis wichtig, den Referenz- oder Baselinewert (EnB) entsprechend zu normalisieren – also an Bedingungen, die das Unternehmen nicht „verschuldet" hat, etwa die Absatzmenge oder die Außentemperatur, anzupassen. Diese Anpassung geschieht auf Basis der EVG.

Die vorliegende EVG (aus Formel (5.8)) beschreibt das Energieverbrauchsverhalten der Anlage über die 259 zugrunde gelegten Tage, die als Referenzzeitraum dienen. Die EVG repräsentiert somit die Verhältnisse während des Referenzzeitraums. Für Vergleiche zwischen der EnB und den EnPI-Ist-Werten des $\text{Energieverbrauchs}_{\text{el.}}$ sind nun die Ist-Werte der relevanten Variablen des Bezugszeitraumes in die EVG einzusetzen. Hierdurch ergeben sich die normalisierten EnB-Werte für den Berichtszeitraum. Mit anderen Worten zeigt die normalisierte EnB, welchen Wert der Energieverbrauch eines Tages im Bezugszeitraum annähme, wenn der Einfluss der Tonnage, der Grammatur und der Außentemperatur im gleichen Ausmaß vorgelegen hätte wie im Berichtszeitraum. Der Vergleich mit den Ist-Werten ermöglicht dann, die Abweichung gegenüber der energiebezogenen Leistung der EnB darzustellen. Werden Effizienzmaßnahmen ausgedacht und umgesetzt, führt dies dazu, dass die Ist-Verbräuche unter den Werten der normalisierten EnB liegen. Zum Nachweis der Verbesserung ist die jeweilige Differenz zwischen der normalisierten EnB des Bezugszeitraums und dem Ist-Verbrauch des Bezugszeitraumes darzustellen.

Da die EVG mit Tagesdaten erarbeitet wurde, können im vorliegenden Fall zunächst auch nur Referenzwerte auf Tagesbasis gebildet werden. Nach der Ermittlung der Tageswerte ist es möglich, diese für den gewünschten Auswertungszeitraum aufzuaddieren. Hieraus ergeben sich dann z. B. die EnB bzw. Ist-Werte eines Monats (vgl. Abbildung 5.34).

Für eine Monatsauswertung – etwa über ein ganzes Jahr – wären die Summen des Energieverbrauchs und der normalisierten EnB für jeden Monat des Jahres zu bilden. Ausgehend von diesen Werten kann neben der prozentualen Abweichung auch die absolute Einsparung (Differenz zwischen normalisierten EnB und Ist-Werten) errechnet werden. Multipliziert man diese mit dem spezifischen Energiepreis des betrachteten Energieträgers, erhält man die monetäre Einsparung pro Monat oder in der Summe pro Jahr, welche sich aus der Verbesserung der energiebezogenen Leistung ergibt (vgl. Abbildung 5.35). Eine solche Auswertung kann unter Umständen die Darstellung der ökonomischen Vorteilhaftigkeit eines EnMS unterstreichen.

Tage	Gesamtproduktion [t]	Grammatur [g/qm]	Außentemperatur [°C]	IST-Energieverbrauch$_{el.}$ KM 2017 [MWh]	EnB 2017 (Errechneter Energieverbrauch durch Einsetzten der Ist-Werte der relevanten Variablen in die EVF aus 2016) [MWh]	Abweichung
01.03.	1.236	214,89	8,90	335,33	331,70	1,08 %
02.03.	794	219,75	11,60	272,29	282,22	-3,65 %
03.03.	1.190	312,84	15,60	288,23	293,58	-1,85 %
04.03.	1.200	344,60	13,80	279,39	279,68	-0,10 %
05.03.	503	349,65	10,60	185,72	194,51	-4,73 %
06.03.	1.095	242,84	9,80	293,33	305,10	-4,01 %
07.03.	1.042	187,54	7,60	318,92	319,32	-0,12 %
...	...	...	...	...	...	...
31.03.	1.114	189,56	7,00	317,48	326,06	-2,70 %
Summe				9.472	9.570	-1,03 %

Abbildung 5.34: Darstellung der Verbesserung der energiebezogenen Leistung auf Tagesbasis

	IST-Energieverbrauch$_{el.}$ KM 2017 [MWh]	EnB 2017 (Errechneter Energieverbrauch durch Einsetzten der Ist-Werte der relevanten Variablen in die EVF aus 2016) [MWh]	Abweichung absolut [MWh]	Abweichung (normalisierte EnB-IST) [%]	Einsparung bei 75 €/MWh [€]	Index Strombezug (1 entspricht EnB=IST)
Januar	9.193	9.306	113	-1,21 %	8.479 €	0,9879
Februar	8.885	8.996	111	-1,24 %	8.362 €	0,9876
März	9.472	9.570	98	-1,02 %	7.316 €	0,9898
April	9.160	9.252	92	-0,99 %	6.887 €	0,9901
Mai	8.975	9.396	421	-4,48 %	31.569 €	0,9552
Juni	9.442	9.895	452	-4,57 %	33.923 €	0,9543
Juli	9.351	9.981	630	-6,31 %	47.256 €	0,9369
August	8.829	9.599	769	-8,02 %	57.704 €	0,9198
September	8.833	9.594	761	-7,93 %	57.095 €	0,9207
Oktober	8.975	9.796	821	-8,38 %	61.569 €	0,9162
November	9.151	9.981	830	-8,32 %	62.256 €	0,9168
Dezember	8.829	9.599	769	-8,02 %	57.704 €	0,9198
Summe (Jahr)	**109.095**	**114.963**	**5.868**	**-5,10 %**	**440.119 €**	**0,9490**

Abbildung 5.35: Monatsauswertung Verbesserung der energiebezogenen Leistung

In der DIN ISO 50006:2014 wurden grafische Darstellungen des Verlaufs der normalisierten EnB und der Ist-Verbräuche aufgezeigt. Für das vorliegende Beispiel ist eine solche Auswertung in Abbildung 5.36 zu sehen.

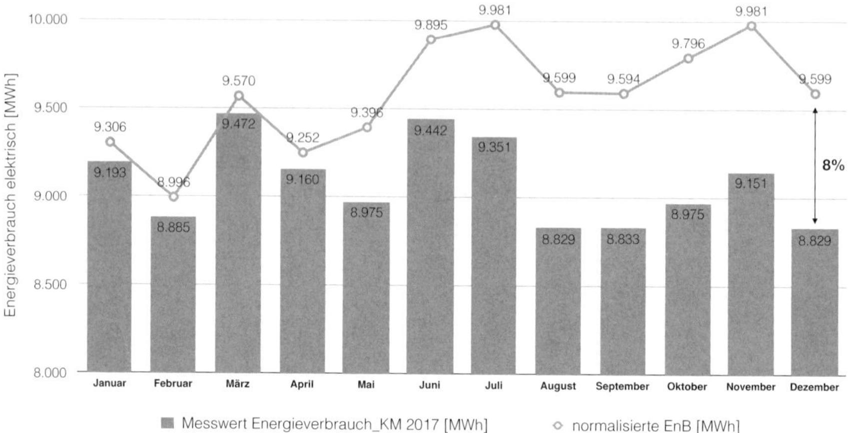

Abbildung 5.36: Monatsauswertung der energiebezogenen Leistung KM (elektrisch) 2017

Die eingezeichnete Linie zeigt dabei die Werte der EnB (also der Prognose auf Basis der EVG) und die Balken die Ist-Werte des Energieverbrauchs$_{el.}$ im Jahr 2017. Beginnend mit Mai 2017 tritt eine deutliche Differenz zwischen der EnB des Berichtszeitraumes und dem gemessenen Energieverbrauch$_{el.}$ auf. Dies ist dadurch zu erklären, dass im Mai eine Maßnahme zur Verbesserung der Energieeffizienz an der Anlage durchgeführt wurde. In der Folge bleiben die Ist-Verbräuche nach der Durchführung der Energieeffizienz-Maßnahme jeden Monat deutlich unter den Werten der EnB.

In der überarbeiteten ISO 50006:2023 wird nun die Nutzung der kumulierten Abweichungen zur Überwachung und Darstellung der energiebezogenen Leistung empfohlen, wie wir es bereits beim Beispiel zum Heizenergiebedarf gesehen haben. Auch in der Darstellung der kumulierten Abweichungen kann man feststellen, dass die Linie beginnend mit Mai 2017 deutlich nach unten abknickt, was zeigt, dass eine systematische Energieeinsparung vorliegt.

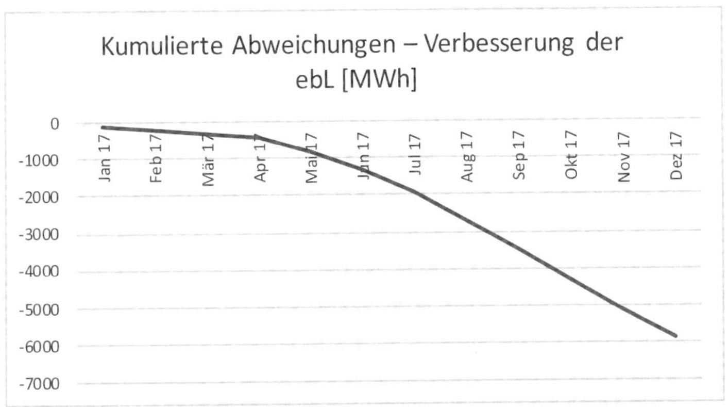

Abbildung 5.37: Kumulierte Abweichung – Verbesserung der energiebezogenen Leistung der KM

Obwohl deutliche Schwankungen beim absoluten Ist-Verbrauch vorliegen, kann eine Aussage zur Verbesserung der energiebezogenen Leistung getroffen werden. Denn die EnB berücksichtigt Änderungen im Absolutverbrauch, die sich aus Schwankungen der Produktionsmenge, der Grammatur und der Außentemperatur ergeben. Die Differenz zwischen EnB und Ist-Werten beruht daher nicht auf den Schwankungen dieser Variablen, sondern auf dem Einsatz effizienterer Technologie oder anderer organisatorischer Maßnahmen. Die Auswirkungen der Maßnahmen auf den Energieverbrauch werden durch die Normalisierung der EnB anhand der relevanten Variablen sichtbar und auch quantifizierbar (energetisch und monetär, vgl. Abbildung 5.35).

Neben der Nutzung der absoluten Werte der EnB und des Ist-Verbrauchs und der Darstellung der kumulierten Abweichungen ist auch die Bildung eines Indexes für die Darstellung der Verbesserung möglich. Dazu wird der Ist-Verbrauch durch den Wert der normalisierten EnB geteilt. Das Resultat ist eine dimensionslose Verhältniszahl, die letztlich die prozentuale Abweichung zwischen EnB und Ist-Verbrauch zeigt (vgl. Abbildung 5.35, ein Wert von 1 bedeutet, dass der Ist-Verbrauch genau der normalisierten EnB entspricht. Allerdings geht bei dieser Darstellungsform auch Information verloren. So ist z. B. keine Entwicklung der absoluten Verbräuche und der absoluten Einsparungen mehr möglich. Gleichzeitig ist die Integration eines Zielwertes bei der Darstellung als Index besonders einfach, da hierzu lediglich eine Grenzlinie bei 1-Ziel-Wert (hier 1–4 % = 0,96) abgetragen werden muss (vgl. Abbildung 5.38).

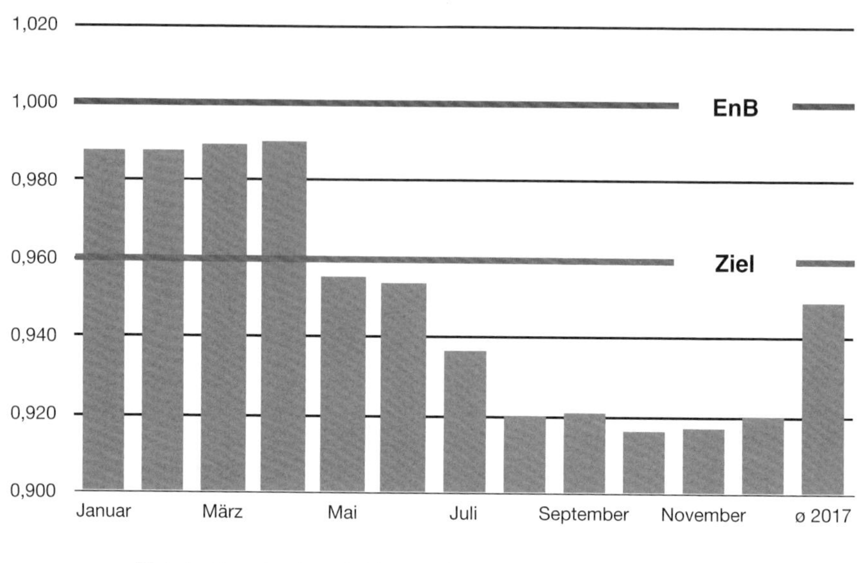

Abbildung 5.38: Darstellung der Verbesserung der energiebezogenen Leistung als Index

Alternativ ist denkbar, die Verbesserung der energiebezogenen Leistung durch die Veränderung der EVG über die gesetzten Zeitabschnitte darzustellen. Dazu wäre z. B. ein Jahr nach der Umsetzung einer Maßnahme auf Basis der Werte des Energieverbrauchs und der relevanten Variablen durch eine erneute Regression eine neue EVG zu ermitteln. Durch den Vergleich der „alten" EVG mit der aktuellen wäre es möglich, zu zeigen, dass sich die Koeffizienten oder der Sockelverbrauch oder beide verringert haben (vgl. Abbildung 5.39).

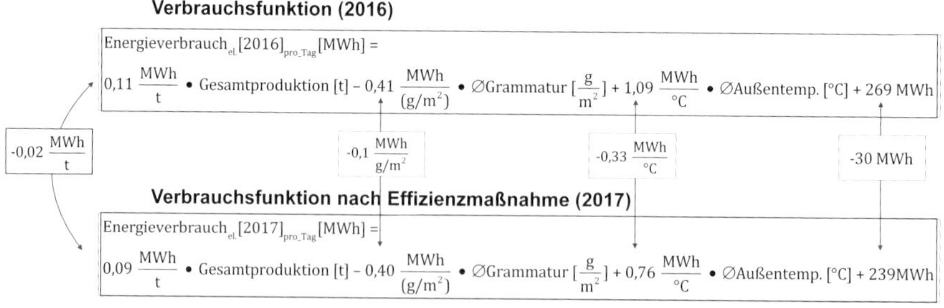

Abbildung 5.39: Identifikation der Verbesserung der energiebezogenen Leistung anhand der Veränderung der EVG

Hierbei ist allerdings zu beachten, dass durch diese Analyse lediglich festzustellen ist, ob eine Veränderung stattgefunden hat oder nicht. Eine Aussage dazu, wie viel Prozent, Megawattstunden bzw. Euros die Veränderung hervorbringt, kann nicht direkt getroffen werden. Nichtsdestotrotz zeigt eine derartige Analyse letztlich auf, welche Koeffizienten durch eine durchgeführte Maßnahme verändert wurden. Dies kann auch im Hinblick auf ähnliche Anlagen im Bestand interessante Informationen liefern. Zusätzlich kann die neue EVG dafür genutzt werden, den zukünftigen Energieverbrauch der Anlage nun genauer einzuschätzen, da die Effekte der durchgeführten Maßnahme schon berücksichtigt würden.

Aufgrund der oben genannten Einschränkungen, die sich durch die Darstellung der Verbesserung als Index oder auf Basis der Veränderung der EVG ergeben, empfiehlt es sich, insbesondere für die Darstellung der Verbesserung der energiebezogenen Leistung EnPIs als Absolutwerte auszugestalten und die Normalisierung bei den Ziel- oder den EnB-Werten und eben nicht bei den Ist-Werten vorzunehmen (vgl. Abbildung 5.35).

Dies birgt noch einen weiteren großen Vorteil: Denn absolute Energieverbrauchswerte bzw. absolute Energieeinsparungen können ohne Probleme aufaddiert werden, da diese die gleiche Einheit besitzen. Hierdurch ist es möglich, die Verbesserung der energiebezogenen Leistung auch über Anlagen und Prozesse hinweg als Summe der Differenzen zwischen EnB und EnPI-Ist-Werten darzustellen. Da gemäß der DIN EN ISO 50001:2018 für jedes SEU ein EnPI zu bilden ist, kann somit die Gesamtverbesserung der energiebezogenen Leistung über alle SEUs zusammenfassend dargestellt werden (vgl. Abbildung 5.40).

		Jahresangaben						
Bereich	Anlage	Teil-Veränderung	Gesamt-veränderung	Energie-träger	Partielle Kosten-änderung	Gesamtkosten-änderung	Partielle CO_2-Änderung	Gesamt-CO_2-Änderung
Gesamte Fabrik			**-5.876 MWh**			**-435.885 €**		**-3.532,58 t**
Kraftwerk	Turbine	-73 MWh	**-107 MWh**	Gas	-2.190 €	**-3.210 €**	-13,14 t	**-19,26 t**
	Dampfkessel	-34 MWh		Gas	-1.020 €		-6,12 t	
Kartonmaschine	Elektrische Antriebe	-5.868 MWh	**-5.868 MWh**	Elektrizität	-440.100 €	**-440.100 €**	-3.573,61 t	**-3.573,61 t**
	Dampf	0 MWh		Dampf	0 €		0 t	
	Gas	0 MWh		Gas	0 €		0 t	
Stoffaufbereitung	Rührwerke	95 MWh	**95 MWh**	Elektrizität	7.125 €	**7.125 €**	57,86 t	**57,86 t**
Rest	Verwaltung, Lehrwerkstatt, Beleuchtung, Schlosserei	4 MWh	**4 MWh**	Elektrizität	300 €	300 €	2,44 t	2,44 t

Abbildung 5.40: Aggregation der Verbesserung der energiebezogenen Leistung

Der gesamte Energieverbrauch$_{el.}$ der Kartonmaschine wird durch drei Kennzahlen abgebildet. Die Verbesserung gegenüber der EnB lag 2017 für die hier betrachtete strombezogene Kennzahl bei 5.868 MWh. Die Gesamtverbesserung der Kartonmaschine ergibt sich dann aus der Summe der Verbesserung beim Energieverbrauch$_{el.}$ beim Dampfverbrauch und beim Gas. Im Bereich der Stoffaufbereitung ergab sich beim Vergleich der EnB und der Ist-Werte, dass der Energieverbrauch$_{el.}$ 95 MWh höher lag, als er 2016 bei gleichen Bedingungen gelegen hätte. Bei einer solchen Verschlechterung wäre zu klären, wodurch sich diese ergeben hat und welche Maßnahmen einzuleiten sind, um derartige Abweichungen zukünftig zu vermeiden. Gerade bei einer Verschlechterung, die dem Gedanken der fortlaufenden Verbesserung widerspricht, sollte das EnMS seine Wirkung dahingehend entfalten, sie zukünftig zu vermeiden. Insgesamt zeigt sich eine Gesamtverbesserung über alle SEUs von −5.876 MWh. Die Verwendung normalisierter Absolut-Verbräuche bietet somit Vorteile bei der Darstellung, Aggregation und der finanziellen Bewertung der Verbesserung der energiebezogenen Leistung. Neben den finanziellen Änderungen lassen sich auch die normalisierten CO_2-Einsparungen darstellen. Alle hier beschriebenen Auswertungen beruhen auf der Nutzung von Gleichungen zur Berechnung erwarteter Energieverbräuche, welche die dargestellten Aggregationsmöglichkeiten bieten. Daher wird die Nutzung solcher EnPIs an dieser Stelle empfohlen.

5.10 Nutzen von aussagekräftigen EnPIs

Wie zu Beginn des Kapitels beschrieben, besteht der Zweck von EnPIs gemäß der DIN EN ISO 50001:2018 und der DIN ISO 50006:2017 darin, die Messung und Darstellung der energiebezogenen Leistung zu ermöglichen. Hieraus ergeben sich mehrere Nutzen für die jeweilige Organisation.

Senkung der Energiekosten: Als erster zentraler Nutzen sind Energiekosteneinsparungen durch eine verbesserte Steuerung des Energieverbrauchs zu erwarten, denn durch die adäquate Messung der energiebezogenen Leistung wird es möglich, schwerpunktorientiert Maßnahmen auszudenken, Ziele festzulegen, die Zielerreichung von organisatorischen und technischen Maßnahmen zu überwachen und ggf. bei Nichterreichung weitere Maßnahmen einzuleiten und somit die Umsetzung wirtschaftlicher Einsparpotenziale bestmöglich zu gewährleisten.

Rückerstattung von Steuern und Abgaben: In Deutschland sind bei vielen Unternehmen Rückerstattungen etwa im Rahmen des Spitzenausgleichs über das Energiesteuer- bzw. Stromsteuergesetz, der Strompreiskompensation, der Carbonleackage-Verordnung oder Vergünstigungen durch die Regelungen des Energiefinanzierungsgesetztes an u. a. die Zertifizierung gemäß der DIN EN ISO 50001 geknüpft. Da die Darstellung der Verbesserung der energiebezogenen Leistung eine zentrale Anforderung der DIN EN ISO 50001 ist, hängt u. U. die Zertifizierung des EnMS von der Aussagekraft der EnPIs ab. Somit ist der Erhalt der Rückerstattungen letztlich z. T. von der Erarbeitung aussagekräftiger EnPIs anhängig, zumindest sollte es so sein.

Aufdeckung neuer Ansatzpunkte für Energieeffizienz-Maßnahmen: Auf Basis der Prozessanalyse im Rahmen der Kennzahlen-Entwicklung könnte beispielsweise auffallen, dass ein Prozess deutlich stärker durch Veränderungen der Außentemperatur beeinflusst wird als vermutet. Daraufhin wären Ideen zu entwickeln, diese Abhängigkeit zu verringern.

Erhöhung der Effizienz des Energiemanagements: Durch die strukturierte und aussagekräftige Aufbereitung der energiebezogenen Leistung der einzelnen Prozesse und der Organisation als Ganzes können die beteiligten Mitarbeiter die relevanten Abweichungen direkt erkennen. Somit entfallen Zeiten für Besprechungen zu Abweichungen, die aus Veränderungen nicht beeinflussbarer relevanter Variablen resultieren. Hierdurch bleibt mehr Zeit, sich mit den Abweichungen zu beschäftigen, die beeinflussbar sind.

Darstellung der Erfolge: Durch die Normalisierung des Energieverbrauchs auf Basis der relevanten Variablen wird es möglich, die Effekte von Effizienz-Maßnahmen detaillierter darstellen zu können, da der Einfluss der relevanten Variablen die Erfolge nicht mehr überlagert. Hierdurch ist es möglich, die Erfolge des EnM gezielt darzustellen und somit den Nutzen des EnMS intern als auch extern zu kommunizieren.

Kosteneinsparungen im Energieeinkauf: Im Rahmen der Energiebedarfsplanung können Planwerte für die relevanten Variablen (etwa Tonnagen) in die ermittelten EVGs eingesetzt werden. Hierdurch ließe sich der zukünftige Energieverbrauch genauer abschätzen. Eine möglichst genaue Planung hilft regelmäßig beim Einkauf der benötigten Energiemengen zum bestmöglichen Preis. Zudem ist zu erwarten, dass sich die allgemeine Planungsgenauigkeit erhöht.

Verbesserung der Kostenrechnung: Durch die Ermittlung der EVG wird deutlich, welche Variablen den Energieverbrauch wie stark beeinflussen. Es besteht die Möglichkeit, diese Informationen u. U. für die Kostenrechnung und insbesondere für die Produktkalkulation zu nutzen. Beispielhaft sei eine Anlage zur Trocknung von Speise-Mehlen betrachtet, bei der die Ergebnisse der statistischen Analyse deutlich machen, dass der Energieverbrauch stark von der gewünschten Restfeuchte des Mehls abhängt. Anhand der Koeffizienten der EVG kann nun bewertet werden, wie viel Energie zusätzlich für die Trocknung einer Tonne Mehl auf eine Restfeuchte von 5 % im Gegensatz zu einer Tonne Mehl mit einer Restfeuchte von 8 % einzusetzen ist. Wünscht nun ein Kunde ein besonders trockenes Mehl, können die hieraus entstehenden Mehrkosten für den Energieverbrauch letztlich an den Kunden weitergegeben werden. Die genauere Zuordnung der Energiekosten führt dann gleichzeitig dazu, dass die zusätzlichen Energiekosten für die stärkere Trocknung nicht auf das „normale" Mehl mit der Restfeuchte von 8 % umgelegt werden, was zur Verbesserung der Wettbewerbsfähigkeit des normalen Mehls führt, da dies billiger angeboten werden könnte.

Möglichkeit der Fehlerfrüherkennung: Weichen die gemessenen Ist-Werte deutlich von den erwarteten Werten auf Basis der EVG ab, liegt möglicherweise ein technischer Fehler in der Anlage vor. Ein Beispiel dafür wäre ein deutlich erhöhter Energieverbrauch durch einen verstopften Filter einer Lüftungsanlage oder ein stark angestiegener Energieverbrauch eines Antriebs aufgrund eines verschlissenen Lagers.

6 Kennzahlen zur Bewertung der wirtschaftlichen Vorteilhaftigkeit von Energiemanagementmaßnahmen

Ulrich Nissen

Energieeffizienzmaßnahmen sind üblicherweise mit Investitionen verbunden. Da diese in der Regel einem Freigabeprocedere durch die Geschäftsleitung eines jeweiligen Unternehmens unterliegen, werden im Vorfeld eines Freigabeantrags regelmäßig Wirtschaftlichkeitsuntersuchungen durchgeführt und vorgelegt. An dieser Stelle zeigt die Praxis z. T. gravierende Kommunikationsprobleme zwischen Personen, die Maßnahmenideen entwickeln bzw. vorschlagen und jenen, die über die Umsetzung zu entscheiden haben.[17] Nicht selten werden beim Vorschlag einer Maßnahme die Investitionsausgaben in den Vordergrund gestellt und die Nutzen allenfalls technisch (etwa in kWh pro Jahr und nicht monetär) eher nur oberflächlich oder verbal ausgewiesen. Auf der Basis einer solchen – unvollständigen und z. T. unübersichtlichen – Datenlage sehen sich für Investitionsentscheidungen Verantwortliche (Controllingleiter, kaufmännische Geschäftsführer, Chief Executive oder Financial Officers o. Ä.) nicht zuletzt auch wegen der unterschiedlichen Fachjargons regelmäßig nicht in der Lage, entsprechende Investitionsvorschläge zu beurteilen. Ideen für Maßnahmen, die u. U. wirtschaftlich sehr zweckmäßig sein mögen, werden als solche nicht erkannt und bleiben auf der Strecke.

Um Maßnahmenumsetzungen zu erreichen und so das jeweilige Einsparpotenzial in Unternehmen auszuschöpfen, ist es bei der Bewertung und der Vermittlung der Bewertungsergebnisse daher erforderlich, neben dem Ausweis von Investitionsausgaben auch die voraussichtlichen Einsparungen (Energiekostensenkungen) bzw. Zusatzerträge (z. B. Einspeisevergütungen) als Ertragsrückflüsse über den gesamten Planungshorizont präzise zu erfassen und mit den Investitions- und Betriebsausgaben im Rahmen einer Kapitalwertermittlung zu verrechnen. Eine solche Gegenüberstellung hat eine ökonomisch eindeutige Aussage, die kompakt und nachvollziehbar als Entscheidungsvorlage dient. Sie heißt „Kapitalwert". Summiert man dann die Kapitalwerte aller positiv bewerteten Energieeffizienzideen auf, erhält man den potenziellen Beitrag zur Steigerung des Unternehmenswertes („Wertsteigerungsbeitrag"

17 Neben den Kommunikationsproblemen sind zahlreiche weitere sogenannte „Barriers to energy efficiency" festgestellt worden, auf die im vorliegenden Buch nicht eingegangen werden soll. Beispielhaft wird verwiesen auf: Allcott/Greenstone, 2012 [1]; Backlund et al., 2012 [2]; Cagno et al., 2013 [3]; Gerarden/Newell/Stavins, 2015 [7]; Hirst/Brown, 2003 [11]; Jaffe/Stavins, 1994 [12]; Schleich, 2007 [19]; UNIDO, 2011 [20].

[WSB]) eines Bündels von potenziellen Effizienzmaßnahmen, eine Kenngröße, die genau das löst, was heute häufig Probleme bereitet: die zunächst technischen Problemstellungen in die Sprache der Kaufleute zu übersetzen.

Die folgenden Ausführungen zeigen eine praxiserprobte Vorgehensweise auf, mit der Ideen für Energieeffizienzmaßnahmen schwerpunktorientiert erarbeitet, nach ihrem Beitrag zur Steigerung des Unternehmenswertes bewertet und schließlich ausgewählt werden können. Ferner wird eine hieraus abgeleitete Leistungskennzahl, durch die sich Energiemanagement-Engagement (etwa von Energiemanagern) beurteilen und ggf. würdigen lässt, vorgestellt. Die abschließenden Ausführungen gehen dann auf die – in der Praxis fast schon gängige, zumindest aber sehr populäre – Amortisationszeitrechnung ein und verdeutlichen, dass sich diese Berechnungsmethodik für Energiemanagement nicht eignet und daher nicht eingesetzt werden sollte.

6.1 Verfahren zur systematischen und unternehmenswertorientierten Ermittlung und Bewertung von Energieeinsparpotenzialen

In **Schritt 1** wird auf die im Rahmen der DIN-ISO-50006-Anwendung erstellte Übersicht der wesentlichen Energieverbraucher zurückgegriffen (vgl. Abschnitt 4.1). Die Einschränkung auf „wesentliche" dient dem Zweck, schwerpunktorientiert vorzugehen, also jene Anlagen, Prozesse etc. in den Fokus zu setzen, bei denen das größte Einspar- und somit auch Wertsteigerungspotenzial vermutet werden kann. In Abschnitt 5.3 ist darauf hingewiesen worden, dass bei Energieverbrauchern offenbar regelmäßig eine Pareto-Verteilung vorliegt, dass also üblicherweise etwa 20 % der Verbraucher Gesamtenergiekosten von ungefähr 75 bis 80 % verursachen. Die Übersicht könnte eine Struktur wie in Abbildung 6.1 dargestellt aufweisen.

Bereich	Anlage	Energieträger	Baseline-Periode	Jahresenergieverbrauch Baselineperiode	Jahresenergiekosten Baselineperiode [€]	Priorität	Kategorie (SEU vs. Nicht-SEU)
Fabrik 1	Prozess XYZ	Erdgas	2022	3.026 MWh/a	272.312 €	1	SEU
		Elektrischer Strom	2022	125 MWh/a	17.500 €		
...	...	...				2	SEU
...	...	Erdgas	2022	2.897 MWh/a	202.790 €	...	...
...	...	...	...	...	...	...	Nicht-SEU
...	...	...	...	...	...	...	Nicht-SEU
				24.560 MWh/a	**mind. 80 %**		

Abbildung 6.1: Energieeinsatzübersicht

Im nächsten **Schritt 2** sind Ideen für Einsparprojekte für alle SEUs zu entwickeln. Das Bearbeitungsteam, das idealerweise aus Ingenieuren und Technikern der Produktion sowie aus Kollegen des Facility Managements, des Einkaufs, der Planung und des Controllings bestehen sollte, versucht, im Rahmen eines Brainstormings Maßnahmen auszudenken und zu beschreiben, die eine Energieverbrauchs- bzw. Energiekostenreduzierung erwirken würden (auf welche Art auch immer). Dieser Prozess ist hochkreativ und setzt gute Kenntnisse in energietechnischer Hinsicht und zumindest Basiskenntnisse in Kostenrechnung voraus. Die Effizienz-Ideen werden mit Bezug auf die Angaben der „Energieverbraucherübersicht" schriftlich festgehalten (vgl. etwa Abbildung 6.2).

Kriterium	Maßnahme 1 (Beispiel)	Maßnahme 2	...	
Maßnahmenidee, Kurzbezeichnung	Wärmedämmung Ofen			
Relevante Anlage	Ofen xyz			
Beschreibung der Maßnahme	Wärmedämmung der Ofenwand xyz			
Klassifikation (z.B. Druckluft, Lüftung, Klimatisierung, Gebäudehülle ... etc.)	Wärmedämmung			
Relevante(r) Energieträger	Elektrischer Strom			
Energetische Ausgangsbasis (bisheriger Jahresenergieverbrauch)	600.000 kWh/a			
Bezugsjahr der energetischen Ausgangsbasis	2022			
Planjahr Umsetzung	2023			
Status (Idee, zur Freigabe vorgelegt, freigegeben)	Idee			
BEWERTUNGSRELEVANTE DATEN FÜR KAPITALWERTTABLEAU				**Summe**
Geplante Energieverbrauchsreduktion pro Jahr	?			
Relevante spezifische Energiekosten	?			
Jahrespreissteigerungsrate Energie (ab dem ersten Jahr)	?			
Wirkungsdauer [Jahre]	?			
Zusätzliche Jahresbetriebskosten (Wartung, Reparatur etc.) [€/a]	?			
Jahrespreissteigerungsrate Sonstiges (ab dem ersten Jahr)	?			
Investitionsausgaben [€]	?			
Weitere Ein- oder Auszahlungen, die durch die Maßnahme verursacht werden	?			
Sonstiges	?			
ERGEBNISSE				
Kapitalwert (= Unternehmenswertsteigerungsbeitrag)	?			
Gesamtenergieverbrauchsreduktion	?			

Abbildung 6.2: Beispielhafter, zunächst noch unvollständiger Effizienzmaßnahmensteckbrief

Schritt 3: Danach sind die Effizienz-Ideen auf Machbarkeit zu hinterfragen und – bei positivem Ergebnis – hinsichtlich ihrer Wirkung zu beurteilen. Hierbei geht es darum, abzuschätzen, wie hoch das jährliche Energiekosten-Senkungspotenzial [in kWh/a] sein mag. Auch dies ist im Steckbrief festzuhalten.

Im anschließenden **Schritt 4** wären dann das jeweilige Investitionsvolumen sowie exakte Detailangaben hinsichtlich zusätzlicher laufender Kosten, des Energieeinsparvolumens und möglicher zusätzlicher Nutzen aller Projektideen zu ermitteln und einzutragen. Darüber hinaus muss für jedes Projekt die voraussichtliche Wirkungsdauer (= Planungshorizont, also die Anzahl zu betrachtenden Jahre) und ein passender[18] Kalkulationszins sowie die voraussichtliche Preissteigerungsrate des eingesparten Energieträgers festgelegt bzw. ermittelt und festgehalten werden (vgl. Abbildung 6.3).

Schritt 5: Alle relevanten Daten liegen nun vor. Die Bewertung der einzelnen Maßnahmen-Ideen – sinnvollerweise in der Reihenfolge abnehmender Einsparpotenziale [€] – kann beginnen. Als besonders geeignet hat sich dafür die Kapitalwertrechnung erwiesen, zumal sie auch die potenzielle Unternehmenswertsteigerung einer jeweiligen Maßnahme aufzuzeigen imstande ist. Hierzu wären für jede infrage kommende Maßnahme sämtliche Zahlungen, die nach Schritt 4 ja bereits vorliegen sollten, über den gesamten Planungshorizont tabellarisch zu erfassen.

Wie Abbildung 6.4 deutlich macht, sind die Energiekosteneinsparungen als periodenweise zustande kommende Erträge und damit als Zahlungsstrom (der aufgrund der i. d. R. zu unterstellenden Energiepreissteigerungsrate kontinuierlich ansteigt) aufzufassen und dementsprechend zu berücksichtigen.

Periodenende t	0	1	2	...	15
Auszahlungen					
Investitionsauszahlung	-95.000 €			...	
Betriebskosten		-1.000 €	-1.020 €	...	-1.319 €
Rückflüsse					
Energiekosteneinsparungen		22.500 €	23.400 €	...	38.963 €

Abbildung 6.4: Erfassung aller Zahlungsströme einer beispielhaften Energieeffizienzmaßnahme (verkürzte Darstellung)

18 Auf die Bestimmung der relevanten Einstellparameter von energieorientierten Investitionsrechnungsmodellen wie etwa den Kalkulationszins und den Planungshorizont kann an dieser Stelle nicht weiter eingegangen werden, da dies den Rahmen des vorliegenden Buches sprengen würde. Stattdessen sei auf die umfangreichen Erläuterungen dazu in Nissen (2014) verwiesen.

Ist dies so weit geschehen, addiert man in einem Investitionsrechnungs-Tableau (Abbildung 6.5) die Zahlungen eines jeden Jahres auf, zinst die so ermittelte Jahressumme auf den Zeitpunkt null ab und zählt dann die abgezinsten Jahressummen zusammen. Ergebnis ist der Kapitalwert, der zugleich eine potenzielle Unternehmenswertsteigerung ausdrückt, weil er auf die gleiche Weise wie der Unternehmenswert (nach dem Discounted-Cash-Flow-Verfahren) berechnet worden ist (vgl. hierzu auch Nissen [2014]).

Basiskalkulationszinsfuß i	6,0 %				
Preissteigerungsrate Energie	4,0 %				
Preissteigerungsrate Sonstiges	2,0 %				
Energieverbrauchsreduktion	150.000 kWh				
Spezifische Energiekosten	0,15 €/kWh				
Periodenende t	0	1	2	...	15
Auszahlungen					
Investitionsauszahlung	-95.000 €				
Betriebskosten		-1.000 €	-1.020 €	...	-1.319 €
Rückflüsse					
Energiekosteneinsparungen		22.500 €	23.400 €	...	38.963 €
Resultate/Indikatoren					
Summe	-95.000 €	21.500 €	22.380 €	...	37.643 €
Barwerte	-95.000 €	20.283 €	19.918 €	...	15.707 €
Kapitalwert	173.635 €				

Abbildung 6.5: Ermittlung des Kapitalwertes für eine ausgewählte Effizienz (verkürzte Darstellung)

Eine Abzinsung – eine „Diskontierung" – der Zahlungssummen ist notwendig, da Zahlungsströme in Abhängigkeit von ihrem Entstehungszeitpunkt einen unterschiedlichen Wert darstellen. So hat beispielsweise eine im Folgejahr zu erwartende Energieeinsparung in Höhe von 100.000 kWh (bei einem unterstellten spez. Strompreis von 0,12 €/kWh wären das 12.000 €) einen höheren Wert als eine Einsparung gleichen Ausmaßes, die aber erst in vier Jahren zustande käme.

Formelmäßig lässt sich der Kapitalwert eines Investitionsprojektes wie folgt darstellen …

Allgemeine Formel des Kapitalwerts

$$KW = Z_0 + \frac{Z_1}{(1+i)} + \frac{Z_2}{(1+1)^2} + \ldots + \frac{Z_T}{(1+i)^T} = \sum_{t=0}^{T} \frac{Z_t}{(1+i)^t} \quad (6.1)$$

... wobei Z_t die Zahlungsströme zum Zeitpunkt $_{t,}$ $_{i}$ den Kalkulations-, also Diskontierungszins und T die Wirkungsdauer der Maßnahme beschreiben. Das Ergebnis der Kapitalwertberechnung wird nun in den Steckbrief übertragen (vgl. Abbildung 6.6)

Kriterium	Maßnahme 1 (Beispiel)	Maßnahme 2	...	
Maßnahmenidee, Kurzbezeichnung	Wärmedämmung Ofen			
Relevante Anlage	Ofen xyz			
Beschreibung der Maßnahme	Wärmedämmung der Ofenwand xyz			
Klassifikation (z.B. Druckluft, Lüftung, Klimatisierung, Gebäudehülle etc.)	Wärmedämmung			
Relevante(r) Energieträger	Elektrischer Strom			
Energetische Ausgangsbasis (bisheriger Jahresenergieverbrauch)	600.000 kWh/a			
Bezugsjahr der energetischen Ausgangsbasis	2022			
Planjahr Umsetzung	2023			
Status (Idee, zur Freigabe vorgelegt, freigegeben)				
BEWERTUNGSRELEVANTE DATEN FÜR KAPITALWERTTABLEAU				**Summe**
Geplante Energieverbrauchsreduktion pro Jahr	**150.000 kWh/a**			
Relevante spezifische Energiekosten	**0,18 €/kWh**			
Jahrespreissteigerungsrate Energie (ab dem ersten Jahr)	**4 %**			
Wirkungsdauer [Jahre]	**15 Jahre**			
Zusätzliche Jahresbetriebskosten (Wartung, Reparatur etc.) [€/a]	**1.000 €/a**			
Jahrespreissteigerungsrate Sonstiges (ab dem ersten Jahr)	**2 %**			
Investitionsausgaben [€]	**95.000 €**			
Weitere Ein- oder Auszahlungen, die durch die Maßnahme verursacht werden	-			
Sonstiges	-			
ERGEBNISSE				
Kapitalwert	**173.635 €**			

Abbildung 6.6: Komplettierter Effizienzmaßnahmensteckbrief

Schritt 6: Sobald alle relevanten Maßnahmenideen auf diese Weise bewertet worden sind, können all jene potenziellen Maßnahmen mit positiver Unternehmenswertsteigerung (also positivem Kapitalwert) als erfolgversprechend ausgewählt, Freigaben eingeholt und in der Reihenfolge abnehmender Kapitalwerte mit der Umsetzung begonnen werden (vgl. Abbildung 6.7).

Priorität	Idee Nr.	Maßnahme	Energieverbrauchs-reduzierung gesamt	Kapitalwert
1	2	**Wärmerückführung an ...**	5.000.000 kWh	328.323 €
2	1	**Wärmedämmung Brennöfen**	**2.250.000 kWh**	**173.635 €**
3	4	**Austausch Elektromotoren**	2.400.000 kWh	91.773 €
4	7	**Erneuerung der Belüftungsanlage**	1.200.000 kWh	16.800 €
-	6	...	2.130.000 kWh	-44.730 €
-	3	...	3.300.000 kWh	-135.300 €
-	12	...	2.900.000 kWh	-205.900 €
Gesamter Wertsteigerungsbeitrag all jener Maßnahmen mit positivem Kapitalwert				**610.531 €**

Abbildung 6.7: Geordnete Energieeffizienz-Maßnahmenliste

Die Reihenfolgebildung hilft uns nun, die wirtschaftlich sinnvollen Energiemaßnahmen zu erkennen (all jene mit positivem Kapitalwert). Derartige Maßnahmen (hier Nr. 1 bis 4) sollten umgesetzt werden, da sie den Unternehmenswert steigern.

Zwischenfazit

Im Gegensatz zu der weitverbreiteten Vorgehensweise, Investitionsbeträge von Energieeffizienz-Maßnahmen in den Vordergrund zu stellen und die wirtschaftlichen Nutzen allenfalls oberflächlich auszuweisen – wodurch viele Maßnahmen dann auf Ablehnung stoßen – zwingt die in den oben dargelegten Ausführungen vorgestellte Methode den Bewerter, die potenziellen Einsparungen als Ertragsrückflüsse über den gesamten Planungshorizont präzise zu erfassen und gleichgewichtig den Investitionsausgaben gegenüberzustellen. Das Ergebnis der Berechnung enthält dadurch eine ökonomisch eindeutige Aussage und kann somit als Entscheidungsvorlage dienen. Personen, die für die Energieeffizienz im Betrieb verantwortlich sind (häufig Techniker und Ingenieure), erhalten damit ein Instrument an die Hand, dessen Anwendung Ergebnisse mit einer klaren kaufmännischen Aussage hervorbringt und somit von Controllern und kaufmännischen Geschäftsführungen verstanden wird. Eine Verwirklichung sinnvoller Effizienzmaßnahmen wird dadurch erleichtert.

6.2 Kennzahl zur Leistungssteuerung von Energiemanagern

Über die Unterstützung bei der Auswahl von Investitionsentscheidungen hinaus eignet sich der „Wertsteigerungsbeitrag" auch zur unmittelbaren Leistungssteuerung von Energiemanagern, indem er als Basis für finanzielle Anreize dienen kann. Die in Abbildung 6.8 dargestellte Berechnungsformel, die der Abbildung 6.5 zugrunde liegt, sowie die Ausführungen danach machen die Steuerungsmöglichkeiten sichtbar.

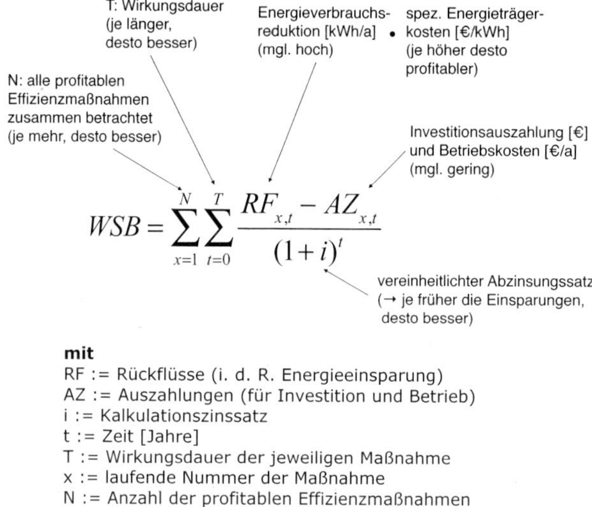

mit
RF := Rückflüsse (i. d. R. Energieeinsparung)
AZ := Auszahlungen (für Investition und Betrieb)
i := Kalkulationszinssatz
t := Zeit [Jahre]
T := Wirkungsdauer der jeweiligen Maßnahme
x := laufende Nummer der Maßnahme
N := Anzahl der profitablen Effizienzmaßnahmen

Abbildung 6.8: Einflussfaktoren auf den Wertsteigerungsbeitrag (WSB) einer Menge von Energieeffizienzmaßnahmen

Bei der Ausrichtung des Energiemanagements auf diese Kennzahl sind Verantwortliche bestrebt,

- möglichst viele Effizienzmaßnahmen (also ein großes N an Maßnahmen) in einem bestimmten Zeitraum in die Wege zu leiten und
- vor allem solche Maßnahmen prioritär auszuarbeiten und umzusetzen, die eine lange Wirkungsdauer aufweisen (→ hohes „T"),
- die ein hohes Verbrauchsreduktionspotenzial besitzen (→ Steigerung des RF),
- die insbesondere die Verbräuche der kostenintensiven Energieträger (die regelmäßig auch besonders primärenergieintensiv sind), insbes. den elektrischen Strombedarf zu reduzieren (höhere spezifische Energiekosten → Steigerung des RF),

- die möglichst niedrige Investitionsausgaben und Jahresbetriebskosten der Effizienzmaßnahme nach sich ziehen (→ Senkung der AZ) und
- die möglichst früh wirken (kleineres „t“ im Exponenten von $(1+i)^t$ führt zu geringerer Diskontierung).

Die Steuerungswirkung des Einsatzes dieser Kennzahl lässt sich beeinflussen, je stärker verantwortliche Personen am erwirkten Wertsteigerungsbeitrag (finanziell) beteiligt würden. Und dies wäre im Sinne der Energieeffizienz und auch im Sinne der Wirtschaftlichkeit sowie des Unternehmenserfolges.

Eine solche Kennzahl lässt sich einsetzen, um die Motivation zur Aufdeckung und Ausschöpfung von Einsparpotenzialen zu fördern. Sie kann all jenen Personen zugeordnet werden, die einen maßgeblichen Einfluss auf den Energieverbrauch eines Unternehmens haben.

6.3 Amortisationszeit als Bewertungsmaßstab für Energieeffizienzmaßnahmen ungeeignet

Zahlreiche durchgeführte Untersuchungen und Beobachtungen in der Betriebspraxis machen deutlich, dass zur Bewertung von Investitionsprojekten – auch und gerade im Energiebereich – in vielen Fällen die Amortisationszeitrechnung eingesetzt wird (deutlich häufiger als die „Interne-Zinsfuß-“, die „Kapitalwert- oder andere Methoden). Deren Popularität ist vermutlich darauf zurückzuführen, dass das Berechnungsergebnis: „amortisiert sich nach x Jahren“ vergleichsweise leicht zu verstehen ist, jedenfalls leichter als die Angabe eines bestimmten Kapitalwertes. Häufig werden dazu Schwellenwerte, etwa: die „Amortisationszeit darf generell drei Jahre nicht überschreiten“ (o. Ä.), festgelegt, obwohl eine rationale Begründung für diesen Wert regelmäßig nicht vorliegt. Generell und insbesondere für die Bewertung von energieorientierten Investitionsprojekten ist die Amortisationszeitrechnung allerdings sehr problematisch. Hier soll sogar die Behauptung aufgestellt werden, dass es sich eigentlich gar nicht um eine Investitionsrechnung handelt. Wieso?

Die (dynamische)[19] Amortisationszeit ist jener Zeitpunkt, an dem die diskontierten Rückflüsse einer Investition die diskontieren Auszahlungen genau decken. In jenem Zeitpunkt ist der Kapitalwert null. Üblicherweise nimmt der Kapitalwert danach zu. Es ist also eine Art Break-even-Punkt. Man ermittelt die (dynamische) Amortisationszeit, indem man schrittweise für jede Periode – beginnend mit der ersten – die kumulierten Barwerte der Nettozahlungen

19 Auf eine Beurteilung der statischen Amortisationsmethode wird hier verzichtet, weil sie offensichtlich zu fehlerhaften Ergebnissen führt, da eine Berücksichtigung von Zins- und Zinseszinseffekten und damit des Zeitwerts des Geldes nicht stattfindet.

berechnet. Diese kumulierten Barwerte entsprechen dem Kapitalwert der Investition in Abhängigkeit von einer jeweils berücksichtigten Periodenzahl (vgl. drittletzte Zeile in Abbildung 6.9).

Man berechnet also zunächst den Kapitalwert aus der Summe der Barwerte der ersten beiden Perioden (hier: –304.762 €), dann jenen der ersten drei Perioden (–214.059 €), dann der ersten vier Perioden und so fort. Beginnend mit der Periode null wird also die berücksichtigte Periodenanzahl sukzessive erhöht, um schließlich nach jenem Zeitpunkt zu suchen, bei dem der periodenspezifische Kapitalwert einen Nullwert hervorbringt (zwischen jenen Kapitalwertangaben, bei denen das Vorzeichen wechselt). Dieser Zeitpunkt wird „dynamische Amortisationszeit" genannt (in Abbildung 6.9 zwischen der vierten und der fünften Periode).

Periodenende	0	1	2	3	4	5	6	7	8	9	10
Auszahlung [€]	-400.000										
Rückzahlung [€]		100.000	100.000	100.000	100.000	100.000	100.000	100.000	100.000	100.000	100.000
Saldo [€]	-400.000	100.000	100.000	100.000	100.000	100.000	100.000	100.000	100.000	100.000	100.000
Barwerte [€]	-400.000	95.238	90.703	86.384	82.270	78.353	74.622	71.068	67.684	64.461	61.391
Kapitalwert KW [€] = f(T)	-400.000	-304.762	-214.059	-127.675	**-45.405**	**32.948**	107.569	178.637	246.321	310.782	372.173
Kapitalwert KW [€]	**372.173**										
Amortisationszeit [Jahre]						4,6					

Abbildung 6.9: Ermittlung des Amortisationszeitpunktes für ein Modell mit 10 Zahlungsperioden (i = 5 %); Angaben in €

Die systemimmanente Problematik dieser Methode liegt nun darin, dass zur Ermittlung des Amortisationszeitpunktes nur jene Zahlungsströme benötigt und daher berücksichtigt werden, die im Amortisationszeitintervall, also bis zum Erreichen der Amortisationszeit (hier: bis 4,6 Jahre) anfallen. Alle weiteren Zahlungsströme sind irrelevant. Zur Verdeutlichung zeigt Abbildung 6.10 beispielhaft auf, dass sämtliche Zahlungen der Perioden 6 bis 10 aus Abbildung 6.9 gestrichen werden könnten, ohne dass sich die Amortisationszeit ändert (gleichwohl aber natürlich der Kapitalwert), weil sie nach Erreichen der Amortisationszeit anfallen. Diese Zahlungsströme werden also durch die Amortisationszeitberechnungsmethode systematisch unberücksichtigt gelassen.

Periodenende	0	1	2	3	4	5	6	7	8	9	10
Auszahlung [€]	-400.000										
Rückzahlung [€]		100.000	100.000	100.000	100.000	100.000					
Saldo [€]	-400.000	100.000	100.000	100.000	100.000	100.000					
Barwerte [€]	-400.000	95.238	90.703	86.384	82.270	78.353					
Kapitalwert KW [€] = f(T)	-400.000	-304.762	-214.059	-127.675	**-45.405**	**32.948**					
Kapitalwert KW [€]	**32.948**										
Amortisationszeit [Jahre]						4,6					

Abbildung 6.10: Zahlungen nach Erreichen des Amortisationszeitpunktes haben keine Relevanz (i = 5 %); Angaben in €

Besonders deutlich wird die negative Auswirkung der Nichtberücksichtigung aller Zahlungsströme ab dem Amortisationszeitpunkt, wenn am Ende der Lebensdauer einer Anlage (in Abbildung 6.11 in einer zusätzlichen Periode 6) kostspielige Rückbau-/Abbau-, Sanierungs- oder Modernisierungskosten – etwa bei Atomkraftwerken, beim Repowering von Windenergieanlagen etc. – einzuplanen sind, die letzten Endes zu einem negativen Kapitalwert führen würden, obwohl die Amortisationszeit einen unverändert akzeptablen Wert aufweist. Jene Kosten werden bei der Amortisationszeitrechnung ebenso systematisch ausgegrenzt wie die anderen Zahlungen ab dem Amortisationszeitpunkt.

Periodenende	0	1	2	3	4	5	6	7	8	9	10
Auszahlung [€]	-400.000										
Rückzahlung [€]		100.000	100.000	100.000	100.000	100.000					
Rückbau oder Repowering [€]							-50.000				
Saldo [€]	-400.000	100.000	100.000	100.000	100.000	100.000	-50.000				
Barwerte [€]	-400.000	95.238	90.703	86.384	82.270	78.353	-37.311				
Kapitalwert KW [€] = f(T)	-400.000	-304.762	-214.059	-127.675	-45.405	32.948	-4.363				
Kapitalwert KW [€]	-4.363										
Amortisationszeit [Jahre]						4,6					

Abbildung 6.11: Ermittlung des Amortisationszeitpunktes für ein Modell mit 10 Zahlungsperioden plus Rückbauperiode (i = 5 %); Angaben in €

Diese Ausgrenzung stellt klar, dass die Amortisationszeitrechnung mit Blick auf die Bewertung der Wirtschaftlichkeit unvollständig rechnet, weil sie Zahlungsströme nicht vollständig erfasst (die statische Amortisationszeitrechnung erst recht). Aus diesem Grund dürfte sie eigentlich nicht als Ergebnis einer Wirtschaftlichkeitsbetrachtung (zur Entscheidungsfindung) angesehen werden. Die Unvollständigkeit wirkt sich vor allem bei langlaufenden Investitionsprojekten aus, weil sie regelmäßig eine hohe Anzahl an künftigen Rückzahlungen aufweisen, die erst nach Erreichen der Amortisationszeit zustande kommen und somit gar nicht berücksichtigt werden. Und dazu gehören häufig Investitionen zur Erhöhung der Energieeffizienz oder Erneuerbare-Energie-Maßnahmen. Die Amortisationszeitmethode ist als Grundlage zur Entscheidungsfindung über Energieeffizienzmaßnahmen daher abzulehnen.

6.4 Vorstellung der Norm DIN EN 17463 zur Beurteilung der wirtschaftlichen Vorteilhaftigkeit von energiebezogenen Maßnahmen

Anfang 2017 wurde im „Sektorforum Energiemanagement" (SFEM) – einer Beratungs- und Koordinationskommission für Politik und strategische Angelegenheiten auf europäischer und damit CEN- und CENELEC-Normungsebene (vgl. hierzu auch die Ausführungen in Kapitel 3) – von einem Bedarf nach einer Standardisierung der wirtschaftlichen Bewertung von Energieeffizienzverbesserungsmaßnahmen seitens der EU-Kommission und der EU-Generaldirektion Energie berichtet, der vor allem von Finanzinstitutionen geäußert wurde. Es entstand die Idee, ein entsprechendes Normungsprojekt einzuleiten, das schließlich von der deutschen (DIN) Delegation angenommen, initiiert und im Anschluss auch geleitet wurde. Dieses Normungsprojekt führte zu der europäischen Norm DIN EN 17463:2021 – Bewertung von energiebezogenen Investitionen (oder im Originaltext: „Valuation of energy related Investments" [VALERI]), deren Veröffentlichung in der deutschsprachigen Fassung im Dezember 2021 erfolgte.

Bei diesem Standard handelt sich um eine „normative" Norm (im Gegensatz zum Typ „informativ"), in der überprüfbare Anforderungen festgelegt sind, deren Einhaltung (Normkonformität) geprüft und validiert werden können. Die Normungsregelungen sind daher mit den Modalverben „muss" und „soll" verfasst – im Gegensatz zu Begriffen wie „könnte" und „sollte", die in informativen Normen (i. d. R. Leitfäden) üblich sind.

Die VALERI-Norm soll einen Beitrag leisten, um nicht ausgeschöpfte wirtschaftlich vorteilhafte Energieeinsparpotenziale in Unternehmen aufzudecken und auszuschöpfen. Die Existenz derartiger Potenziale (die mit steigenden Energiepreisen zunehmen) ist eine Erkenntnis aus der „Energy-Efficiency-Gap"-Forschung. In jenem Forschungsgebiet ist das Vorliegen solcher – häufig umfangreicher – Effizienzlücken, deren Ausschöpfung wirtschaftliche Vorteile böte, seit Mitte der 1990er-Jahre durch zahlreiche Studien empirisch nachgewiesen und zudem aufgezeigt worden, dass ein Nicht-Ausschöpfen regelmäßig auf die Herausbildung von Barrieren zurückzuführen ist. Eine wesentliche Barriere ist das Fehlen einer nachvollziehbaren standardisierten Vorgehensweise der Bewertung ebensolcher Maßnahmen.

Seit ihrem Erscheinen im Dezember 2021 ist die Norm DIN EN 17463 in Deutschland in mehrere Rechtstexte eingebettet worden, so

- in § 11 Abs. 2 und § 12 Abs. 2 der BECV[20],
- indirekt durch Verweis auf die einschlägigen Regelungen der BECV durch Abschnitt 4.2.1c der EU-ETS-Strompreiskompensations-Förderrichtlinien[21],
- in § 30 Nr. 2 i. V. m. § 2 Nr. 22 des EnFG[22], das der Finanzierung der nach dem Erneuerbare-Energien-Gesetz und dem Kraft-Wärme-Kopplungsgesetz entstehenden Ausgaben der Netzbetreiber dient,
- in § 4 Abs. 1 EnSimiMaV[23],
- in §§ 8 EnEfG[24], in dem vorgeschrieben wird, dass Unternehmen mit mehr als 7,5 GWh Gesamtjahresenergieeinsatz ein zertifizierbares Energie- oder Umweltmanagementmanagementsystem und solche mit mehr als 2,5 GWh/a ein Energieaudit nach DIN EN 16247-1 durchführen und für sich daraus ergebende Effizienzmaßnahmen einen Plan für eine Umsetzung erarbeiten und veröffentlichen müssen, sofern sie im Rahmen der Anwendung der DIN EN 17463 als „wirtschaftlich“ identifiziert worden sind,
- im § 55 EnergieStG bzw. § 10 StromStG[25].

In allen Fällen geht es darum, dass Unternehmen unter Zugrundelegung der DIN EN 17463 i. d. R. in Kombination mit der ISO 50001 (oder EMAS) verpflichtet werden, die „wirtschaftliche Durchführbarkeit“ oder die „Wirtschaftlichkeit“ für zuvor ausgedachte Maßnahmen zur Verbesserung der Energieeffizienz oder zur Dekarbonisierung des Produktionsprozesses zu ermitteln, um auf Basis der Berechnungsergebnisse ggf. Investitionsentscheidungen zu fällen und entsprechende Maßnahmen umzusetzen.

---

20 Verordnung über Maßnahmen zur Vermeidung von Carbon-Leakage durch den nationalen Brennstoffemissionshandel (BEHG-Carbon-Leackage-Verordnung – BECV) vom 21.07.2021

21 Richtlinie für Beihilfen für Unternehmen in Sektoren bzw. Teilsektoren, bei denen angenommen wird, dass angesichts der mit den EU-ETS-Zertifikaten verbundenen Kosten, die auf den Strompreis abgewälzt werden, ein erhebliches Risiko der Verlagerung von CO_2-Emissionen besteht vom 24.08.22 (BAnz., AT 01.09.2022 B1)

22 Gesetz zur Finanzierung der Energiewende im Stromsektor durch Zahlungen des Bundes und Erhebung von Umlagen (Energiefinanzierungsgesetz – EnFG) vom 20.07.22.

23 Verordnung zur Sicherung der Energieversorgung über mittelfristig wirksame Maßnahmen (Mittelfristenergieversorgungssicherungsmaßnahmenverordnung – EnSimiMaV) vom 23.08.2022

24 Gesetz zur Steigerung der Energieeffizienz in Deutschland – Energieeffizienzgesetz (EnEfG), Entwurf vom 05.07.2023

25 Vgl. hierzu auch die Erläuterungen im Entwurf eines Gesetzes zur Änderung des Energiesteuer- und des Stromsteuergesetzes zur Verlängerung des sogenannten Spitzenausgleichs (SpaVerlG); Entwurf vom 13.09.2022

So muss beispielsweise nach § 11 Abs. 2 und 3 BECV die von Unternehmen für Maßnahmen aufgewendete Netto-Investitionssumme

- für die Abrechnungsjahre 2023 und 2024 mindestens 50 Prozent und
- ab dem Abrechnungsjahr 2025 mindestens 80 Prozent

des dem Unternehmen gewährten Beihilfebetrags entsprechen, es sei denn das Gesamtinvestitionsvolumen für wirtschaftlich durchführbare Maßnahmen ist geringer als die genannten Mindestschwellen. Dann beschränkt sich der Investitionsnachweis auf diese Maßnahmen.

Die wirtschaftliche Durchführbarkeit einer Maßnahme sei gem. § 11 Abs. 2 und 3 BECV gegeben, wenn sie bei der Wirtschaftlichkeitsbetrachtung nach DIN EN 17463 einen positiven Kapitalwert

- nach max. 60 % (bis 2025) (jedoch begrenzt auf einen Bewertungszeitraum von höchstens neun Jahren) bzw.
- 90 % (ab 2026) der vorgesehenen Nutzungsdauer aufweist.

Dieser Terminus – „wirtschaftliche Durchführbarkeit" – wird in einigen der o. a. Rechtsnormen verwandt, allerdings in unterschiedlichen Ausprägungen. Sie läge bei der BECV vor, wenn nach 60 % (bis 2025) bzw. 90 % der Nutzungsdauer ein positiver Kapitalwert erzielt würde. Dies entspricht auch der Regelung im EnFG. Bei der EnSimiMaV muss er bereits nach 20 % der Nutzungsdauer vorliegen und beim kommenden EnEfG voraussichtlich nach 50 %.

Mit der DIN EN 17463 wird ein Verfahren zur systematischen Beurteilung von energiebezogenen Investitionen vorgelegt. Beurteilt werden sowohl Energieeffizienzmaßnahmen als auch Energiebereitstellungsanlagen und damit auch Erneuerbare-Energie-Anlagen. Die Norm geht weit über die Anwendung einer Wirtschaftlichkeitsbewertungsmethode hinaus, legt aber eine fest (die Kapitalwertmethode). Das Verfahren umfasst die in Abbildung 6.12 dargestellten vier Schritte:

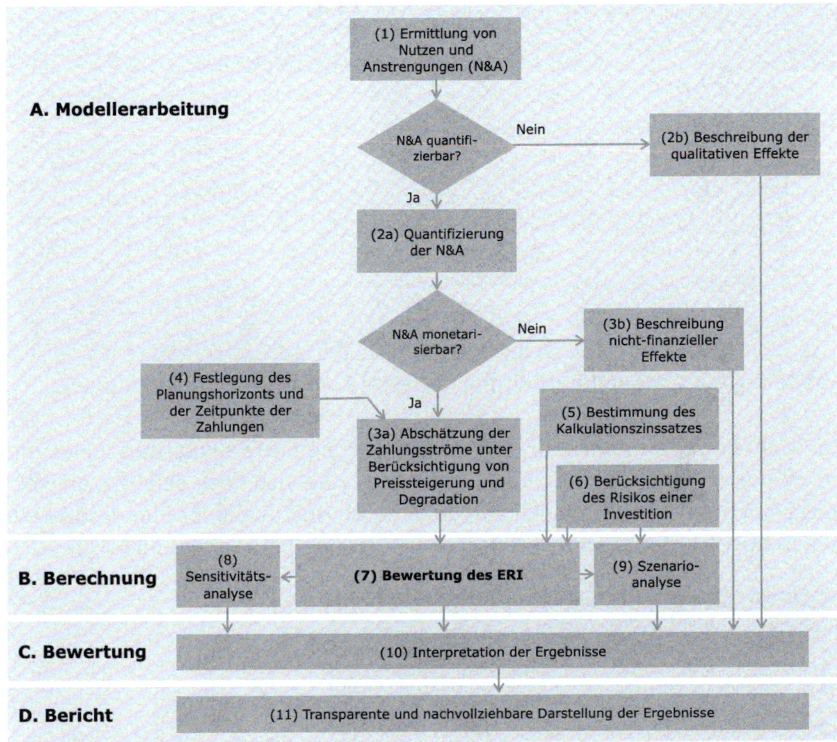

Abbildung 6.12: Verfahrensstruktur der DIN EN 17463

In **Schritt 1** werden sämtliche Informationen zusammengetragen, die für die Bewertung eines Investitionsprojektes erforderlich sind. Hierbei handelt es sich nicht nur um monetarisierte – in Geldbeträgen ausgedrückte – Informationen, sondern auch um soft facts, die für eine Freigabe oder Ablehnung relevant sein können. Insofern sind zu Beginn alle Anstrengungen und Nutzen zunächst verbal zu erfassen. Erst danach erfolgt eine Quantifizierung und – sofern möglich – eine Monetarisierung.

Entscheidend ist die Vollständigkeit der Erfassung, die Sicherstellung also, dass alle Anstrengungen und Nutzen ermittelt worden sind und keine Informationslücken verbleiben. Nach erfolgter Monetarisierung erfolgt die Klärung, zu welchen Zeitpunkten einzelne Zahlungsströme voraussichtlich auftreten. Es folgt die Abschätzung der Raten von zu erwartenden Preisänderungen, mögliche Degradationswirkungen und die Festlegung, was im Bewertungsbericht erscheinen soll (vgl. Abbildung 6.13).

	Wirkungen von ERI	Umfang Last bzw. Nutzen (nur numerisch)	Einheit	Monetarisierung möglich (ja/nein)?	Spezifische Kosten/Nutzen [€/Einheit] (nur numerisch)	Einheit	Betrag [€]	Zeitpunkt der Zahlung	Preisänderungsrate [%/a]	Degradation [%]	Aufnahme i.d. Abschlussbericht?
Last/ Anstrengung	Investitionsauszahlung für neue Pumpen	5	Pumpen	ja	12.000	€ pro Pumpen	60.000 €	Jahr 0	–	nicht anwendbar	ja
	Auslegung eines neuen Pumpensystems	100	h	ja	50	€ pro h	5.000 €	Jahr 0	–	nicht anwendbar	ja
	Produktionsausfälle bei der Inbetriebnahme	15	h	ja	200	€ pro h	3.000 €	Jahr 0	–	nicht anwendbar	ja
Nutzen	Energieeinsparung (Strom)	150.000	kWh/a	ja	0,18	€ pro kWh/a	27.000 €	jedes Jahr	+3 %/a	+0 %/a	ja
	Geringere Wartung	5	h/a	ja	50	€ pro h/a	250 €	jedes Jahr	+2 %/a	nicht anwendbar	ja
	Lärmminderung	-25	dB	nein	-	€ pro dB		jedes Jahr	–	nicht anwendbar	ja
	Schrottwert alter Pumpen	5	Pumpen	ja	300	€ pro Pumpen	1.500 €	Jahr 0	–	nicht anwendbar	ja
	neues Pumpsystem benötigt weniger Platz	10	m2	nein	-	€ pro m2		jedes Jahr	–	nicht anwendbar	ja

Abbildung 6.13: Modellerarbeitung (Beispiel hier: neue Pumpenanlage)

Zur Modellerarbeitung zählt auch die Festlegung des Kalkulationszinses und der Wirkungsdauer der möglichen Investition, die sich nach den o. a. Empfehlungen richten sollte. Danach kann dann durch Nutzung einer Standardtabelle – in **Schritt 2** – der Kapitalwert berechnet werden (vgl. Abbildung 6.14).

Kalkulationszinsatz r	6,96 %	einstellbar				
Energiepreissteigerungsrate epr	3 %	einstellbar				
Preissteigerung für nicht Energie pr	2 %	einstellbar				
Aktueller spezifischer Energiepreis [€/kWh]	0,18	einstellbar				
Anzahl der Planungsperioden T (techn./wirtsch. Nutzungsdauer der Anlage) [Jahre]	15	einstellbar				
Zahlungsströme	Basiswerte	Periode t				
		0	1	2	...	15
Auszahlungen						
Investitionsausgabe für die neuen Pumpen	60.000 €	-60.000 €				
Planungskosten	5.000 €	-5.000 €				
Produktionsausfälle während des Einbaus	3.000 €	-3.000 €				
Einzahlungen (Rückflüsse)						
Jährliche Energieeinsparung (Strom)	150.000 kWh		27.810 €	28.644 €	...	42.065 €
Verringerte Wartung und Reparaturkosten	250 €		255 €	260 €	...	
Schrottwert der alten Pumpen	1.500 €	1.500 €			...	
Ergebnisse						
Summe		-66.500 €	28.065 €	28.904 €	...	42.404 €
Barwerte		-66.500 €	26.239 €	25.265 €	...	15.455 €
Kapitalwert der Investition		239.603 €				

Abbildung 6.14: Kapitalwertberechnungstableau der DIN EN 17463

Bei dem berechneten Ergebnis handelt es sich um den Kapitalwert mit der größten Eintrittswahrscheinlichkeit (Most-Likely-Case), weil die Parameter und die Zahlungsströme unter der Annahme der größten Realitätsnähe festgelegt worden sind. Diese Annahme ist nun für die darauffolgende Szenarioanalyse aufzugeben. Hierzu listet man alle relevanten Einstellparameter in einer Tabelle mit Angabe der Most-Likely-Case-Werte auf und variiert jene je Parameterwerte jeweils für einen Worst-Case und für einen Best-Case. Mit diesen Extremwerten werden nun weitere Kapitalwertberechnungen durchgeführt und die Ergebnisse tabellarisch in der letzten Zeile festgehalten (vgl. Abbildung 6.15).

Einstellparameter	Most likely case	Worst case	Best case
Investitionsauszahlung	65.000 €	85.000 €	50.000 €
Jahresenergieeinsparung oder -ertrag	150.000 kWh	100.000 kWh	175.000 kWh
Jahrespreissteigerungsrate für Energie	3 %	1,5 %	4,5 %
Jahrespreissteigerungsrate für die sonstigen Zahlungsströme	2,0 %	3,0 %	1,5 %
Anzahl der Planungsperioden	15 Jahre	7,5 Jahre	20 Jahre
Kalkulationszinssatz r	7 %	9 %	5 %
Kapitalwert	239.603 €	12.109 €	544.685 €

Abbildung 6.15: Szenarioanalyse

Auf der Grundlage der Szenarioanalyse-Ergebnisse soll der Normanwender einen Eindruck über das Risiko eines Investitionsprojektes bekommen. Ergibt sich selbst im Worst-Case-Szenario ein positiver Kapitalwert, ist man „auf der sicheren Seite“. Andernfalls wäre es ratsam, Ideen zu entwickeln, wie das Risiko gemindert werden könnte.

Über die Szenario-Analyse hinaus empfiehlt die Norm, auch eine Sensitivitätsanalyse durchzuführen. Sie ist nicht vorgeschrieben, insofern freiwillig. Bei einer solchen Analyse werden nicht wie bei der Szenario-Analyse alle relevanten Einstellparameter en bloc variiert, sondern ein Parameter nach dem anderen, also ceteris paribus, sodass sich in Abhängigkeit von der Variation eines jeweiligen Einstellparameters zahlreiche Kapitalwerte ergeben, die zunächst tabellarisch und dann sinnvollerweise auch grafisch dargestellt werden (vgl. Abbildung 6.16 und Abbildung 6.17).

Einstellparameter	Einstellungen			Kapitalwert		
	Wert −50 %	Grundeinstellung	Wert +50 %	bei Wert −50 %	bei Grundeinstellung	bei Wert +50 %
Jährliche Energiepreisschwankungen	1,5 %	3 %	4,5 %	209 321 €	239 603 €	274 033 €
Jährliche Menge der eingesparten oder produzierten Energie	75 000 kWh/a	150 000 kWh/a	225 000 kWh/a	87 861 €	239 603 €	391 345 €
Jährliche Preisschwankungsrate für relevante Dienstleistungen und Materialien	1,0 %	2,0 %	3,0 %	239 427 €	239 603 €	239 794 €
Laufzeit der Investition *T*	7,5	15	22,5	97 944 €	239 603 €	308 690 €
Kalkulationszinssatz *r* mit Risikoeinschätzung	3,48 %	6,96 %	10,44 %	327 140 €	239 603 €	178 087 €
Capex	33 250 €	66 500 €	99 750 €	272 853 €	239 603 €	206 353 €

Abbildung 6.16: Beispielhafte Basistabelle für die Sensitivitätsanalyse nach DIN EN 17463

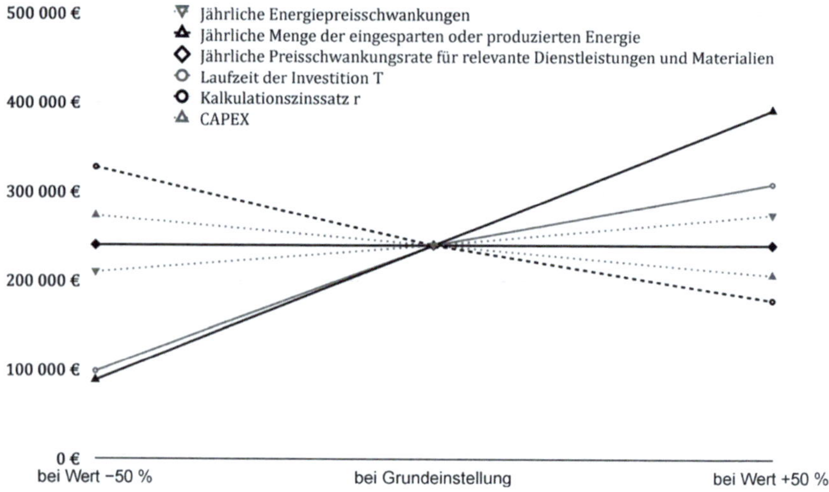

Abbildung 6.17: Sensitivitätsanalyse nach DIN EN 17463

Dem Ergebnis der Sensitivitätsanalyse kann man entnehmen, welche Einstellparameter die stärkste Wirkung auf den Kapitalwert ausüben. Derartig identifizierte Parameter sollten mit besonderer Behutsamkeit festgelegt werden.

Sind alle Untersuchungen durchgeführt und haben entsprechende Ergebnisinterpretationen stattgefunden (**Schritt 3**), hat der Normanwender in **Schritt 4** sämtliche Ergebnisse und die Festlegungen der Einstellparameter in einem Bewertungsbericht nachvollziehbar festzuhalten und zu erläutern. Mit nachvollziehbar ist gemeint, dass alle Berechnungen verständlich aufgeführt sind und nachvollzogen werden können. Dies wird in der Praxis regelmäßig nur möglich sein, wenn die Berechnungstabellen – üblicherweise eine Excel-Datei – ohne Zellensperrung mit dem Bericht zusammen vorgelegt werden (vgl. Anhangangaben im Beispielbericht der Abbildung 6.18).

Bewertungsbericht nach DIN EN 17463; Nr. 1: „Austausch von Kühlpumpen in Gebäude 1“

Name des Antragstellers:	**Datum:**
Edgar Schwan	12.11.2022

Kurze Beschreibung der energiebezogenen Investition

5 Kühlpumpen in Gebäude 1 sollen durch effizientere ersetzt werden. Die bisherigen Pumpen stammen aus dem Jahr 1976 und weisen niedrige Nutzungsgrade auf.

Vorschlag zur Entscheidung

Die Investition sollte durchgeführt werden, da der positive Kapitalwert ein Beitrag zur Steigerung des Unternehmenswertes in Höhe von 239 603 € darstellt. Die zusätzlichen qualitativen Wirkungen unterstreichen diesen Vorschlag.
Alle Ergebnisse und Berechnungen sind in diesem Bewertungsbericht enthalten.

Zusammenfassung der Ergebnisse

Kapitalwert (wahrscheinlicher Fall): **239.603 €**

Interpretation Kapitalwert:

Der Kapitalwert für die angegebene *ERI* beträgt 239 603 €. Über die zu Grunde gelegte Verzinsung von knapp 7% wird ein Überschuss in Höhe von etwa 240 T€ generiert. Insofern ist die Anlage hochgradig wirtschaftlich.

Qualitative Beschreibung nicht monetisierbarer Wirkungen:

Neben dem positiven Kapitalwert hat die Investition positive qualitative Wirkungen: Die neuen Pumpen werden die **Zuverlässigkeit der Produktion** erhöhen, da die Wahrscheinlichkeit eines Ausfalls der Pumpen durch die Investition verringert wird. Die neuen Pumpen werden außerdem **den Geräuschpegel im Gebäude 1 von 85 dB auf 65 dB senken.** Zusätzlich führt die Energieeinsparung zu einer Verringerung **des CO_2-Ausstoßes** um 20 %.

Szenarioanalyse — **Kapitalwert unter Wost-Case-Annahmen: 5.609 €** — **Kapitalwert unter Best-Case-Annahmen: 546.500 €**

Interpretation der Ergebnisse der Szenarioanalyse:

Die Szenarioanalyse zeigt, dass der Kapitalwert im unwahrscheinlichen, aber möglichen Worst-Case auf 5 609 € sinken würde, im Best-Case-Szenario betrüge er 546 500 €. Insofern liegt quasi kein Risiko vor.

Interpretation der Ergebnisse der Sensitivitätsanalyse

Die Sensitivitätsanalyse zeigt, dass das Ergebnis stark von der „jährlichen Energieeinsparung“ abhängig ist. Ein Rückgang der Einsparung um 1 % führt zu einer Verringerung des Kapitalwerts um 3 035 €. So wurde die technische Berechnung nochmals überprüft, und die zu erwartenden Energieeinsparungen erscheinen sinnvoll. Selbst wenn die Einsparungen um 50 % sinken würden (während alle anderen Parameter gleichblieben), betrüge der Kapitalwert dennoch 87 861 €.

Einstellungen der Anpassungsparameter

Laufzeit der Investition **15 Jahre**

Erläuterungen zur Laufzeit:

Die Projektlaufzeit wurde auf 15 Jahre festgelegt, da davon ausgegangen werden kann, dass die Pumpen so lange halten. Diese Annahme basiert auf Erfahrungswerten. In der Szenarioanalyse wird eine Lebensdauerspannbreite von zwischen 8 und 20 Jahren simuliert.

Kalkulationszinssatz **6,96 %**

Erläuterungen zum Kalkulationszinssatzes:

Ein *WACC* wurde berechnet und als Kalkulationszinssatz verwendet, da die Pumpen zum Teil durch Eigenkapital und zum anderen Teil auch durch einen Kredit finanziert werden. Unter Berücksichtigung eines Anteils von 80 % Eigenkapital (7,2 %) und eines Anteils von 20 % Fremdkapital (6 %) ergeben sich *WACC* von 6,96 %. Der EK-Zins von 7,2 % orientiert sich am Return on Assets (RoA) des vorangegangenen Geschäftsjahres. Der FK-Zins ist jener, der von unserer Hausbank für einen entsprechenden Kredit gefordert wird.

Preisschwankungsraten … — **… für Energie: 3,0 %** — **… für Nicht-Energie: 2,0 %**

Erläuterungen zu den Preisschwankungsraten:

Die Preisschwankungsraten lagen bei 3 % für Energie und 2 % für nichtenergetische Cashflows. Diese Angaben stammen aus veröffentlichten Daten von Verivox bzw. des statistischen Bundesamtes.

Degradation **0**

Erläuterungen zur Degradation:

Die Degradation für die Pumpen wurde auf 0 % festgelegt, da der Leistungsabfall aufgrund der regelmäßigen Wartung sehr gering sein soll.

Anhänge

Tabelle 1 bis 4

Abbildung 6.18: Beispielhafter Bewertungsbericht nach DIN EN 17463

7 Schlüsselfaktoren eines wirksamen Energieleistungskennzahlensystems

Ulrich Nissen, Nathanael Harfst und Paul Girbig

Klärung des Wirksamkeitsbegriffs

Ein wirksames EnPI-Kennzahlensystem zeichnet sich dadurch aus, dass die mit ihm verfolgten Ziele erreicht werden. Die Wirksamkeit bemisst sich insofern durch den Grad der Zielerreichung.

Bei den Zielen wäre zu unterscheiden zwischen (a.) jenen, die gemäß der DIN EN ISO 50001 und der DIN ISO 50006 als Ganzes, sich also aus dem Normtext ergeben (Globalziele), (b.) den individuellen eines jeweiligen Normanwenders (Individualziele) und schließlich (c.) den im Zuge der Normanwendung festgelegten Effizienzverbesserungszielen (Detailziele).

Die Globalziele lassen sich den Einleitungen der DIN EN ISO 50001 und DIN ISO 50006 entnehmen. Zweck und damit Ziel der DIN EN ISO 50001 ist, „Organisationen in die Lage zu versetzen, Systeme und Prozesse aufzubauen, welche zur Verbesserung der energiebezogenen Leistung, einschließlich Energieeffizienz, Energieeinsatz und Energieverbrauch erforderlich sind". Durch ein „systematisches Energiemanagement" soll eine „Reduzierung von Treibhausgasemissionen und anderer Umweltauswirkungen sowie von Energiekosten" erwirkt werden. Die Norm „basiert auf dem als PDCA-Zyklus [...] bekannten kontinuierlichen Verbesserungsprozess und integriert das Energiemanagement in das Tagesgeschäft der Organisation".

Die DIN ISO 50006 soll die DIN EN ISO 50001 ergänzen (wenngleich sie auch unabhängig von ihr angewendet werden kann, worauf in der Einleitung ausdrücklich hingewiesen wird). Mit ihr wird eine Hilfestellung, eine „Anleitung" bezweckt, die Anforderungen der DIN EN ISO 50001 in Bezug auf die Aufstellung, Nutzung und Anpassung von Energieleistungskennzahlen und energetischen Ausgangsbasen bei der Messung der energiebezogenen Leistung und ihrer Veränderungen zu erfüllen.

Gemeinschaftliches Ziel der Normen ist also, die fortlaufende, durch Energieleistungskennzahlen unterstützte Verbesserung der energiebezogenen Leistung und Reduzierung von Energiekosten durch systematisches und integriertes Energiemanagement. Es geht somit um die Verbesserung der energiebezogenen Leistung und um die Reduzierung der Energiekosten. Ginge man davon aus, dass „Reduzierung der Energiekosten" auch die dafür aufzubringenden Zahlungen (Investitionsauszahlungen, zusätzliche Betriebsausgaben etc.) umfasst, also die Netto-Reduzierung der Energiekosten gemeint ist, dann leitete sich aus der Zielbestimmung ab, dass Verbesserungsmaßnahmen, die im Einzelfall unwirtschaftlich wären, nicht gefordert sind. In Anbetracht der Tatsache, dass die DIN EN ISO 50001 prinzipiell als freiwillig anzuwendende Norm ausgestaltet ist und sich insbesondere an privatwirtschaftliche Organisationen richtet, wäre alles andere auch kontraproduktiv. Hieraus folgt, dass ein Zertifizierer ausgehend von der ISO 50001 als Zertifizierungskriterium keine Energieeffizienz-Maßnahmen fordern kann, die unwirtschaftlich sind. Dies wäre allerdings im Einzelfall nachzuweisen.

Eine hohe Wirksamkeit auf Globalzielebene – im Sinne einer hohen energiebezogenen Gesamtleistung und Gesamtreduzierung von Energiekosten durch die weltweite Anwendung der Normen ISO 50001 und ISO 50006 – würde erzeugt, wenn möglichst viele Organisationen ein kennzahlengestütztes EnMS im Einklang mit den beiden Normen einführten und betrieben, die jeweils durch Festlegung und Umsetzung anspruchsvoller Detailziele eine maximal mögliche Reduktion des Energieverbrauchs und der -kosten bzw. Erhöhung der Energieeffizienz erwirken.

Hierzu sind Anreize notwendig, die sich auf der Individualzielebene ergeben müssten. Erforderlich ist, dass potenzielle Teilnehmer einen – in aller Regel wirtschaftlichen – Nutzen aus der Systemteilnahme und dies möglichst auf hohem Energieleistungsniveau generieren, der den Aufwand für die Implementierung und die Aufrechterhaltung übersteigt. Ein Energiemanagementsystem nach ISO 50001 hat demzufolge umfassend dazu beizutragen, die Nettoenergiekosten einer jeweiligen Organisation (fortlaufend) zu senken. Die organisationsbezogene Wirksamkeit eines ISO 50001-Systems kann demzufolge einerseits durch die Gesamtenergieverbrauchsreduzierung bzw. Effizienzerhöhung sowie andererseits durch die dadurch erwirkten Nettokosteneinsparungen – oder besser: durch dadurch erwirkte Unternehmenswertsteigerungsbeiträge (vgl. Kap. 6) – beurteilt werden.

Ein Energiekennzahlensystem (nach der DIN ISO 50006) soll zu einer derartigen Systemwirksamkeit beitragen. Durch regelmäßige Analysen von Abweichungen zwischen EnPI-Ist-Werten (i. d. R. Energieverbräuche oder Energiekosten) und (normalisierten) EnBs oder EnPI-Ziel-Werten zeigt es ggf. vorliegende Schwachstellen auf, die regelmäßig zu beheben wären, um so eine fortschreitende und weitestgehende Energieleistungsverbesserung zu erwirken. Die Wirksamkeit eines derartigen Energiekennzahlensystems ergibt sich insofern aus dessen Fähigkeit, dies zustande zu bringen. Die im Folgenden aufgeführten „Stellhebel" oder „Schlüsselfaktoren" scheinen dabei eine wichtige Rolle zu spielen.

Klärung der Durchsetzung von Energieeffizienz-Maßnahmen ganz zu Beginn

Wie bereits in Kapitel 6 ausgeführt, erfordern Energieeffizienzmaßnahmen, die im Zuge der Festlegung von EnPI-Zielwerten regelmäßig ausgedacht werden, in aller Regel Investitionsausgaben (denen Rückflüsse durch Energiekosteneinsparungen gegenüberstehen) und machen daher regelmäßig Investitionsentscheidungen notwendig. Damit hierzu erforderliche Entscheidungsvorbereitungsaktivitäten erfolgreich sind, also im Falle einer positiv bewerteten Effizienzmaßnahme auch zur Umsetzung einer Idee führen, erscheint es sehr ratsam zu sein, ganz zu Beginn, also noch vor der Einführung eines kennzahlenbasierten Energiemanagementsystems, Bewertungsmethoden und detaillierte Entscheidungsabläufe in Abstimmung mit jenen Personen schriftlich festzulegen, die Investitionsentscheidungskompetenz besitzen (möglichst mit Angabe aller relevanten Arbeiten und Personen). Ggf. sind bereits existierende Abläufe für Investitionsentscheidungen (Verfahren für sogenannte „Business Cases“) zu berücksichtigen oder anzupassen. Andernfalls kann es – wie verschiedentlich in der Praxis zu beobachten – passieren, dass ein aufgebautes Kennzahlensystem keine oder kaum Wirkung entfaltet, weil für das Erreichen von Leistungsverbesserungen erforderliche Investitionen aus ablauftechnischen Gründen oder wegen nicht gelöster Kommunikationsprobleme nicht freigegeben werden und daher ausbleiben.

Orientierung an „SEUs“

Da die Zielwerte und die ihnen zugrunde liegenden Verbesserungsmaßnahmen autonom, also in Eigenregie festzulegen sind, können sie sich nach ihrer jeweiligen wirtschaftlichen Zweckmäßigkeit richten. Aus betriebswirtschaftlicher Sicht sollten daher solche Maßnahmen prioritär in Angriff genommen werden, die den größten wirtschaftlichen Vorteil – das größte Potenzial – erwarten lassen. Diese Potenziale dürften häufig vor allem bei jenen Prozessen vorliegen, die den höchsten Energiejahresverbrauch aufweisen, also bei den sogenannten „SEUs“, den „Significant Energy Uses“. Insofern macht es Sinn, sie in den Vordergrund zu stellen. Zur Verdeutlichung: Wenn Prozess A einen Jahresenergieeinsatz in Höhe von 1 GWh und Prozess B einen von 10 MWh aufweisen und beide um 10 % reduziert werden könnten, dann hätte Prozess A das größere Potenzial und wäre prioritär zu betrachten. Es macht mit anderen Worten wenig Sinn, sich – wie verschiedentlich in der Praxis beobachtbar – mit großem Enthusiasmus über Monate hinweg einem Energieeffizienzpotenzial zu widmen, dessen Ausschöpfung beispielsweise am Ende zwar eine fünfzigprozentige Energiekostenreduktion hervorbringt, der monetär bewertete Umfang dann aber nur eine Verringerung der Kosten um 5.000 € pro Jahr ausmacht.

Schnelle Ergebnisse durch segmentweise Abarbeitung der SEUs

Sollte die Liste der SEUs eine vergleichsweise große Anzahl an Prozessen aufweisen, kann es sinnvoll sein, eine Segmentierung vorzunehmen, um schnelle Erfolge zu erwirken, was sich auf verschiedenen Ebenen u. U. motivationssteigernd auswirkt (vgl. Abbildung 2.15 in Kapitel 2). Das erste Segment würde dann die Schwergewichte unter den SEUs umfassen. Nur für sie wären zunächst Datenanalysen vorzunehmen, um die relevanten Variablen bzw. die Bezugsgrößen zu klären, die Energieverbrauchsgleichungen – die EnPIs – herzuleiten, die EnPI-Eigner festzulegen, Ideen zur Energieverbrauchsreduzierung zu entwickeln, Bewertungen der ausgedachten Maßnahmen vorzunehmen, Freigaben einzuholen und Zielwerte festzulegen. Erst nach Abarbeitung von Segment 1 sollte das nächste Segment in Angriff genommen werden. Auf diese Weise können schneller Ergebnisse hervorgebracht, Entscheidungen gefällt und Erfahrungen gesammelt werden, als wenn man einen ganzheitlichen Ansatz wählt, bei dem versucht wird, in einem Zug alle SEUs im Kennzahlensystem zu berücksichtigen, wenngleich die Berücksichtigung aller SEUs das langfristige Ziel sein sollte.

Individuelle EnPI-Festlegung, keine Katalogkennzahlen

Energiekennzahlen dienen im Sinne des vorliegenden Buchs und auch der DIN ISO 50006 entsprechend vornehmlich dem Zweck, Steuerungswirkungen zu entfalten: Nach prozessindividueller Potenzialanalyse sind zunächst jeweils EnPI-spezifische Zielwerte festzulegen, die dann während oder am Ende der Geschäftsperiode – in normalisierter Form – mit aktuellen Verbrauchswerten zu vergleichen sind, was im Falle von wesentlichen Abweichungen zu Korrekturmaßnahmen führen sollte. Werden Ziele erreicht, wären sie – sofern wirtschaftlich zweckmäßig – zu aktualisieren, also ggf. auf ein höheres Niveau zu setzen, um so schließlich eine fortschreitende Verbesserung der Energieeffizienz zu erreichen. Die notwendige Prozessorientierung der Ziel- und Maßnahmenfestlegung macht deutlich, dass individuell vorgegangen werden muss und insofern auch der jeweilige EnPI (als prozessbezogene Rechenregel) fallspezifisch zu erarbeiten ist. Eine Übernahme von EnPIs aus veröffentlichten Broschüren oder Büchern (sogenannte „Katalogkennzahlen“[26]) scheidet somit aus. Hiervon wird insofern dringend abgeraten.

26 Gleichwohl können Beispiele aus EnPI-Katalogen hilfreich sein, indem sie Anhaltspunkte bieten. Übersichten von Katalogkennzahlen sind beispielsweise zu finden in Löffler, 2011 [15]; Wilkens et al., 2012 [23]; Energieinstitut der Wirtschaft GmbH, 2011 [4]; Layer et al., 1999 [14].

Eindeutiger Personenbezug und Beteiligung der EnPI-Eigner bei der EnPI-Zielfestlegung

Typischerweise werden Kennzahlen sogenannten Kennzahleneignern zugeordnet. Der Eigner ist verantwortlich für die Erfüllung der Vorgabewerte und/oder für eine fortlaufende Verbesserung. Durch geeignete Sanktionen bei Nicht-Erreichung der Ziele und/oder durch geeignete Anreize haben Erfolg und Misserfolg bezüglich der Energieeinsparung einen direkten Bezug zu den Verantwortlichen. Um hierbei die Motivation zur Erfüllung der Ziele hochzuhalten, sind diese im besten Fall gemeinsam mit den Verantwortlichen festzulegen. Das Involvieren der EnPI-Eigner bei der Zielfestlegung soll sicherstellen, dass die Ziele nicht willkürlich und dadurch unter Umständen unrealistisch und unerreichbar sind; denn dadurch könnte die Motivation, Ziele zu erreichen, von vornherein vollständig untergraben werden. Die Festlegung der Verantwortlichkeiten und die daran geknüpfte gemeinsame Zielfestlegung tragen entscheidend dazu bei, dass eine Kennzahl Steuerungswirkung entfaltet.

Vollständigkeit der Variablenerfassung

Damit ein EnPI Steuerungswirkung entfalten kann, ist es von großer Wichtigkeit, all jene signifikanten Einflussgrößen, die nicht im Einflussbereich des EnPI-Eigners liegen, herauszufiltern, indem sie in der EnPI-Energieverbrauchsgleichung berücksichtigt werden. Nur so ist es möglich, bei Veränderungen der Rahmengegebenheiten (etwa der Außentemperatur) zwischen dem Referenz- und dem Berichtszeitraum einen fairen Vergleich zustande zu bringen. Dieser Vergleich – die sogenannte Abweichungs(-ursachen-)analyse – zeigt Abweichungen auf, die schließlich Korrekturmaßnahmen zur Folge haben (sollten), um auf den Zielerreichungspfad zurückzukehren. Voraussetzung der soeben beschriebenen Steuerungslogik ist, dass alle Einflussfaktoren, also die sogenannten „relevanten Variablen“, erfasst und berücksichtigt sind. Ist das nicht gegeben, können Fehlsteuerungen die Folge sein.

Angemessene statistische Analyse

Die Ermittlung der realen Abhängigkeiten des Energieeinsatzes von relevanten Einflussfaktoren sollte mit statistischen Analysen erfolgen (sofern nicht ein ingenieurtechnisches Modell vorzuziehen ist). Ziel dabei ist es, eine mathematische Funktion (Energieverbrauchsgleichung [EVG]) abzuleiten, mit der das Energieverbrauchsverhalten anhand der Ausprägung nicht beeinflussbarer relevanter Variablen (Bezugsgrößen) bestmöglich beschrieben werden kann. Dazu ist nach theoretischen Vorüberlegungen eine Regression mit den vermuteten relevanten Variablen durchzuführen und letztlich die Funktion mit allen als relevant beurteilten Variablen zu wählen.

Variablen werden als relevant angesehen, wenn:

- ihre Hinzunahme zur Erhöhung des adjustierten R^2 führt und gleichzeitig
- der Koeffizient der Variable signifikant ist (p-Wert $< 0{,}05$ [ggf. 0,1]).

Zusätzlich ist zu prüfen, dass keine Trends und/oder Gruppen in den Residuen zu erkennen sind, die auf nicht beachtete systematische Einflüsse hinweisen. Wenn nötig, können auf dieser Basis noch Anpassungen vorgenommen werden.

Zu beachten ist darüber hinaus, dass die Regression

- vor allem für den zugrunde gelegten Ausprägungsbereich der relevanten Variablen gilt und
- dass die Analyse umso genauere Ergebnisse liefert, je größer die Anzahl an Datenpunkten ist (idealerweise wären daher Tages- oder gar Stundenwerte im Gegensatz zu Monatswerten bei der Analyse heranzuziehen).

Da die Regression auf Vergangenheitswerten beruht, kann anhand der ermittelten EVG die energetische Ausgangsbasis (EnB) beschrieben werden. Die statistische Analyse sollte mit großer Sorgfalt durchgeführt werden, da sie die Grundlage für die EnPI und EnB legt und somit die Genauigkeit und Wirksamkeit der weiteren Steuerung mithilfe der ermittelten Kennzahlen beeinflusst.

Differenzierung zwischen beeinflussbaren und nicht beeinflussbaren Variablen (= Bezugsgrößen)

Um den Kennzahlen-Eigner für die Entwicklung der Kennzahl-Werte verantwortlich machen zu können, muss dieser die Möglichkeit haben, den jeweiligen Kennzahlenwert zu beeinflussen. Wenn die zu verändernden Sachverhalte außerhalb des Machtbereichs des Kennzahl-Eigners liegen, kann er keine Maßnahmen entwickeln und durchführen, die auf die Verbesserung der Kennzahlwerte und somit des Energieeinsatzes abzielen. Daher ist bei der Festlegung der Kennzahlen darauf zu achten, dass die Beeinflussbarkeit der Kennzahl durch den Kennzahlen-Eigner gewährleistet ist, indem entsprechende Faktoren, die er beeinflussen kann, nicht als variabler Bestandteil in einen jeweiligen EnPI aufgenommen werden. Etwaige Veränderungen von nicht beeinflussbaren Faktoren sind im Zuge der Normalisierung zu neutralisieren. Nur wenn eine Einflussnahme durch den Kennzahlen-Eigner gewährleistet ist, kann eine Steuerungswirkung entfaltet werden.

Anspruchsvolle, aber erreichbare Ziele

Der Festlegung der Ziele und damit der Soll-Werte kommt bei dem Steuerungsprozess mit EnPIs eine entscheidende Rolle zu, denn in deren Rahmen ist zu prüfen, in welchem Umfang eine Verbesserung der Energieeffizienz und damit der Kennzahl möglich ist. Die Vorgaben sollten, um möglichst große Wirkung zu entfalten und gleichzeitig Frustration zu vermeiden, anspruchsvoll, aber auch erreichbar sein. Zu anspruchsvolle Ziele (häufig das Ergebnis einer Top-down-Festlegung) werden regelmäßig nicht ernst genommen, zu niedrig angesetzte motivieren nicht und führen in Folge nicht zu Leistungsanreizen.

Motivation der EnPI-Eigner

Die Bedeutung von Energieleistungskennzahlen ist nicht jedem unmittelbar ersichtlich, und meist bedarf es einer gewissen Anschubphase, um allen Beteiligten, die Einfluss auf die Steigerung der Energieeffizienz hätten, zur Festlegung ambitionierter Ziele sowie auch zur Umsetzung der Energieeffizienz-Maßnahmen zu motivieren. Eine offene und umfangreiche Kommunikation ist entscheidend, um das Verständnis für die Vorteile einer Energieeffizienzsteigerung zu vermitteln. Gerade bei komplexen Prozessen ist evtl. auch für den EnPI-Eigner nicht sofort zu erkennen, welche Konsequenzen sein Handeln hat und welche positive Wirkung er bei Umsetzung der Energieeffizienz-Maßnahmen erzielen kann.

Die Motivation kann durch folgende Verhaltensweisen bzw. Initiativen unterstützt werden:

- Die Leitungsebene sollte als Vorbild auftreten und vertrauensvoll sowie offen kommunizieren.
- In der Kommunikation ist es hilfreich, deutlich zu machen, dass es nicht darum geht, Schuldige zu finden, die bisher Energie verschwendet haben, sondern darum, dass es für den Unternehmenserfolg wichtig ist, Verbesserungspotenziale zur Energieeffizienzsteigerung aufzudecken und auszuschöpfen.
- Alle involvierten Personen sollten in die Festlegung der Energieeffizienz-Maßnahmen und -ziele weitestgehend einbezogen werden.
- Zweckmäßig dürfte in vielen Fällen sein, die Verbesserung der Energieeffizienz als wesentlichen Bestandteil in das betriebliche Verbesserungswesen zu integrieren (etwa durch Nutzung eines Weitzmann-Schemas, wie es in Abbildung 8.11 umfassend dargestellt ist).

Motivationsfördernd erscheint ferner, Energiekenngrößen so zu definieren und zu kommunizieren, dass neben den rein energetisch-technischen Angaben auch finanzielle Größen genannt werden, um die wirtschaftliche Bedeutung der Energieeinspar-Maßnahmen zu unterstreichen.

Die Unterstützung durch die Leitungsebene bei der Durchsetzung der gesteckten Energieeffizienzziele sowie eine Kontinuität im Handeln bedürfen regelmäßig eines langen Atems. Hilfreich ist daher, immer wieder über Erreichtes und Fortschritte zu berichten, sodass alle am Ball bleiben und motiviert einzelne Maßnahmen umsetzen. Es gilt, eine möglicherweise aufkommende positive Atmosphäre zu nutzen, um Verhaltensweisen zur Energieeffizienzsteigerung dauerhaft in die Unternehmenskultur zu implementieren.

Motivierend wirken kann auch die Teilnahme an Energieeffizienz-Netzwerken. In ihnen treffen sich regelmäßig Energieverantwortliche der Teilnehmer-Unternehmen, um ihre Erfahrung auszutauschen. Die Teilnahme bietet die Plattform, um Ideen zur Verbesserung der Energieeffizienz im Rahmen eines Best-Practice-Sharing auszutauschen. Die Teilnahme an lokalen Netzwerken steht allen Organisationen ohne großen Reiseaufwand offen. Informationen bietet dazu etwa die von der Bundesregierung 2014 ins Leben gerufene „Initiative Energieeffizienz-Netzwerke“[27] oder das Modell Hohenlohe[28].

Umgang mit Ergebnissen der Abweichungsursachenanalyse

Die Festlegung von EnPI-Ziel- oder Planwerten macht nur Sinn, wenn ein Vergleich mit entsprechend zugeordneten Ist-Werten folgt, um ggf. Abweichungen zu ermitteln, die zu Konsequenzen führen sollten, sofern sie zuvor festgelegte Schwellenwerte überschreiten. Diese Konsequenzen sind als Maßnahmen zu verstehen, die darauf hinzuwirken haben, dass entsprechende Abweichungen künftig nicht mehr vorkommen. Um wirkungsvoll zu sein, sollten sie an den Ursachen der jeweiligen Abweichungen ansetzen. Insofern ist es wichtig, bei der Abweichungsanalyse herauszufinden, welche Ursachen zu der jeweiligen Abweichung geführt haben. Hierauf wäre der Fokus zu legen.

Festlegung von EnPIs auf Basis der Ermittelbarkeit von Ist-Werten

Ist-Werte von Energieleistungskennzahlen sind grundsätzlich Messwerte (und keine Rechenergebnisse). Sie müssen üblicherweise kontinuierlich erfasst werden, was regelmäßig die Installation von Messeinrichtungen erforderlich macht. Dies ist manchmal schwierig und/oder kostenintensiv, sodass es grundsätzlich angebracht ist, die Verhältnismäßigkeit der Festlegung

27 www.effizienznetzwerke.org

28 http://www.modell-hohenlohe.de

von Ist-EnPI-Wertermittlungen zu prüfen, bevor ein EnPI festgelegt wird. Mit anderen Worten empfiehlt es sich, bereits in einem Frühstadium zu klären, ob die Kosten der jeweiligen Messeinrichtung und regelmäßigen Messung in einem angemessenen Verhältnis zum Nutzen der Messergebnisse stehen. Dies betrifft im Übrigen nicht alleine die Messung der Energieverbräuche an einem bestimmten Prozess, sondern auch jene aller Bezugsgrößen (also aller relevanten Variablen, die nicht zum Einflussbereich des EnPI-Eigners zählen). Theoretisch wären hier Investitionsrechnungen angebracht. Aufgrund der Schwierigkeit, den monetären Nutzen der Messergebnisse zu ermitteln, dürften derartige Kalkulationen allerdings ausscheiden. Stattdessen wird in vielen Fällen eine geistige Abwägung von Kosten und Nutzen (nach Klärung der Kosten) die einzige Alternative sein und regelmäßig auch ausreichen.

Sollte im jeweiligen Einzelfall eine zumindest akzeptable Verhältnismäßigkeit vorliegen, dann gilt es sicherzustellen, dass Ist-Werte eindeutig zugeordnet werden können. Der Bezug zwischen dem ermittelten Ist-Wert und der tatsächlich zu messenden Größe muss nachvollziehbar sein. Insbesondere in komplexen Prozessen ist die Transparenz nicht immer gegeben und die Entwicklung der Messgrößen nicht verständlich oder nachvollziehbar. Durch entsprechende Testverfahren in einer Erprobungsphase könnte beispielsweise sichergestellt werden, dass ermittelte Ist-Werte den tatsächlichen Zuständen entsprechen und keine Fehlinterpretationen hervorrufen.

Wichtig erscheint ferner, dass Ist-Messwerte zeitlich zugeordnet werden können. Ein Zeitstempel schafft dahingehend Klarheit, zu welchem Zeitpunkt die Messgröße vorgelegen hat. Werden im Einzelfall Ist-Werte verglichen, und ist die zeitliche Zuordnung nicht gegeben, bestünde die Gefahr, dass bei sich dynamisch ändernden Prozessen falsche Schlüsse gezogen werden. Dies wäre zu vermeiden.

Ein weiterer wichtiger Aspekt ist, dass Ist-Werte nicht durch Störeinflüsse verfälscht werden. Eine Entstörung durch Plausibilitätsabfragen ist daher grundsätzlich empfehlenswert. Ein bekanntes Beispiel sind Durchflussgeber, die nach längerem Einsatz etwa durch Verschmutzung oder Abnutzung niedrigere Ist-Werte zeigen und dadurch ggf. geringere Energiemengen messen. Darüber hinaus ist empfehlenswert, dass Ist-Werte einer Signalüberwachung unterliegen und entsprechende technische Maßnahmen gegeben sind, die Signalausfall von einem Null-Signal unterscheiden.

Anreiz- und Sanktionsmechanismen

Zur Sicherstellung der Wirksamkeit eines kennzahlenbasierten Steuerungssystems sind Sanktionsmaßnahmen notwendig, die immer dann zum Tragen kommen, wenn Ziele nicht erreicht worden sind; andernfalls würde ein solches System schnell ins Leere laufen und somit keine Wirkung entfalten.

Werden Anreize für Verbesserungen und/oder zur Festlegung hoher Zielniveaus ausgelobt (etwa Prämien, Boni, Teilhabe am Verbesserungserfolg oder sonstige Vorteile), ergibt sich die Sanktion quasi automatisch, wenn ebendiese geplanten Verbesserungen nicht erreicht werden und die Vorteile dadurch ausbleiben. In einem solchen Fall müssten keine zusätzlichen Sanktionsmaßnahmen entwickelt werden.

Sind hingegen derartige Anreize nicht vorgesehen, und werden Ziele durch die Unternehmensleitung vorgegeben (im Rahmen eines Top-down-Ansatzes), dürfte es generell notwendig sein, konkrete Sanktionen für das Nichterreichen von Zielen festzulegen, beispielsweise in der Form, dass die Zielerreichungsquoten aller Mitarbeiter innerhalb des Unternehmens intern veröffentlicht werden oder festgelegt wird, eine Stellungnahme gegenüber der Unternehmensleitung abgeben zu müssen, sofern Ziele nicht erreicht worden sind. Der Kreativität sind dabei keine Grenzen gesetzt. Praktische Erfahrungen machten deutlich, dass es wirksamkeitsfördernd sein kann, wenn betroffene Personen an der Ausgestaltung eines Sanktionssystems beteiligt werden.

Vorzug des Bottom-up- gegenüber dem Top-down-Ansatz bei der EnPI-Zielwertfestlegung

Es wurde bereits darauf hingewiesen, dass anspruchsvolle, aber erreichbare Ziele ein wesentlicher Hebel der Wirksamkeit eines EnMS sind. Die Erreichbarkeit ergibt sich dabei aus der Abschätzung, was möglich ist. Dies setzt Untersuchungen, zumindest genaue prozessorientierte Detailüberlegungen voraus, die regelmäßig nicht von der Unternehmensleitung angestellt werden, sondern von jeweils Betroffenen, den EnPI-Eignern. Aus diesem Grund ist die Bottom-up-Festlegung von EnPI-Zielen einem Top-down-Ansatz grundsätzlich vorzuziehen.

Wirksames Reporting, Verständlichkeit

Die Ermittlung von Abweichungen zwischen Plan- bzw. Ziel- und Ist-EnPI-Werten wird regelmäßig zentral, häufig von einer Energiemanagementabteilung oder vom Controlling durchgeführt. Um Wirkungen zu entfalten, müssen die Ergebnisse ebendieser Abweichungsanalysen den verantwortlichen Personen, also den EnPI-Eignern, bekannt gemacht werden. Hierfür ist das Reporting zuständig. Damit es seine Wirksamkeit entfaltet, sollte das Reporting so ausgestaltet sein, dass es verständlich und nachvollziehbar die Analyseergebnisse übermittelt (vgl. beispielhafte Reportingtabellen in Abbildung 8.12 in Kapitel 8 oder die kumulierten Abweichungen in Kapitel 5).

Effizienz des EnPI-Systems (nicht nur Effektivität)

Die Erarbeitung und Aufrechterhaltung eines EnPI-Systems ist mit einem Aufwand verbunden, der letztlich nur dann zu rechtfertigen ist, wenn ihn der erwartete Nutzen des EnPI-Systems übersteigt. Um dies sicherzustellen, ist eine Schwerpunktorientierung vorzunehmen, die dabei hilft, einen möglichst großen Nutzen bei einem möglichst geringen Aufwand zu erwirken (vgl. hierzu auch Kapitel 5 „Abgrenzung der relevanten Prozesse und Bereiche"). Dieser Schwerpunktorientierung kommt eine kritische Rolle in Bezug auf die Effizienz des Systems zu, denn ein zu umfangreiches EnPI-System könnte neben dem sehr hohen Aufwand für die Etablierung und Pflege auch dazu führen, dass die Übersicht über das Gesamtsystem verloren ginge und somit eine systematische Nachverfolgung der aufgestellten Kennzahlen ausbliebe. Hierdurch würde das System ad absurdum geführt, da dies den Aufwand in die Höhe triebe und der Nutzen in sich zusammenbräche. Daher ist bei Festlegung des Umfangs des EnPI-Systems darauf zu achten, die Verhältnismäßigkeit der Detaillierung zu wahren.

Integration in das Controlling

Abweichungsanalysen sind ein wesentliches Steuerungsinstrument von Unternehmen. Sie gehören zum „Werkzeugkasten" eines üblichen Controllings. Controller sind prinzipiell damit vertraut und für deren Durchführung ausgebildet. Insofern bietet es sich an, auch die – kennzahlengestützte – Steuerung der Energiekosten dem Controlling zu übertragen, sofern dort die erforderliche Kompetenz gegeben ist, um Synergieeffekte auszuschöpfen und Effizienzvorteile zu erzeugen. Dies würde keineswegs bedeuten, dass das Energiemanagement die Kontrolle über deren Steuerung aus der Hand gibt. Für die Analyse der Ursachen von Abweichungen und die Entwicklung von Ideen zu deren Bekämpfung ist das Energiemanagement von zentraler Bedeutung und sollte daher dementsprechende Zuständigkeiten erhalten.

8 Steuerung mit Energieleistungskennzahlen

Ulrich Nissen

Die folgenden Ausführungen verdeutlichen anhand eines umfassenden Praxisbeispiels, wie mit Energieleistungskennzahlen gesteuert werden kann. Es geht dabei darum, auf systematische Weise Ziele hinsichtlich der Senkung des Energieverbrauchs oder der Energieeffizienz zu entwickeln, Verantwortlichkeiten zuzuordnen und einen Regelkreis in Gang zu setzen, der darauf hinwirken soll, die Ziele auch zu erreichen. Energieleistungskennzahlen werden dabei eine entscheidende Rolle spielen: Sie fungieren als Indikatoren, die die erwünschten und die tatsächlichen Energieverbräuche bzw. Energieeffizienzwerte auszudrücken vermögen, sodass – nach Normalisierung – ein Vergleich zwischen Soll und Ist ermöglicht wird, der im Falle von Abweichungen die Notwendigkeit von Abhilfemaßnahmen aufzeigt.

8.1 Basisdatenermittlung für den Aufbau von Kennzahlen, Klärung der „relevanten Variablen" und „statischen Faktoren"

An dieser Stelle soll eine praktische Situation in einer Mehl-Fabrik beispielhaft dargestellt werden. Angenommen wird, dass neun Prozesse zur Gruppe „SEU" gehören (vgl. Abbildung 8.1). An vorderster Stelle steht die Mühle 4711.

#	Bereich	Anlage	Energieträger	Baseline-Periode	Jahresenergieverbrauch Baselineperiode	Jahresenergiekosten Baselineperiode [€]	Priorität	Kategorie (SEU vs. Nicht-SEU)
1	Fabrik 1	Getreidemühle 4711	el. Strom	2021	3.026 MWh/a	544.615 €	1	SEU
2	...	...	...	2021	...	...	...	SEU
...	...	...	Erdgas	2021	2.897 MWh/a	202.790 €	9	...
10	...	...	...	...	...	...	...	Nicht-SEU
–	...	...	...	...	...	...	...	Nicht-SEU
					24.560 MWh/a	**mind. 80 %**		

Abbildung 8.1: Übersicht der Energieverbraucher

Bei diesem Prozess wäre zunächst einmal zu klären, welche möglichen Einflussfaktoren vorliegen und inwieweit sie vom Kennzahlen-Eigner beeinflusst werden. Die Prüfung bringt die in Abbildung 8.2 aufgeführten Ergebnisse hervor.

#	Bereich	Anlage	Energieträger	Baseline-Periode	Jahresenergie-verbrauch Baselineperiode	Jahresenergiekosten Baselineperiode [€]	Priorität	Kategorie (SEU vs. Nicht-SEU)	mögliche messbare Einflusssfaktoren	Kennzahlen-Eigner	mögliche Bezugsgröße (unbeeinflussbar durch Kennzahleneigner)?
									Produktionsmenge [t]		ja
1	Fabrik 1	Getreidemühle 4711	el. Strom	2021	3.026 MWh/a	544.615 €	1	SEU	Kornfeuchte [%]	P. Maier	ja
									Temperatur [°C]		ja
2	...	...	...	2021	...	...	...	SEU			
...	...	...	Erdgas	2021	2.897 MWh/a	202.790 €	9	...			
10	...	...	...	...	...	...	...	Nicht-SEU			
–	...	...	...	...	...	...	...	Nicht-SEU			
					24.560 MWh/a	mind. 80 %					

Abbildung 8.2: Mögliche messbare Einflussfaktoren

Danach ist zu testen, ob die „möglichen Bezugsgrößen" auch „relevante Variablen" sind, inwieweit also eine Korrelation zwischen ihnen und dem Energieverbrauch besteht. Hierzu sind – wie in Kapitel 5 ausführlich erläutert – Daten von Energieverbräuchen und den Werten der Bezugsgrößen (hier: Produktionsmenge, Kornfeuchte und Temperatur) zu erheben und auszuwerten. Die folgende Datentabelle, die aus Veranschaulichungsgründen sehr grob in Monate unterteilt ist (besser wäre eine Tagestaktung), dient als Basis der Auswertung (vgl. Abbildung 8.3).

Monat	ProdMenge [t]	⌀ Außentemperatur [°C]	⌀ Kornfeuchte [%]	Kornwassermenge [t] (= Kornfeuchte × ProdMenge)	Verbrauch el. Energie [kWh]
Januar	3.757	3	15	564	326.835
Februar	3.420	5	14	479	295.678
März	3.381	7	15	507	293.651
April	2.411	12	7	169	224.567
Mai	3.701	10	14	518	310.986
Juni	2.092	22	13	272	156.788
Juli	2.434	22	8	195	204.768
August	2.918	14	9	263	276.888
September	2.161	16	6	130	200.456
Oktober	3.275	17	13	426	266.298
November	2.660	12	8	213	229.757
Dezember	2.827	9	12	339	238.967
Jahressummen	35.037			4.073	3.025.639

Abbildung 8.3: Ausgangsdaten für die Ermittlung einer Energieverbrauchsgleichung

In der visuellen Analyse dieser Daten (vgl. Abbildung 8.4) wird schon deutlich, dass bei allen drei Faktoren eine Korrelation zum Energieverbrauch vorliegt, sie daher als Bezugsgrößen angesehen werden können und infolgedessen eine Berücksichtigung bei der EnPI-Festlegung erfolgen sollte (sofern die Regressoren jeweils signifikant sind).

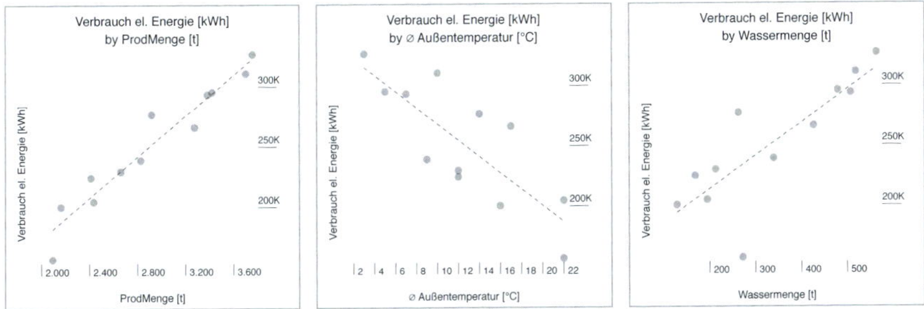

Abbildung 8.4: Beispielhafte Ergebnisse der Korrelationsuntersuchung

Eine darauf stattfindende Regressionsanalyse mit mehreren Variablen (vgl. Abbildung 8.5) stellt zudem klar, dass die gemeinsame Berücksichtigung aller hier infrage stehender Faktoren im EnPI die Realität am besten widerspiegelt (sofern Validität der Berechnungsergebnisse vorliegt), da sie zusammen das höchste korrigierte Bestimmtheitsmaß (adjustiertes R^2) hervorbringen (Spalte D).

Energieverbrauchsfunktion	A	B	C	D
Koeffizienten				
ProdMengenFaktor	86,3	84,8	71,6	111,3
TempFaktor			-1.696,0	-1.520,2
WasserFaktor				-157,1
Grundlast		4.443,0	63.996,0	-684,1
Qualitätsmaße				
R^2	0,9974	0,929	0,9474	0,9778
Adjusted R^2		0,9219	0,9358	0,9694

Abbildung 8.5: Beispielhafte Ergebnisse einer multivariaten Regressionsanalyse

Aus den ermittelten Koeffizienten ergibt sich schließlich die Energieverbrauchsgleichung. Sie lautet für dieses Beispiel:

Energieverbrauchsgleichung für das Mühlenbeispiel

$$E_{Monat} = 111{,}31 \frac{kWh}{t_{Prod.Menge}} \times Produktionsmenge[t] - 1.520{,}24 \frac{kWh}{°C} \times Temperatur[°C] - 157{,}08 \frac{kWh}{t_{Wasser}} \times Kornwassermenge[t] - 684{,}12 \frac{kWh}{Monat} \quad (8.1)$$

und hat besondere Aussagefähigkeit für Energieverbräuche von 225.000 bis 280.000 kWh bei dieser Anlage, da für diesen Bereich die meisten Beobachtungen vorliegen. Auf sie wird zurückzukommen sein.

8.2 Aufbereitung von Energieverbrauchsgleichungen, um sie aggregierbar zu machen

Eine Energieverbrauchsgleichung setzt sich regelmäßig aus verschiedenen Komponenten zusammen. Der Energieverbrauch selbst ist die **„abhängige Variable“**, die von einer oder mehreren **„unabhängigen Variablen“** beeinflusst wird. Bei Letztgenannten kann man unterscheiden in

- aggregierbare **Mengen- bzw. Volumenvariablen** (etwa Produktionsvolumen, gefahrene Strecke etc.),
- nicht aggregierbare **Zustandsvariablen** (Temperatur, Luftdruck etc.) und der
- **Grundlast** (Umfang = f[t]).

Damit eine Energieverbrauchsgleichung als aggregierbarer EnPI eingesetzt werden kann, sollte sie aufbereitet werden, sofern sie einen Zeitraumbezug aufweist. Letztgenannter liegt vor, wenn eine Grundlast gegeben ist und/oder wenn Zustandsvariable in jener Gleichung vorkommen. Die folgenden Überlegungen veranschaulichen die Notwendigkeit zur Aufbereitung. Sie beziehen sich auf die folgende im vorangehenden Abschnitt hergeleitete Energieverbrauchsgleichung 8.1.

Die Herleitung jener Energieverbrauchsgleichung basierte auf ermittelten Monatsenergieverbräuchen über einen Zeitraum von einem Jahr, denen jeweils die Werte möglicher relevanter Variablen gegenübergestellt wurden (vgl. Abbildung 8.3). Sie bezieht sich daher auch auf ein Zeitintervall von einem Monat.

Würde sie nur aus Mengen- bzw. Volumenvariablen bestehen, wäre sie zeitraumunabhängig, weil jener Variablentypus aggregierbar ist: eine doppelte Produktionsmenge über die doppelte Zeit würde zu einem höheren (i. d. R.

doppelten) Energieverbrauch führen. Über die Zeit steigt das Produktionsvolumen kontinuierlich an. Eine Aufbereitung der Funktion wäre nicht notwendig. Gleiches gilt – im Beispiel – für die Kornrestfeuchte. Sie wird zwar regelmäßig in Prozent angegeben (und wäre dann nicht aggregierbar), lässt sich aber leicht in eine aggregierbare Größe umformen, die hier „Kornwassermenge" bezeichnet werden soll.

Im vorliegenden Fall enthält die Verbrauchsgleichung aber auch eine temperaturabhängige Komponente sowie auch eine Grundlast. Jene Anteile haben einen Zeitraumbezug (hier: Monat). Über die Zeit steigen die Werte der Zustandsvariablen nicht notwendigerweise kontinuierlich an. Insofern ist es zweckmäßig, jene Komponenten der Energieverbrauchsgleichung aggregierbar umzugestalten, um sie universell – also in diesem Fall nicht nur für einen Monat etc. – einsetzen zu können. Die folgende Darstellung veranschaulicht die Vorgehensweise.

Energieverbrauchsgleichung für das Mühlenbeispiel

$$\begin{aligned} E_{Monat} = 111{,}31 & \frac{kWh}{t_{Prod.Menge}} \times Produktionsmenge[t] \\ & - \left(1\,520{,}24 \frac{kWh}{°C} \times Temperatur[°C] + 684{,}12 \frac{kWh}{Monat}\right) \\ & \times \frac{1}{480} \frac{Monat}{h} \times Betriebsstunden[h] \\ & - 157{,}08 \frac{kWh}{t_{Wasser}} \times Kornwassermenge[t] \end{aligned} \tag{8.2}$$

Und schließlich:

EnPI für das Mühlenbeispiel 4711

$$\begin{aligned} EnPI_{4711} = 111{,}31 & \frac{kWh}{t_{Prod.Menge}} \times Produktionsmenge[t] - 3{,}16 \frac{kW}{°C} \times Gradstunden[°Ch] \\ & - 157{,}08 \frac{kWh}{t_{Wasser}} \times Kornwassermenge[t] - 1{,}42 kW \times Betriebsstunden[h] \end{aligned} \tag{8.3}$$

Eine derartige – modifizierte – Energieverbrauchsgleichung arbeitet nun mit aggregierbaren Komponenten. Im Beispielfall muss dazu eine neue Einflussgröße – Gradstunden – eingeführt werden. Hierbei handelt es sich um einen über die Zeit gewichteten Wert der Zustandsvariable (hier: Außentemperatur × Betriebsstunden, vgl. Abbildung 8.6).

Monat	ProdMenge [t]	Betriebsstunden [h]	⌀ Außen-temperatur [°C]	Kornfeuchte [%]	Kornwasser-menge [t]	Gradstunden [°Ch]
Januar	3.757	480	3	15	564	1.440
Februar	3.420	464	5	14	479	2.320
März	3.381	467	7	15	507	3.269
April	2.411	464	12	7	169	5.568
Mai	3.701	480	10	14	518	4.800
Juni	2.092	492	22	13	272	10.824
Juli	2.434	491	22	8	195	10.802
August	2.918	473	14	9	263	6.622
September	2.161	495	16	6	130	7.920
Oktober	3.275	483	17	13	426	8.211
November	2.660	491	12	8	213	5.892
Dezember	2.827	480	9	12	339	4.320
Jahressummen	35.037	5.760			4.073	71.988
⌀ Monat		480				

Abbildung 8.6: Überführung von Zustandsvariable in Mengen- bzw. Volumenvariable

Nach Einführung dieser – nunmehr aggregierbaren – relevanten Variablen würde eine künftige Messdatenerfassung – für den Beispielfall hier vereinfachend im Monatsrhythmus – wie folgt aussehen (vgl. Abbildung 8.7).

Monat	ProdMenge [t]	Betriebs-stunden [h]	Gradstunden [°Ch]	Kornwasser-menge [t]	Baseline-Ermittlung auf der Grundlage des EnPI	zum Vergleich: Energieverbrauch Ist
Januar	3.757	480	1.440	564	324.413 kWh	326.835 kWh
Februar	3.420	464	2.320	479	297.480 kWh	295.678 kWh
März	3.381	467	3.269	507	285.696 kWh	293.651 kWh
April	2.411	464	5.568	169	223.639 kWh	224.567 kWh
Mai	3.701	480	4.800	518	314.749 kWh	310.986 kWh
Juni	2.092	492	10.824	272	155.235 kWh	156.788 kWh
Juli	2.434	491	10.802	195	205.496 kWh	204.768 kWh
August	2.918	473	6.622	263	261.950 kWh	276.888 kWh
September	2.161	495	7.920	130	194.409 kWh	254.677 kWh
Oktober	3.275	483	8.211	426	271.031 kWh	266.298 kWh
November	2.660	491	5.892	213	243.377 kWh	229.757 kWh
Dezember	2.827	480	4.320	339	247.013 kWh	238.967 kWh
Jahressummen	35.037	5.760	71.988	4.073	3.024.488 kWh	3.079.860 kWh

Abbildung 8.7: Beispielhafte Messdatenerfassung

Die Festlegung der EnPIs ist somit erledigt. Es folgen die Herleitung und die Auswertung von EnPI-Werten. Hiermit beschäftigt sich der nächste Abschnitt.

Die soeben dargestellte Erarbeitung und Ableitung einer – nicht untypischen – Energieverbrauchsgleichung bzw. eines EnPIs mag auf den ersten Blick kompliziert erscheinen, sodass man auf die Idee kommen könnte, der Einfachheit halber die eine oder andere relevante Variable zu unterschlagen. Hiervon sei an dieser Stelle jedoch abzuraten, weil dann der EnPI die Realität nicht mehr widerzuspiegeln in der Lage ist und infolgedessen Auswertungen nicht mehr zielführend sein können.[29]

8.3 Ansätze zur Festlegung von EnPI-Zielwerten

Um nun angemessene Verbesserungswirkungen zu erreichen, überlegt man sich üblicherweise Ziele und in der Folge Plan-EnPI-Werte, die man zu erreichen vorhat. Als Zielfestlegungsbasis dienen regelmäßig die energetischen Ausgangsbasen, die zunächst ggf. angepasst werden müssen. Dies kann nötig sein, wenn sie Ausreißer enthalten, deren Wiederholung unwahrscheinlich ist. Hat das stattgefunden, kann die Festlegung von EnPI-Zielen beginnen. Hierzu ist zunächst der Ansatz zu wählen, der dafür zum Tragen kommen soll – Top-down oder Bottom-up.

Top-down-Ansatz: Wählt man eine Top-down-Vorgehensweise, werden üblicherweise von übergeordneter Ebene (häufig von der Unternehmensleitung) anlagen-/prozessübergreifende Energieleistungsziele festgelegt und verantwortlichen Personen (EnPI-Eignern) zugewiesen, die weniger aus den tatsächlich vorhandenen Potenzialen abgeleitet sind als vielmehr aus einer Erwartungshaltung des Managements im Hinblick auf (kontinuierliche) Verbesserungen herrühren. Eine derartig festgelegte Zielsetzung für das hier beispielhaft vorliegende Speisemehl herstellende Unternehmen könnte beispielsweise lauten, den spezifischen elektrischen Energieverbrauch unter Zugrundelegung gleicher Rahmenbedingungen in den nächsten zwei Jahren um 10 % zu senken. Die Aufgabe der EnPI-Eigner ist bei dieser Vorgehensweise, sich auf der Grundlage der Zielvorgaben Maßnahmen auszudenken (also nach Zielfestlegung), mit denen diese Ziele erreicht werden können.

Zu den Vorteilen des Top-down-Ansatzes zählt, dass keine detaillierte Ex-ante-Potenzialermittlung notwendig und dadurch der Zielfestlegungsaufwand gering ist. Ferner kann man auf die Schaffung von Anreizen, sich selbst anspruchsvolle Ziele zu setzen und umfassende Verbesserungen erreichen zu wollen, verzichten. Allerdings sind Sanktionen notwendig, wenn Ziele verfehlt

29 So auch Goldstein & Almaguer, 2013 [8], S. 4.

werden; andernfalls bestünde die Gefahr, dass Betroffene die vorgegebenen Ziele nicht ernst nehmen.

Als weiteren Nachteil dieses Ansatzes lässt sich anführen, dass er regelmäßig recht ungenau ist: Die tatsächlichen wirtschaftlich vorteilhaften Potenziale werden nicht festgestellt. Ferner untergräbt der Top-down-Ansatz Verantwortungsbereitschaft und schießt leicht über sein Ziel, einen Leistungsanreiz zu erzeugen, dann hinaus, wenn – wie aus dem Controlling bekannt – die Zielvorgaben zu hoch und damit unrealistisch, unerreichbar sind. In solchen Fällen verpufft die gewollte Zielwirkung komplett.

Bottom-up-Ansatz: Liegt eine Bottom-up-Vorgehensweise zugrunde, werden die Energieleistungsziele zweckmäßigerweise von den EnPI-Eignern selbst festgelegt. Dies setzt ein Anreizsystem voraus, das dazu motiviert, sich selbst anspruchsvolle Ziele zu setzen und umfassende Verbesserungen erreichen zu wollen. Hierauf wird noch einzugehen sein. Ferner sind umfassende Kenntnisse und Erfahrungen hinsichtlich der Verursachung von Energieverbräuchen [kWh] und von Energielasten [kW] am Verursacher erforderlich sowie darüber hinaus auch die Fähigkeit zur Entwicklung von Ideen, die Verbräuche zu reduzieren, die Lasten zu harmonisieren (Lastmanagement) und die Kosten zu senken. Wird dieser Ansatz gewählt, erscheint es zweckmäßig, für alle SEU-Anlagenteilprozesse in der Reihenfolge abnehmender Jahresenergieverbräuche oder Jahresenergiekosten zunächst

- jeweils Maßnahmenideen für Energieverbrauchsreduzierung zu entwickeln, dann
- die Potenziale [kWh/a] sowie
- die Kosten einer Umsetzung abzuschätzen, um schließlich
- eine Bewertung der Wirtschaftlichkeit vorzunehmen.[30] Sind alle wirtschaftlich vorteilhaften Maßnahmen festgestellt, lassen sich dann Energieleistungsziele aus den zuvor ermittelten Potenzialen leicht ableiten.

8.4 Bestimmung von EnPI-Zielwerten

Die Ziel-Wert-Fixierung erfolgt immer vor einer Geschäftsperiode. Nach ihrem Beginn werden regelmäßig – etwa monatsweise – alle Ist-Werte der EnPIs den Soll-Werten, die u. U. zuvor zu periodisieren sind (etwa Jahresangaben in Monatsangaben transformiert), im Rahmen einer Abweichungsursachenanalyse gegenübergestellt (vgl. Abbildung 8.8).

30 Vgl. dazu Kapitel 6 oder Nissen 2014, S. 94 ff.

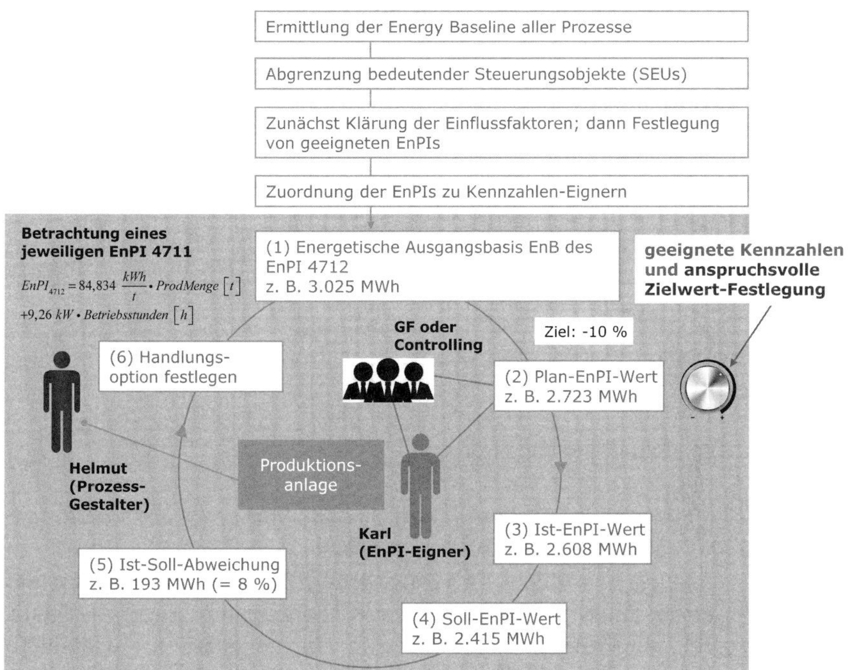

Abbildung 8.8: Steuerung mit EnPIs

Die Durchführung solcher Analysen liegt sinnvollerweise in der Verantwortung des ggf. vorhandenen Controllings, weil derartige Tätigkeiten zum üblichen Aufgabenbereich einer Controllingabteilung gehören. Das folgende Beispiel soll einen möglichen Zielfestlegungs- und Soll-Ist-Abweichungsanalyse-prozess für die beispielhafte Mühle 4711 verdeutlichen. Der $EnPI_{4711}$ sei wie folgt ermittelt:

EnPI für das Mühlenbeispiel

$$\begin{aligned} EnPI_{4711} = {} & 111{,}31 \frac{kWh}{t_{Prod.Menge}} \times Produktionsmenge[t] - 3{,}16 \frac{kW}{°C} \times Gradstunden[°Ch] \\ & - 157{,}08 \frac{kWh}{t_{Wasser}} \times Kornwassermenge[t] - 1{,}42 kW \times Betriebsstunden[h] \end{aligned} \tag{8.4}$$

Mithilfe dieses EnPI ermittelt man zunächst einmal in der Bezugs-Periode (i. d. R. jenes Jahr, in dem die Planung stattfindet) je SEU-Prozess ein Baseline-Wert, indem die vorherrschenden Zustandswerte der Bezugsgrößen aktuell erfasst und verrechnet werden (vgl. Abbildung 8.9).

Prozess/Kostenstelle: Mühle 4711 $EnPI = 111{,}31\ \frac{kWh}{t} \cdot ProdMenge\,[t] - 3{,}16\ \frac{kW}{°C} \cdot Gradstunden\,[°Ch] - 157{,}08\ \frac{kWh}{t} \cdot Wassermenge\,[t] - 1{,}42 kW \cdot Betriebsstunden\,[h]$

Abrechnungs-Zeitintervall: 1-12/2022

Baseline-Zeitintervall: 1-12/2021

EnPI-Eigner: Alois Schultze

Nicht vom EnPI-Eigner beein-flussbare relevante Variable (= Bezugsgrößen)	Baseline-Werte	Ziel-Wert	Termin	Ist-Werte	Normalisierte Baseline-Werte	Baseline-Abweichung		Normalisierte Ziel-Werte	Ziel-Abweichung	
						absolut	%	(Soll-Werte)	absolut	%
Produktionsmenge [t]	35.037									
Gradstunden [°Ch]	71.988									
Kornwassermenge [t]	4.073									
Betriebsstunden [h]	5.760									
EnPI-Werte [kWh]	3.024.488	-10 %	31/12/22							
Referenz-Energiepreis [€/kWh]	0,19									
Monetarisierte EnPI-Werte [€]	574.653									

Abbildung 8.9: Festlegung von Zielwerten

Im Beispiel ergibt sich ein Baseline-Wert in Höhe von rund 3.025 MWh (mit Bezug auf das Jahr 2022). Dieser Baseline-Wert bildet nun die Grundlage für die Entwicklung von Ideen für Verbesserungsmaßnahmen. Dazu ist der betrachtete Prozess durch den EnPI-Eigner in energetischer Hinsicht kritisch zu hinterfragen, dies zweckmäßigerweise in Zusammenarbeit mit anderen fachkundigen Kollegen. Die Ideenentwicklung sollte folgende Ergebnisse hervorbringen:

- Übersicht über diverse denkbare Maßnahmen, den untersuchten Prozess technisch umzugestalten oder die Betriebsführung zu ändern, um so den Energieverbrauch zu reduzieren
- Prüfung der Machbarkeit der ausgedachten Maßnahmen/Änderungen
- sofern machbar: Ermittlung des energetischen Einspareffektes (in kWh/a o. Ä.)
- Ermittlung der Aufwendungen, die mit der Umsetzung verbunden wären
- Prüfung der Wirtschaftlichkeit, sofern es sich bei der Maßnahme um eine Investition handelt, etwa wie in Kapitel 6 beschrieben

Sie ist anzunehmenderweise umso produktiver, je detaillierter und filigraner die Kennzahlenstruktur eines jeweiligen Prozesses ausgearbeitet worden ist. Entsprechende Vorschläge dazu finden sich bei Grabowski et al. (2015 [9]).

Brächte die Prüfung der Wirtschaftlichkeit ein positives Ergebnis hervor, wäre in einem nächsten Schritt die entsprechende Freigabe einzuholen, und der Umsetzungsprozess wäre zu terminieren. Die zuvor ermittelten Einspareffekte könnten dann der Ziel-Wert sein, im betrachteten Beispielfall etwa 300 MWh/Jahr oder –10 %. Der EnPI-Soll-Wert würde sich dann wie folgt ergeben:

Beispiel einer Soll-Wert-Funktion

$$\begin{aligned} EnPI_{4711}(Soll) = \Bigg(& 111{,}31 \frac{kWh}{t_{Prod.Menge}} \times Produktionsmenge[t] \\ & - 3{,}16 \frac{kW}{°C} \times Gradstunden[°Ch] - 157{,}08 \frac{kWh}{t_{Wasser}} \times Kornwassermenge[t] \\ & - 1{,}42 kW \times Betriebsstunden[h] \Bigg) \times (1 - Verbesserungsziel[\%]) \end{aligned} \tag{8.5}$$

Bei diesem Beispiel wird deutlich, dass die angestrebte Effizienzverbesserung auf den Prozess als Ganzes bezogen wurde. Plante man hingegen, beispielsweise nur die Grundlast zu reduzieren, könnte man die Ziel-Wert-Festlegung auch partiell fokussieren, wie die folgende Soll-Wert-Funktion deutlich macht.

Soll-Wert-Funktion mit partiell fokussiertem Zielwert

$$\begin{aligned} EnPI_{4711} = {} & 111{,}31 \frac{kWh}{t_{Prod.Menge}} \times Produktionsmenge[t] - 3{,}16 \frac{kW}{°C} \times Gradstunden[°Ch] \\ & - 157{,}08 \frac{kWh}{t_{Wasser}} \times Kornwassermenge[t] \\ & - 1{,}42 kW \times Betriebsstunden[h] \times (1 - Verbesserungsziel[\%]) \end{aligned} \tag{8.6}$$

Sind die Ziel-Werte (als Prozentangaben) bestimmt, können nach Beginn der Geschäfts- bzw. Berichtsperiode Ist-Werte – sowohl der Energieverbräuche als auch der Bezugsgrößen – ermittelt und Baseline- und Soll-Werten gegenübergestellt werden.

8.5 Baseline-Ist- und Soll-Ist-Vergleiche als wesentliches Steuerungsinstrument im Energiemanagement

Die folgende Abbildung 8.10 zeigt eine Abweichungsanalyse für die Beispiel-Mühle (zum Jahresende).

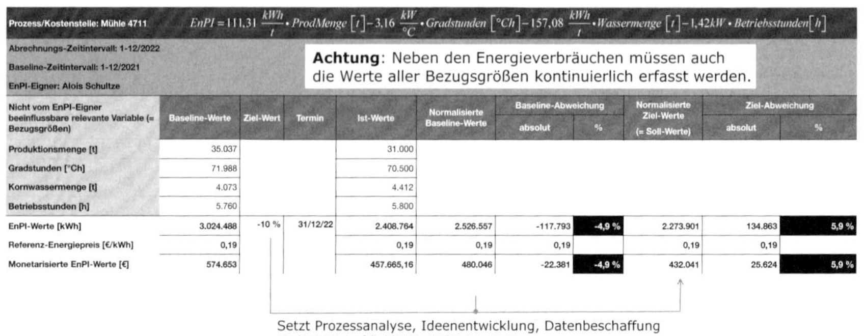

Prozess/Kostenstelle: Mühle 4711

$$EnPI = 111{,}31\,\frac{kWh}{t} \cdot ProdMenge\,[t] - 3{,}16\,\frac{kW}{°C} \cdot Gradstunden\,[°Ch] - 157{,}08\,\frac{kWh}{t} \cdot Wassermenge\,[t] - 1{,}42kW \cdot Betriebsstunden\,[h]$$

Abrechnungs-Zeitintervall: 1-12/2022

Baseline-Zeitintervall: 1-12/2021

EnPI-Eigner: Alois Schultze

Achtung: Neben den Energieverbräuchen müssen auch die Werte aller Bezugsgrößen kontinuierlich erfasst werden.

Nicht vom EnPI-Eigner beeinflussbare relevante Variable (= Bezugsgrößen)	Baseline-Werte	Ziel-Wert	Termin	Ist-Werte	Normalisierte Baseline-Werte	Baseline-Abweichung		Normalisierte Ziel-Werte (= Soll-Werte)	Ziel-Abweichung	
						absolut	%		absolut	%
Produktionsmenge [t]	35.037			31.000						
Gradstunden [°Ch]	71.988			70.500						
Kornwassermenge [t]	4.073			4.412						
Betriebsstunden [h]	5.760			5.800						
EnPI-Werte [kWh]	3.024.488	-10 %	31/12/22	2.408.764	2.526.557	-117.793	-4,9 %	2.273.901	134.863	5,9 %
Referenz-Energiepreis [€/kWh]	0,19			0,19	0,19	0,19		0,19	0,19	
Monetarisierte EnPI-Werte [€]	574.653			457.665,16	480.046	-22.381	-4,9 %	432.041	25.624	5,9 %

Setzt Prozessanalyse, Ideenentwicklung, Datenbeschaffung und Wirtschaftlichkeitsanalyse voraus

Abbildung 8.10: Abweichungs(-ursachen-)analyse mit EnPIs

Der normalisierte Baseline-Wert ergibt sich aus der Anwendung des EnPIs unter Zugrundelegung der Bezugsgrößen-Werte in der Berichtsperiode, hier rund 2.526 MWh. Vergleicht man ihn mit dem gemessenen Ist-Energieverbrauch, erhält man die Änderung, im Beispiel eine Effizienzverbesserung in Höhe von etwa 117 MWh. Inwieweit das gesteckte Ziel erreicht worden ist, ergibt sich demgegenüber durch den Vergleich des Ist-Wertes mit dem „Soll-Wert". Letztgenannter lässt sich ermitteln, indem man den normalisierten Baseline-Wert mit (1-Zielwert) multipliziert, im vorliegenden Fall zu etwa 2.273 MWh. Im Beispiel wird also eine Effizienzverbesserung (um 4,9 %) erreicht, das gesteckte Ziel jedoch um 5,9 % verfehlt.

Die dargestellte Abweichungsanalyse sollte – um wirksam zu sein – auch eine Ursachenanalyse umfassen. Eine sich daraus ergebende Abweichungsursachenklärung dient dazu, aufzuzeigen,

- ob und inwieweit eine Verbesserung zur energetischen Ausgangsbasis erzielt wurde,
- ob und inwieweit die EnPI-Ziele erreicht worden sind und insbesondere
- welche Ursachen – im Fall von nicht erreichten Zielen – genannt werden können.

Letztgenanntes Analyseergebnis ist von entscheidender Bedeutung für die Wirksamkeit eines Steuerungssystems. Denn erst die Klärung der Ursachen von Abweichungen ermöglicht es einem Unternehmen, Abhilfemaßnahmen (Handlungsoptionen) abzuleiten, die darauf hinwirken sollen, dass entsprechende Abweichungen in der Zukunft nicht wieder vorkommen. An dieser Stelle wird erneut die Rolle der EnPI-Eigner sichtbar, nämlich zur Aufklärung von Abweichungsursachen wesentlich beizutragen.

Sind Ziele erreicht, und wird dies im Rahmen der Abweichungsursachenanalyse festgestellt, wäre auf der Grundlage der dann neuen energetischen Ausgangsbasis zu prüfen, ob neue EnPI-Ziele festgelegt werden können. Dies mag nicht immer möglich oder wirtschaftlich, aber ggf. insbesondere dann zweckmäßig sein, wenn in der Zwischenzeit neue Effizienzideen entwickelt worden sind oder wenn steigende Energiepreise oder fallende Preise für neue Technologie bisher unwirtschaftliche Effizienzmaßnahmen haben wirtschaftlich werden lassen.

Der Festlegung der Ziele und damit der Soll-Werte kommt bei dem soeben beschriebenen Steuerungsprozess eine entscheidende Rolle zu. Denn in deren Rahmen ist zu prüfen, in welchem Umfang eine Verbesserung der Energieeffizienz möglich ist. Das Niveau sollte, um möglichst große Wirkung zu entfalten und gleichzeitig Frustration zu vermeiden, anspruchsvoll, aber auch erreichbar sein. Im folgenden Abschnitt wird daher aufgezeigt, auf welche Weise darauf hingewirkt werden kann.

Wichtig ist ferner eine angemessene Terminierung der Zielerreichung: Das Erreichen von selbstgesteckten oder vereinbarten Zielen führt regelmäßig dann nämlich nicht zu erwarteten Ergebnissen, wenn nicht gleichsam festgelegt wird, bis wann das jeweilige Ziel erreicht sein soll. Häufig würden dann Maßnahmen zur Zielerreichung aufgeschoben und sonstige relevante Maßnahmen in die Zukunft vertagt. Insofern ist das Festlegen von Zielerreichungsterminen eine zwingende Voraussetzung für ein wirksames Steuerungssystem.

8.6 Anreize zur Festlegung anspruchsvoller Energieeffizienzziele

Motivationsanreize zur Festlegung anspruchsvoller Energieeffizienzziele sind insbesondere dann erforderlich, wenn Energieleistungsziele auf der Grundlage eines Bottom-up-Ansatzes festgelegt werden. Hierauf wurde schon eingegangen. Zum einen geht es darum, Anreize zu geben, möglichst hohe Leistungsverbesserungen erreichen zu wollen. In diesem Zusammenhang können zusätzliche „Incentive-Systeme“ wirken. Beispielsweise würde die finanzielle Beteiligung des Betroffenen bzw. Ideengebers am Energieeffizienzerfolg

(z. B. x % der Energiekostenreduzierung des ersten Jahres nach Umsetzung der Maßnahme) eine gemeinsame energieeinsparungsabhängige Win-win-Situation herbeiführen.

Zum anderen geht es um die Festlegung der Zielniveaus. Ohne einen dahin gehenden Anreiz kann man davon ausgehen, dass EnPI-Eigner Ziele zunächst einmal auf niedrigem Niveau festlegen, um dadurch sicherzustellen, dass sie die Ziele auch erreichen und so ein individueller Reputationsschaden verhindert wird. Sollten Zielerreichungsprämien ausgelobt werden, ist die Neigung zur Niedrigzielfestlegung besonders groß. Aber auch Prämien auf energetische Leistungsverbesserungen (z. B. x % Energieverbrauchsreduzierung im Vergleich zum Vorjahr o. Ä.) können derartige taktische Verhaltensweisen nicht verhindern.

Hilfreich mag hier die Anwendung von Schemata sein, bei denen Leistungsprämien nicht nur auf Ist-Ergebnisse (normalisierter Ist-Verbrauch Vorjahr minus Ist-Verbrauch aktuelles Jahr), sondern auch auf Planwerte ausgeschüttet werden. Ein aus der Vertriebssteuerung bekanntes Verfahren in dieser Hinsicht ist etwa das „Weitzmann-Schema"[31], das sich auf einfache Weise im Hinblick auf eine Energieeffizienzsteuerung modifizieren lässt (vgl. Abbildung 8.11). Dieses Schema erzeugt Anreize, sich hohe Energieeinsparziele zu setzen, da sich der Einsparbeteiligungsbetrag (entspricht Provision) vor allem am Planwert (abzüglich der gewichteten Planabweichung) orientiert.

für $I < P$: **Beteiligung = $\mu_2 \times P + \mu_3 \times (I - P)$**

für $I > P$: **Beteiligung = $\mu_2 \times P + \mu_1 \times (I - P)$**

mit $\mu_1 < \mu_2 < \mu_3$

und I = Ist-Einsparung, P = Plan-Einsparung

Parameter:	Faktor
Basis-kWh-Beteiligungssatz	40 %
μ_1	15 %
μ_2	40 %
μ_3	65 %

Spez. Energiepreis	0,18 €/kWh							
Bereich	**Ist-Einsparung < Plan-Einsparung [kWh/a]**				**Ist-Einsparung > Plan-Einsparung [kWh/a]**			
Plan-Einsparung	300.000 kWh	**300.000 kWh**	250.000 kWh	300.000 kWh	300.000 kWh	**300.000 kWh**	400.000 kWh	400.000 kWh
Ist-Einsparung	250.000 kWh	**300.000 kWh**	250.000 kWh	100.000 kWh	400.000 kWh	**300.000 kWh**	400.000 kWh	500.000 kWh
Wert der Ist-Einsparung pro Jahr	45.000 €	54.000 €	45.000 €	18.000 €	72.000 €	54.000 €	72.000 €	90.000 €
Einspar-Beteiligung	15.750 €	21.600 €	18.000 €	-1.800 €	24.300 €	21.600 €	28.800 €	31.500 €
Einspar-Beteiligung ohne Weitzmann	18.000 €	21.600 €	18.000 €	7.200 €	28.800 €	21.600 €	28.800 €	36.000 €

Abbildung 8.11: Weitzmann-Schema für die Planung von Energiesparmaßnahmen

31 Vgl. etwa Ewert und Wagenhofer, 2014 [6], S. 410 ff.

Die anreizstiftende finanzielle Beteiligung (etwa an der Energieeinsparung im ersten Jahr nach Maßnahmenumsetzung) wird durch zwei Gleichungen beschrieben, die jeweils anzuwenden sind, je nachdem, ob der Planwert über- oder unterschritten wurde. Mithilfe des Einstellparameters μ_2 wird zunächst der Beteiligungsanteil an der Energieeinsparung für den EnPI-Eigner festgelegt. Die Parameter μ_1, μ_3 müssen dann jeweils kleiner resp. größer als μ_2 eingestellt werden. Sie bestimmen die Reagibilität des Systems. Die Beispieltabelle im unteren Abschnitt von Abbildung 8.11 verdeutlicht, dass das Weitzmann-Schema bei ausgedachten Energiesparmaßnahmen grundsätzlich anreizt, ein – realisierbares – und gleichzeitig möglichst hohes Energieeinsparziel festzulegen, eben nicht tiefzustapeln, weil nur so die größte Prämie zu erzielen ist.

Neben Anreizen spielen bei der Energieverbrauchs- bzw. -kostensteuerung Sanktionsmaßnahmen auch eine Rolle. Sie sind zur Sicherstellung der Wirksamkeit des kennzahlenbasierten Steuerungssystems notwendig und kommen immer dann zum Tragen, wenn Ziele nicht erreicht worden sind; andernfalls würde ein solches System schnell ins Leere laufen, seine Wirkung verpuffen.

Werden im Zuge der Anwendung eines Bottom-up-Verfahrens Anreize für Verbesserungen und/oder zur Festlegung hoher Zielniveaus ausgelobt (etwa Prämien, Boni, Teilhabe am Verbesserungserfolg oder sonstige Vorteile), ergibt sich die Sanktion quasi automatisch, wenn ebendiese geplanten Verbesserungen nicht erreicht werden und die Vorteile dadurch ausbleiben. Hier ist es entbehrlich, zusätzliche Sanktionsmaßnahmen zu entwickeln.

Sind hingegen Anreizsysteme – etwa im Rahmen eines Top-down-Ansatzes zur Zielfestlegung – nicht vorgesehen, dürfte es generell notwendig sein, Sanktionen für das Nichterreichen von Zielen festzulegen. Auf Beispiele wurde bereits in Kapitel 7, Abschnitt „Anreiz- und Sanktionsmechanismen“ eingegangen.

8.7 EnPI-Reporting

Ein Energiemanagement, das durch das Festlegen von Effizienz- und Einsparzielen sowie Prüfen von Zielerreichungsgraden eine möglichst umfassende Selbstregulation anstrebt, benötigt auch ein angemessenes Reporting, um wirksam zu sein. Betroffene, also insbesondere die EnPI-Eigner und die Energiemanager(-innen) sowie auch das Controlling und das Topmanagement, sollten auf angenehme Weise mit den Informationen versorgt werden, die sie benötigen, um Abweichungen festzustellen und ggf. darauf zu reagieren. Ideal ist die Herausbildung einer reflexiven Steuerung, in der die Akteure sich selbst informieren und aus der Information die Impulse für ihre Handlungen ziehen, ohne von außen angestoßen zu werden.

Zweckmäßig erscheinen dazu häufig einfache Lösungen, deren Aufbau einen vergleichsweise geringen Aufwand und damit niedrige Kosten nach sich zieht, in der Nutzung schnell verstanden wird und wenig Auswertungsaufwand erfordert. Im Folgenden soll ein tabellenbasiertes EnPI-Cockpit vorgestellt werden, das man aus einer Excel-Datei aufbauen und per firmeninternem IT-Netz allen Betroffenen zur Verfügung stellen kann (vgl. Abbildung 8.12).

ENPI-BEZEICHNUNG	ENPI-EIGNER	FORMEL	EINHEIT	IST 2022	SOLL 2023	ABWEICHUNG IN %
$EnPI_{4712}$ Kornmühle 4712	Richard Mertahens	= 84,83 kWh/t × ProdMenge + 9,34 kW × Betriebsstd.	kWh	121.404	134.406	-10 %
$EnPI_{4713}$ Kornmühle 4713	Hans Müller	= 46,56 kWh/t × ProdMenge + 18,34 kW × Betriebsstd.	kWh	167.670	145.676	15 %
$EnPI_{4715}$ Siebanlage 4715	Hans Müller	= 16,56 kWh/t × ProdMenge + 5,34 kW × Betriebsstd.	kWh	34.567	28.567	21 %
...	...	...	...	...	...	

Abbildung 8.12: Beispielhafter EnPI-Report

Dieses EnPI-Cockpit umfasst eine Liste der EnPIs, die zeilenweise aufgeführt und mit Hyperlinks versehen sind, sodass man sich durch Anklicken der Links weitere Informationen anzeigen lassen kann. Neben den EnPI-Bezeichnungen werden die EnPI-Eigner genannt sowie auch die Berechnungsformeln und die verwendeten technischen Einheiten. Die nächsten Spalten informieren den Betrachter über die gemessenen Ist-Werte einer Kennzahl sowie über die Soll-Werte, deren Differenz die Folgespalten durch einen Rot-Grün-Balken veranschaulichen. In einer praktischen Umsetzung eines ähnlichen Reporting-Tableaus war vereinbart worden, dass das Cockpit wöchentlich aktualisiert wird und die Betroffenen grundsätzlich auf rotgefärbte Balken zu reagieren haben, indem sie über einen Hyperlink ein editierbares Textfeld aktivieren und (a.) die Hintergründe der Abweichung erläutern sowie (b.) die Abhilfemaßnahmen innerhalb von drei Tagen aufführen müssen. Sollten diese Vorgaben – die im Übrigen durch alle Betroffenen gemeinsam festgelegt worden waren – nicht angemessen erledigt werden (was durch die Controllingabteilung kontrolliert wurde), musste der entsprechende Mitarbeiter vor der Geschäftsführung eine Erklärung abgeben.

8.8 Klimaschutzmanagement auf der Grundlage der ISO 50001 i. V. m. der ISO 50006

Eine fortlaufende Verbesserung der energiebezogenen Leistung im Sinne der ISO 50001 soll durch die Etablierung von Regelkreisen (bei jedem SEU) zustande kommen, in deren Rahmen regelmäßig Verbesserungsideen erarbeitet, bewertet (Business Case) und umgesetzt sowie Abweichungen der aktuellen EnPI-Werte von Baseline- oder Zielwerten ermittelt werden, die erforderlichenfalls zu Abhilfehandlungen führen. Dieser Mechanismus liegt der ISO 50006 textlich zugrunde und lässt sich wie folgt grafisch darstellen (vgl. Abbildung 8.13).

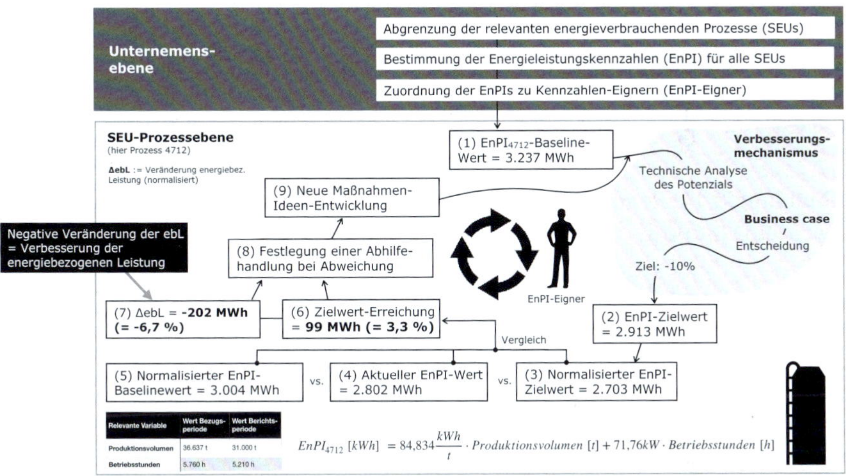

Abbildung 8.13: Regelkreismechanismus im Sinne der ISO 50006

Diesen Mechanismus kann man durch Ergänzung um CO_2e-Emissionsfaktoren zu einem Klimamanagementregelkreis weiterentwickeln, bei dem neben der Verbesserung der energiebezogenen Leistung (ΔebL) als Ergebnisse von EnPI-Auswertungen auch die Verbesserung der klimabezogenen Leistung (ΔkbL, als Ergebnisse von CPI-Auswertungen [„CPI" := „Climate Performance Indicator"]) im Fokus stehen (vgl. Abbildung 8.14).

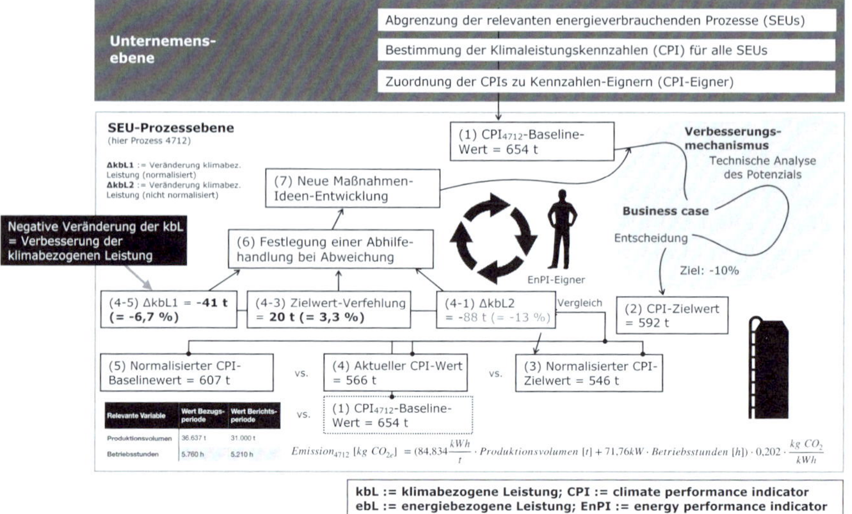

Abbildung 8.14: Regelkreismechanismus für Klimaschutz auf Basis der ISO 50001/50006

Bei dieser Regelungsstruktur sollte zwischen zwei Arten von klimabezogenen Leistungsindikatoren unterschieden werden – „ΔkbL1" und „ΔkbL2". Die Veränderung der „klimabezogenen Leistung Nr. 1" (ΔkbL1) zeigt die erbrachte Leistung im Hinblick auf die Reduzierung der klimarelevanten Gase auf und ergibt sich aus der Differenz von aktuellem Emissionsvolumen pro Zeitabschnitt (i. d. R. ein Jahr) und normalisierter Baseline. Eine negative Veränderung des Wertes dieser Kennzahl bedeutet zwar Leistungsverbesserung, aber nicht zwingend, dass eine absolute Emissionsminderung (etwa im Vergleich zum Vorjahr) zustande gekommen sein muss, etwa, wenn das Produktionsvolumen stärker zugenommen als die Emissionsintensität [t CO_2e/t_{Output}] abgenommen hat.

Klimaschutz erfordert absolute Emissionssenkungen. Der ergänzende Indikator „klimabezogene Leistung Nr. 2" (ΔkbL2) fokussiert daher auf die absoluten Veränderungen. Er enthält keine Normalisierung um Einflussfaktoren, zeigt die tatsächliche Emissionsminderung im Unternehmen auf und unterscheidet dabei nicht, ob die Senkung durch Klimaschutzmaßnahmen oder Einflüssen der Systemumwelt zustande gekommen ist.

Beide Indikatoren – ΔkbL1 und ΔkbL2 – bieten wichtige Informationen zur Steuerung der Treibhausgasemissionen, der Indikator ΔkbL2 insbesondere dann, wenn ein Zero-Carbon-Zustand angestrebt wird.

Insgesamt findet durch den oben ausgeführten Ansatz eine Weiterentwicklung der Regelkreisstruktur der Normen ISO 50001 und ISO 50006 in Richtung Klimaschutzmanagement in der Weise statt, dass EnPIs um CO_2e-Faktoren zu „CPIs energiebezogen" ergänzt und zudem weitere nicht unmittelbar energiebezogene klimamanagement-relevante Emissionen als „CPIs nicht energiebezogen" in den Steuerungsfokus mit aufgenommen werden (vgl. Abbildung 8.15).

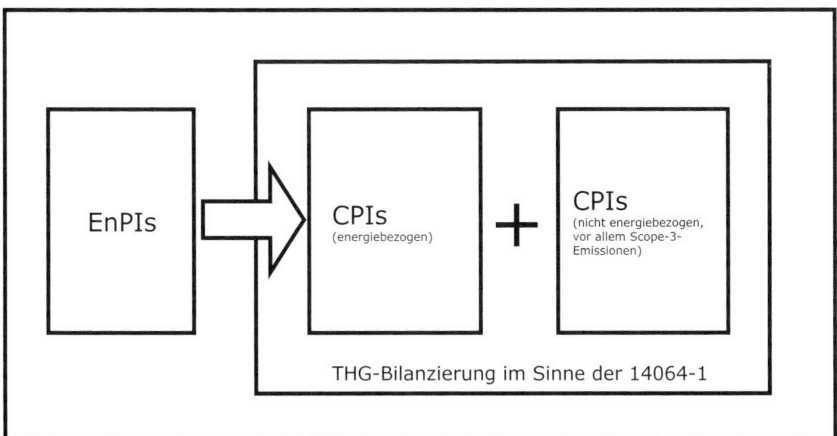

Abbildung 8.15: Weiterentwicklung der Regelkreisstruktur der ISO 50001 & 50006[32]

Das Monitoring der Verbesserungen der energie- und klimabezogenen Leistung ließe sich SEU- spezifisch durch Cockpittabellen durchführen (vgl. Abbildung 8.16).

32 Die ISO-Norm 14068 „Greenhouse gas management and related activities — Carbon neutrality" befindet sich noch in Arbeit und ist daher noch nicht veröffentlicht.

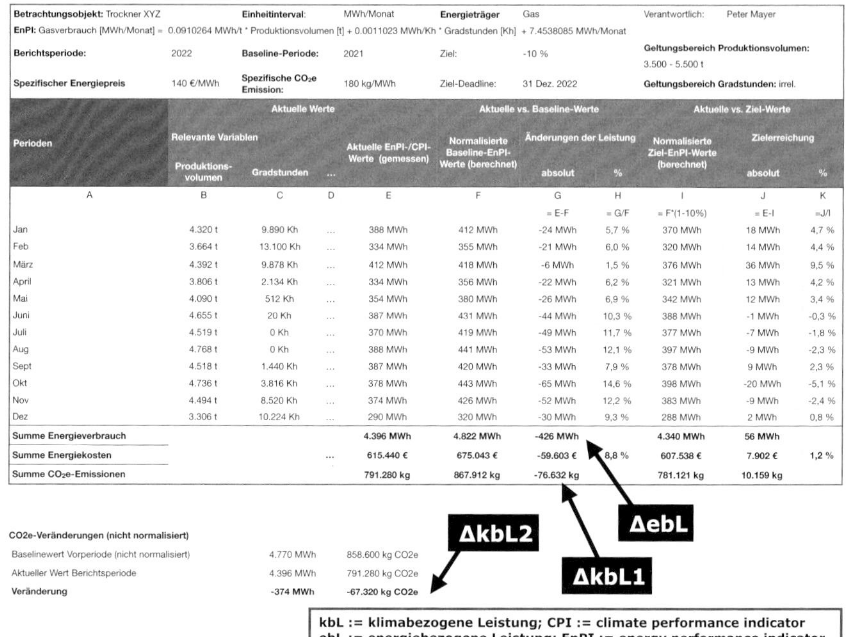

Betrachtungsobjekt: Trockner XYZ | **Einheitinterval:** MWh/Monat | **Energieträger** Gas | Verantwortlich: Peter Mayer

EnPI: Gasverbrauch [MWh/Monat] = 0.0910264 MWh/t * Produktionsvolumen [t] + 0.0011023 MWh/Kh * Gradstunden [Kh] + 7.4538085 MWh/Monat

Berichtsperiode: 2022 | **Baseline-Periode:** 2021 | Ziel: -10 % | **Geltungsbereich Produktionsvolumen:** 3.500 - 5.500 t

Spezifischer Energiepreis 140 €/MWh | **Spezifische CO_2e Emission:** 180 kg/MWh | Ziel-Deadline: 31 Dez. 2022 | **Geltungsbereich Gradstunden:** irrel.

Perioden	Aktuelle Werte				Aktuelle vs. Baseline-Werte			Aktuelle vs. Ziel-Werte		
	Relevante Variablen			Aktuelle EnPI-/CPI-Werte (gemessen)	Normalisierte Baseline-EnPI-Werte (berechnet)	Änderungen der Leistung		Normalisierte Ziel-EnPI-Werte (berechnet)	Zielerreichung	
	Produktions-volumen	Gradstunden	...			absolut	%		absolut	%
A	B	C	D	E	F	G	H	I	J	K
						= E-F	= G/F	= F*(1-10%)	= E-I	=J/I
Jan	4.320 t	9.890 Kh	...	388 MWh	412 MWh	-24 MWh	5,7 %	370 MWh	18 MWh	4,7 %
Feb	3.664 t	13.100 Kh	...	334 MWh	355 MWh	-21 MWh	6,0 %	320 MWh	14 MWh	4,4 %
März	4.392 t	9.878 Kh	...	412 MWh	418 MWh	-6 MWh	1,5 %	376 MWh	36 MWh	9,5 %
April	3.806 t	2.134 Kh	...	334 MWh	356 MWh	-22 MWh	6,2 %	321 MWh	13 MWh	4,2 %
Mai	4.090 t	512 Kh	...	354 MWh	380 MWh	-26 MWh	6,9 %	342 MWh	12 MWh	3,4 %
Juni	4.655 t	20 Kh	...	387 MWh	431 MWh	-44 MWh	10,3 %	388 MWh	-1 MWh	-0,3 %
Juli	4.519 t	0 Kh	...	370 MWh	419 MWh	-49 MWh	11,7 %	377 MWh	-7 MWh	-1,8 %
Aug	4.768 t	0 Kh	...	388 MWh	441 MWh	-53 MWh	12,1 %	397 MWh	-9 MWh	-2,3 %
Sept	4.518 t	1.440 Kh	...	387 MWh	420 MWh	-33 MWh	7,9 %	378 MWh	9 MWh	2,3 %
Okt	4.736 t	3.816 Kh	...	378 MWh	443 MWh	-65 MWh	14,6 %	398 MWh	-20 MWh	-5,1 %
Nov	4.494 t	8.520 Kh	...	374 MWh	426 MWh	-52 MWh	12,2 %	383 MWh	-9 MWh	-2,4 %
Dez	3.306 t	10.224 Kh	...	290 MWh	320 MWh	-30 MWh	9,3 %	288 MWh	2 MWh	0,8 %
Summe Energieverbrauch				**4.396 MWh**	**4.822 MWh**	**-426 MWh**		**4.340 MWh**	**56 MWh**	
Summe Energiekosten			...	**615.440 €**	**675.043 €**	**-59.603 €**	**8,8 %**	**607.538 €**	**7.902 €**	**1,2 %**
Summe CO_2e-Emissionen				**791.280 kg**	**867.912 kg**	**-76.632 kg**		**781.121 kg**	**10.159 kg**	

CO2e-Veränderungen (nicht normalisiert)		
Baselinewert Vorperiode (nicht normalisiert)	4.770 MWh	858.600 kg CO2e
Aktueller Wert Berichtsperiode	4.396 MWh	791.280 kg CO2e
Veränderung	**-374 MWh**	**-67.320 kg CO2e**

Abbildung 8.16: EnPI-Cockpit-Tabelle analog zur novellierten ISO 50006 (etwas erweitert)

Durch die Erfassung von Veränderungen der energiebezogenen und der klimabezogenen Leistung in jeweils einheitlichen Einheiten lassen sich die Veränderungen jeweils aggregieren, sodass übergeordnete Einheiten, etwa ein ganzer Betrieb mit Angaben, auf der Grundlage ihrer ΔebL sowie ΔkbL1 und ΔkbL2 bewertet werden können (vgl. Abbildung 8.17).

Tabelle 8.12 enthält beispielhaft die Einbindung einer Regenerativenergieanlage (etwa PV-Anlage an Energieversorgung von Prozess 4712) als Verbesserungsmaßnahme, die nicht zu einer Änderung der ebL, gleichwohl aber zu einer Verbesserung der kbL1 und kbL2 führt. Für erneuerbare Energieanlagen ergeben sich die spezifischen Energiekosten aus der Differenz zwischen dem aktuellen spezifischen Energiepreis und den Gestehungskosten der erzeugten erneuerbaren Energie (Details siehe Nissen, U. & Harfst, N. Shortcomings of the traditional „levelized cost of energy“ [LCOE] for the determination of grid parity [17]). Durch die simultane Berücksichtigung der Energieverbräuche und darüberhinausgehender CO_2e-Emissionen in der dargestellten Weise würde eine Steuerung sowohl der Energieverbräuche und -kosten als auch der CO_2e-

Emissionen stattfinden, wobei allerdings ein möglicher Stolperstein dabei zu berücksichtigen ist. Sollte nämlich die Auffassung vertreten werden, dass der Einsatz erneuerbarer Energien die „energiebezogene Leistung“ nicht verbessern kann (hierzu gleich detaillierte Ausführungen), dann wäre es denkbar, dass ein Unternehmen in der Gesamtbetrachtung einer Bilanzierungsperiode die klimabezogene Leistung verbessert hat, die energiebezogene aber nicht, und somit möglicherweise eine Re-Zertifizierung verweigert wird mit allen Konsequenzen, die damit verbunden sein können (Ende von Privilegien bei der Strom-/Energiesteuer, Bußgeld wegen der Nichteinhaltung des Energieeffizienzgesetzes etc.). Mit anderen Worten ist nicht ausgeschlossen, dass die energiebezogene und die klimabezogene Leistung im Rahmen der Anwendung der ISO 50001 in einem gewissen Widerspruch zueinander stehen. Hierauf soll im Folgenden eingegangen werden.

8.9 Einsatz Erneuerbarer Energie als Beitrag zur Verbesserung der energiebezogenen Leistung

Die Anwendung der ISO 50001 ist in Deutschland in verschiedene Gesetz- und Verordnungstexte in der Form von statischen Verweisen eingebettet worden und generell vorgeschrieben (voraussichtlich im künftigen EnEfG) oder wird gefordert, um bestimmte Privilegien (Spitzenausleich im Energie- und StromStG oder die Beihilferegelung nach der BECV sowie ETS-Strompreiskompensation) zu erlangen, wodurch der Normtext offenbar Rechtscharakter erhält und daraus folgend auch besondere Rechtsfragen aufwerfen könnte.

Ein entsprechender Nachweis über die Anwendung der ISO 50001-Norm wird durch Vorlage eines aktuellen Zertifikates einer anerkannten Zertifizierungsstelle erbracht, sofern im Vorfeld nachgewiesen wird, dass eine „Verbesserung der energiebezogenen Leistung“ (**ebL**) im Vergleich zur letzten Prüfung vorliegt. Wird im Rahmen eines Zertifizierungsaudits (alle drei Jahre) eine Zertifizierung verweigert, hat das unter Umständen auch zur Folge, dass die Privilegien entfallen oder Bußgelder zu zahlen sind, was u. U. mit erheblichen Zusatzkosten für ein betroffenes Unternehmen verbunden ist.

Im Raum steht daher die Frage, ob die Verbesserung der ebL zwingend eine Erhöhung der Endenergieeffizienz voraussetzt oder ob der Einsatz erneuerbarer Energie (= Verbesserung der Primärenergieefizienz) auch anerkannt werden könnte. Diese Frage ist dann von Bedeutung, wenn in einem Unternehmen fossile Energien zwar durch erneuerbare ersetzt worden sind, aber klassische Effizienzverbesserungen nicht vorgelegt werden können, weil z. B. keine wirtschaftlich vorteilhaften Effizienzpotenziale mehr vorzuliegen scheinen. Bei der Beantwortung dieser Frage gehen die Meinungen auseinander.

Die Textstellen A.6.3 Absatz 6 und A.8.3 Absatz 3 der ISO 50001:2018 erwecken den Anschein, dass die Anwendung von Erneuerbaren Energien ausgeschlossen ist („does not represent an energy performance improvement“ und „does not improve energy performance“). Allerdings befinden sich diese Textstellen im **informativen** Anhang der Norm und haben insofern zunächst einmal keinen Anforderungs-Charakter. Z. T. wird die Auffassung vertreten, dass der Einsatz erneuerbarer Energie nicht als Verbesserung der ebL anzusehen ist und daher bei der Auditierung unberücksichtigt bleibt, weil es in der Norm so ausgedrückt ist (Auslegung A).

Eine andere Interpretation (Auslegung B) geht in die folgende Richtung: Durch Einbettung der ISO 50001 in Rechtsnormen erlangt die ISO 50001 in Deutschland – wie erwähnt – Rechtscharakter. Ein Gericht würde im Falle eines Rechtsstreits die Norm, zumindest den normativen Teil, wie ein Gesetz behandeln. Das ist anders als in den meisten anderen Ländern, in denen es solche Einbettungen nicht gibt.

Gäbe es Streitigkeiten über eine nicht-erteilte Rezertifizierung, die dann zur Nicht-Gewährung von staatlichen Privilegien und in Folge zu finanziellen Schäden führen würde, wären sie vor einem Zivilgericht und nicht vor einem Verwaltungsgericht auszutragen, weil die evtl. Nichterfüllung des Vertrags über ein Rezertifizierungsaudit im Zentrum der Betrachtung stünde.

Eindeutig scheint zu sein, dass Regelungen, die im informativen Anhang der ISO 50001 stehen, Leitfadencharakter haben, so eben die Verwendung Erneuerbarer Energien mit Bezug auf die Verbesserung der ebL. Der Auditor hätte – nach der Auslegung B – daher ein **Ermessen**, so oder so zu entscheiden. Das bedeutet: Lehnte der Auditor eine Zertifizierung ab, so handelte er genauso rechtskonform wie ein anderer Auditor, der den Einsatz erneuerbarer Energien als Verbesserung der ebL anerkennen würde. Das Gericht könnte die Entscheidung des Auditors dann **nur darauf überprüfen**, ob er nach „billigem“ Ermessen entschieden hat. Unbillig wäre es, wenn der Auditor in unvertretbarer Weise entschieden hätte. Und eine solche unvertretbare Weise dürfte hier üblicherweise nicht vorliegen.

Hieraus mag sich folgende Conclusio ergeben: Sollte ein Unternehmen – etwa nach Ausschöpfung seiner Effizienzpotenziale – in erneuerbare Energien investieren und damit den fossilen Primärenergieverbrauch und in Folge die CO_2-Emissionen senken, könnte er **vor** einem Rezertifizierungsaudit bei verschiedenen Zertifizierungsgesellschaften anfragen, welche Auffassung in Bezug auf die Anerkennung des Einsatzes erneuerbarer Energie jeweils vorliegen und sich auf der Grundlage der Antwort für eine Gesellschaft entscheiden.

9 ISO 50006 im Einfluss benachbarter Standards und der Digitalisierung

Paul Girbig

Managementsystemstandards werden im Rahmen von regelmäßigen Aktualisierungszyklen angepasst, um aktuellen Anforderungen der Normanwender gerecht zu werden. Zu diesen aktuellen Anforderungen gehört auch die Digitalisierung. Es ist davon auszugehen, dass in den nächsten Jahren dieses Thema auf nahezu alle Prozesse innerhalb von Unternehmen Einfluss nimmt und daher für die Managementsystemnormung Relevanz hat. Intelligente Prozesssteuerung und -simulation werden Einblicke in komplexe und übergreifende Prozessabläufe bieten und bisher nicht betrachtete Energieeinsparpotenziale greifbar machen.

Derartige Änderungen werden sich in gewissem Umfang auch auf die Festlegung der energetischen Ausgangsbasen (EnB) und der Energieleistungskennzahlen (EnPI) auswirken. Die folgenden Ausführungen geben eine kurze Zusammenfassung der revidierten und 2018 veröffentlichten DIN EN ISO 50001 im Hinblick auf die Messung der energiebezogenen Leistung und die Festlegung von Energieleistungskennzahlen, insbesondere nach der Inkorporation der sogenannten „High Level Structure“ (HLS) und unter Berücksichtigung der Digitalisierung in Unternehmen.

9.1 Benachbarte Normen

9.1.1 DIN ISO 50015 Energiemanagementsysteme – Messung und Verifizierung der energiebezogenen Leistung von Organisationen – Allgemeine Grundsätze und Leitlinien

Vorrangige Motivation der internationalen Normungsorganisation ISO zur Erstellung der ISO 50015 war, die Anwender der ISO 50001-Norm dahingehend zu unterstützen, den Nachweis der Verbesserung der energiebezogenen Leistung normkonform zu erbringen. Diese Norm bietet ergänzende Information zur ISO 50006-orientierten Messung der energiebezogenen Leistung unter Nutzung von Energieleistungskennzahlen (EnPI). Die deutsche Fassung DIN ISO 50015 ist seit April 2018 verfügbar.

In der ISO 50015 werden Empfehlungen zur

- Messung und Verifizierung (M & V) der energiebezogenen Leistung einer Organisation, zur

- Verifizierung und Dokumentation der Messdaten wie Berichtszeiträume und zur
- Kompetenz des M&V-Durchführenden gegeben.

Praktische Beispiele zur Aufstellung der Messverfahrensintervalle, der Festlegung des Betrachtungsraums und der Zeitintervalle zur Bestimmung der EnPIs und EnBs werden erläutert. Die DIN ISO 50015 beschreibt keine grundsätzlich neuen Themen, sondern bietet in Form eines Leitfadens ergänzende Informationen zur Bildung von EnPIs.

9.1.2 ISO 50047 Energy savings – Determination of energy savings in organizations

Die ISO 50047 mit dem deutschen Titel „Energieeinsparungen – Bestimmung von Energieeinsparungen in Organisationen" unterstützt als Leitfaden Unternehmen bei der Einschätzung und Kalkulation der erwarteten Energieeffizienz-Maßnahmen. Ursprünglich wurde das Normvorhaben unter der Normbezeichnung ISO 17747 geführt, jedoch wurde die Bezeichnung der Norm im Rahmen der Zusammenlegung von ISO/TC 242 und ISO/TC 257 angepasst.

Im Fokus des Leitfadens stehen zwei Herangehensweisen der Festlegung von Energieeinsparungen – „Organization-based approach" und der „EPIA-based approach". Der Erstgenannte ist als Top-down-Ansatz zu verstehen und adressiert die Gesamtsicht sozusagen von oben herab auf ein Unternehmen und soll den Blick auf Wesentliches in einem Unternehmen richten. Der Zweitgenannte – eher Bottom-up – dient zu Analyse einzelner Prozesse und bietet auf Basis der Einzelanalyse den Einblick in Prozessabläufe. Im Leitfaden ISO 50047 wird die Abkürzung EPIA (Energy Performance Improvement Action) verwendet, um deutlich zu machen, dass Bottom-up und EPIA zusammengehören, Top-down hingegen ohne EPIA auskommt (was man jeweils sowohl als Stärke wie auch als Schwäche auslegen kann).

Die ISO 50047 legt gegenüber der ISO 50001 keine Anforderungen fest, sondern dient als Leitfaden und ergänzende Information zur Vorgehensweise bei der Ermittlung der Energieeinsparung in Organisationen. Die in der ISO 50047 vorgestellte Methodenkompetenz mit Blick auf EPIA ist als Empfehlung zur Bestimmung der Energieeinsparung anzusehen und unterstützt die Anwendung der DIN ISO 50006 hinsichtlich der Messung der energiebezogenen Leistung durch Angabe von Berechnungsformeln zur Bestimmung der Energieeinsparungen. Um Verwechselungen auszuschließen, wird hier darauf hingewiesen, dass eine ähnlich lautende Norm – die DIN EN 50047 – veröffentlicht worden ist, die sich mit industriellen Niederspannungs-Schaltgeräten etc. befasst und keinen Bezug zur ISO 50047 aufweist.

9.1.3 DIN EN ISO 14001 und Europäische EMAS-Verordnung

Das Umweltmanagementsystem DIN EN ISO 14001 und Energiemanagementsystem DIN EN ISO 50001 ergänzen sich, jedoch ist zu berücksichtigen, dass weder durch ein Umweltmanagementsystem die Maßnahmen eines Energiemanagementsystems abgedeckt werden, noch sind Umwelt-Themen bereits durch ein Energiemanagementsystem abgehandelt. Die in den letzten Jahren vorgenommene Anpassung der Managementsystemstandards an eine sogenannte „High Level Structure" bei ISO zielt nur darauf ab, eine bessere Kompatibilität der ISO-Managementsystemstandards zu erreichen und so weit wie möglich eine identische Struktur zur vereinfachten Handhabung der ISO-Managementstandards zustande zu bringen. Inhalte oder Ausrichtung eines Standards sollen durch die Anpassung an HSL möglichst nicht beeinflusst werden. Im Abschnitt 9.2 wird auf die ISO „High Level Structure" näher eingegangen.

Viele Organisationen sind bereits gemäß der Umweltmanagementsystemnorm DIN EN ISO 14001 zertifiziert und haben in Ergänzung oder parallel hierzu ihre Verpflichtung um das Europäische Eco-Management and Auditing Scheme (EMAS) erweitert. Bei der EMAS-Verordnung[33] handelt sich um eine freiwillig anzuwendende Verordnung, die von der Europäischen Union entwickelt und 1993 eingeführt wurde. Inhaltlich zielt EMAS auf Umweltmanagement und Umweltbetriebsprüfung für Organisationen, die ihre Umweltleistung verbessern wollen, ab. Im Fokus der EMAS-Verordnung steht die Verbesserung der Umweltleistung.

Ähnlich der DIN EN ISO 14001 werden mit einem eingeführten EMAS-System nicht automatisch Anforderungen der DIN EN ISO 50001 Energiemanagement erfüllt, aber die Energienutzung ist ein bedeutender Umweltaspekt und damit ebenso Bestandteil von EMAS. Nur wenige inhaltliche Anpassungen und Konkretisierungen z. B. hinsichtlich der energiebezogenen Leistung und der energetischen Bewertung sind erforderlich, um eine Äquivalenz herzustellen. Hierbei ähnelt die EMAS der DIN EN ISO 14001, ersetzt aber keineswegs die Zertifizierung nach DIN EN ISO 50001. Die aktualisierte EMAS-Verordnung (EU) 2017/1505 ist seit dem 18. September 2017 in Kraft und konzentriert

33 Aktuelle Fassung: VERORDNUNG (EG) Nr. 1221/2009 DES EUROPÄISCHEN PARLAMENTS UND DES RATES vom 25. November 2009 über die freiwillige Teilnahme von Organisationen an einem Gemeinschaftssystem für Umweltmanagement und Umweltbetriebsprüfung. Aktuelle Fassung der Anhänge: VERORDNUNG (EU) 2017/1505 DER KOMMISSION vom 28. August 2017 zur Änderung der Anhänge I, II und III der Verordnung (EG) Nr. 1221/2009 des Europäischen Parlaments und des Rates über die freiwillige Teilnahme von Organisationen an einem Gemeinschaftssystem für Umweltmanagement und Umweltbetriebsprüfung (EMAS).

sich auf die Aktualisierung der Anhänge I (Umweltprüfung), II (Anforderungen an das Umweltmanagementsystem) und III (Umweltbetriebsprüfung). Den Anforderungen der aktualisierten DIN EN ISO 14001 wird damit Rechnung getragen.

Umweltmanagement und Energiemanagement haben Parallelen, und ein Vergleich der DIN EN ISO 14031 „Umweltleistungsbewertung" mit der DIN ISO 50006 „Energiemanagementsysteme – Messung der energiebezogenen Leistung unter Nutzung von energetischen Ausgangsbasen (EnB) und Energieleistungskennzahlen (EnPI)" ist berechtigt, gar hilfreich, um Ziele, Methoden in der Umsetzung und Zielerreichung zu vereinbaren. Auf die Verwandtschaft zwischen der DIN EN ISO 14031 und der DIN ISO 50006 wird im nachfolgenden Abschnitt eingegangen.

9.1.4 DIN EN ISO 14031 Umweltmanagement – Umweltleistungsbewertung – Leitlinien

Werden Umweltmanagement- und Energiemanagementsystem simultan betrachtet, so sollten in der Umsetzung der beiden Standards die Leitlinien der DIN ISO 50006 „Messung der energiebezogenen Leistung unter Nutzung von energetischen Ausgangsbasen (EnB) und Energieleistungskennzahlen (EnPI)" wie auch der DIN EN ISO 14031 „Umweltleistungsbewertung" herangezogen und die Bildung der Kenngrößen für beide Systemstandards aufeinander abgestimmt werden.

In der Norm DIN EN ISO 14031 ist ein Prozess beschrieben, der es Organisationen ermöglicht, eine Leistungsbewertung mit Bezug auf den Umweltschutz zu ermöglichen. Die Norm geht hierbei auf die Bildung wesentlicher Kennzahlen für das Umweltmanagement, deren Nachvollziehbarkeit, Transparenz und die Überprüfbarkeit ein. Methoden zur Bestimmung der Kennzahlen, deren Verlässlichkeit, deren Berichterstattung und die Kommunikation in der Organisation werden verdeutlicht, allerdings nicht so stringent und strukturiert wie in der DIN ISO 50006. Dennoch ähnelt die im Rahmen der ISO 14001 geforderte Dokumentation der Umweltpolitik, der Umweltleistungsziele und der Zielerreichung in vielerlei Hinsicht der Vorgehensweise im Energiemanagement entsprechend der DIN ISO 50006.

Insbesondere bei simultaner Anwendung eines Energie- und eines Umweltmanagementsystems erscheint es empfehlenswert, die Bewertung der energiebezogenen Leistung mithilfe von EnPIs in die Umweltleistungsbewertung nach DIN ISO 14031 zu integrieren.

Die Ur-Norm ISO 14031 wurde vom Technischen Komitee ISO/TC 207/SC 4 „Environmental performance evaluation“ der ISO erarbeitet und durch das europäische Technische Komitee CEN/SS S26 „Environmental Management“ übernommen. Von Seiten des DIN war an der Erarbeitung der Arbeitsausschuss 2 „Umweltmanagement/Umweltaudit“ des Normenausschusses Grundlagen des Umweltschutzes (NAGUS) beteiligt.

In diesem Zusammenhang sollte darauf hingewiesen werden, dass im Rahmen der Beratung der Working Group 1 des ISO/TC 301 zur Aktualisierung der ISO 50001 in Peking intensiv erörtert wurde, dass eine Vermischung, schlimmstenfalls eine gegenseitige Verrechnung von Energieeffizienz- und Umweltmaßnahmen nicht erwünscht ist. Von einigen wenigen Delegierten war gewünscht worden, in den aktualisierten ISO 50001-Standard aufzunehmen, dass bei Nutzung von Solarenergie und Windenergie die Energieeffizienz nicht von Bedeutung wäre, sondern der Nutzung von Solarenergie und Windenergie der Vorrang gegeben wird. Begründet wurde dies mit dem Argument, dass Sonne und Wind per se zur Verfügung stünden und eine Effizienzminderung nicht zur energetischen Einsparung an Sonne und Wind führe. Das gemeinsame Verständnis der Delegierten war jedoch, dass auch bei Nutzung umweltfreundlicher Energieressourcen die Energieeffizienz von Bedeutung ist, da sonst die Nutzung umweltfreundlicher Energieressourcen nicht ausreicht, um den Energiebedarf zu decken.

Um Verwechselungen auszuschließen, wird hier darauf hingewiesen, dass ein ähnlich lautende Norm – die DIN EN 14031 – veröffentlicht worden ist, die sich mit Belastungen am Arbeitsplatz, mit der Bestimmung von luftgetragenen Endotoxinen befasst, jedoch keinen unmittelbaren Bezug zur DIN EN ISO 14031 Umweltleistungsbewertung aufweist.

9.1.5 DIN EN 16212 Energieeffizienz und -einsparberechnung – Top-down- und Bottom-up-Methoden

Anlass für die Erstellung der europäische Norm DIN EN 16242 im Jahr 2010 waren vorrangig die Unwägbarkeiten in der Energieversorgung Europas (Abhängigkeit vom Energieimport) und Maßnahmen zur Emissionsminderung. Zur Formulierung von Politiken und Zielen zur Steigerung der Energieeffizienz wurden mit der Norm DIN EN 16212 Methoden definiert, die sich eignen, die Energieleistung zu erfassen und die Berechnung der Energieeffizienz und Energieeinsparungen in komplexeren Prozessen wie der Gebäudeversorgung, der Verkehrstechnik und der individuellen Mobilität sowie von übergreifenden Industrieprozessen zu bestimmen.

Die in der DIN EN 16212 beschriebenen Methoden sind zur Berechnung der Energieeffizienz und Energieeinsparung allgemeingültig formuliert und sind beispielsweise bei Gebäuden, Autos, Geräten und Industrieprozessen anwendbar. Die Norm behandelt nicht die Versorgung mit Energie, z. B. durch Kraftwerke.

9.1.6 DIN EN 16231 Energieeffizienz-Benchmarking-Methodik

In der DIN EN 16231 „Energieeffizienz-Benchmarking-Methodik" werden die Anforderungen und Empfehlungen für Energieeffizienz-Benchmarking-Methoden festgelegt. Die Motivation für die Entwicklung der DIN EN 16231 war geprägt von dem Bedarf, eine Übersicht über den Einsatz der Energie in den einzelnen Sektoren zustande zu bringen und letztlich mit einer Reduktion des Energieeinsatzes in Europa einen Beitrag zu Reduktion des weltweiten Treibhausgasausstoßes zu erreichen.

Die europäische Norm DIN EN 16231 wurde auf Basis bekannter Verfahren aus Politik- und Wirtschaftsberatung entwickelt. Vergleichsverfahren wie das Benchmarking erlauben eine Positionierung der Energieeffizienz der eingesetzten Energiemengen in einzelnen Sektoren der Gesellschaft und Wirtschaft. Bestwerte ermittelt aus einem Benchmarking können als Zielwerte für Energieeffizienz-Maßnahmen verwendet werden.

9.1.7 VDI-Richtlinie 4602 – Blatt 1: Energiemanagement – Grundlagen

Der Verein Deutscher Ingenieure („VDI") war mit der Erarbeitung und Bereitstellung der Richtlinie VDI 4602 – Blatt 1 „Energiemanagement – Begriffe" die erste Organisation in Deutschland, die bereits im Jahr 2007 einen Standard für Energiemanagement formulierte. Bei der Entstehung der europäischen Norm EN 16001 „Energiemanagementsysteme – Anforderungen mit Anleitung zur Anwendung" sowie später auch bei der Entwicklung der ISO 50001 wurden Inhalte der VDI 4602 berücksichtigt. Die VDI 4602 wendet sich an den Anwender eines Energiemanagements, und in Blatt 2 (VDI 4602 – Blatt 2 „Energiemanagement – Beispiele") werden praktische Beispiele zur Bildung von Energiekenngrößen sowie energetischen Ausgangsbasen vorgestellt.

Zum Zeitpunkt der ersten Ausgabe der VDI 4602 befand sich die europäische Norm DIN EN 16001 Energiemanagementsysteme noch in der Entstehungsphase. Im Jahr 2011 ersetzte die DIN EN ISO 50001 die DIN EN 16001. Um die DIN EN ISO 50001 bzw. nachgezogene Standards der Normenfamilie DIN EN ISO 50001 zu berücksichtigen, wurde die Richtlinie VDI 4602 überarbeitet. Eine Aktualisierung von VDI 4602 Blatt 1 „Energiemanagement – Grundlagen" steht seit April 2018 zur Verfügung.

9.1.8 VDI 4662 Bildung, Implementierung und Nutzung von Energiekennwerten

Die Richtlinie VDI 4662 – Bildung, Implementierung und Nutzung von Energiekennwerten wurde 2015 veröffentlicht, trifft daher zeitlich die Übergangsphase von der europäischen Norm DIN EN 16001 Energiemanagementsysteme zur internationalen Norm DIN EN ISO DIN 50001.

Die VDI 4662 richtet sich an alle Personen, die in ihrer Organisation die Verminderung der Energieintensität anstreben. Die Richtlinie ist als Leitfaden ausgeführt, um praxisnah die Umsetzung eines Energiemanagements in einer Organisation zu erläutern. Die für die Etablierung eines Energiemanagementsystems wichtige Voraussetzung der Definition von Bilanz- und Systemgrenzen und einer realistischen Zielvorgabe im Rahmen des technisch minimalen Energiebedarfs wird beachtet.

Im Norm-Abschnitt zur Bildung und Dokumentation von Energiekennzahlen wird insbesondere auf die Bedeutung der Kennzahlen, Transparenz und Aussagekraft sowie auf die für die Umsetzung wichtige Verfolgbarkeit der Energiekennzahlen hingewiesen. Die VDI 4662 unterstreicht und betont die Bedeutung und Akzeptanz der Energiekennzahlen in der Organisation und macht den Vorschlag, Energiekennzahlen den Bedarfsgruppen zuzuordnen. Diese Vorgehensweise empfiehlt sich für größere Organisationen bzw. industrielle Unternehmen. Die drei genannten Bedarfsgruppen sind:

- organisationsführende Ebene mit Verantwortung für strategische Entscheidungen
- Managementebene, verantwortlich für die Bilanzierung (meist kaufmännischer Bereich)
- operatives Management

Je Bedarfsgruppe werden in der VDI 4662 Vorschläge zur Festlegung der Energiekennzahlen gemacht, um der Ausrichtung auf drei Ebenen gerecht zu werden. In diesem Zusammenhang wird auch auf die Aggregation von operativen Energiekennzahlen auf bilanzierende und die Organisation führende Ebene an Beispielen gezeigt.

Praxisnah wird auf

- die Erfassung der Energiekennzahlen und Dokumentation,
- die Aggregation von Energiekennzahlen,
- die Steuerung und Verfolgung der Energiekennzahlen mittels einer Balanced Scorecard (BSC),

- die Auswertung der Energiekennzahlen in Diagrammen und auf
- die Methoden der Lebenszykluskostenrechnung, Wirtschaftlichkeitsrechnung und Nutzwertanalyse

eingegangen. Praktische Beispiele sind im Anhang zu finden.

Aufgrund der Breite des Themas verweist der VDI in der Richtlinie auf eine Vielzahl weiterer meist technischer Richtlinien und Normen, die im Hinblick auf den Inhalt dieser Energiekennzahlen Relevanz besitzen.

9.2 Anpassung von Managementsystem-Standards an die „High Level Structure" – zukünftig „Harmonized Structure"

Die Internationale Organisation für Normung ISO initiiert, erarbeitet, korrigiert, verbessert und aktualisiert Standards. Hierbei agiert sie als internationale Vereinigung von Normungsorganisationen in allen Bereichen, jedoch mit Ausnahme der Elektrik und der Elektronik, für die die Internationale elektrotechnische Kommission IEC zuständig ist, und der Telekommunikation, deren Verantwortung der Internationalen Fernmeldeunion ITU obliegt. Gemeinsam bilden diese drei Organisationen die WSC (World Standards Cooperation).

Bereits 2003 wurde in der 26. Sitzung des ISO General Assembly von dem ISO Technical Management Board (ISO/TMB) die Forderung aufgestellt, die ISO Managementsystem-Standards aufeinander abzustimmen. Hierzu beauftragte das ISO/TMB im Jahr 2005 die Technical Advisory Group 13 „Joint Technical Co-ordination Group on Management System Standards" (TAG 13-JTCG oder JTCG), um eine übergeordnete einheitliche Struktur für alle Managementsystemnormen festzulegen. In der Vergangenheit wurden verschiedene Managementsystem-Standards mit unterschiedlichen, zum Teil widersprüchlichen Anforderungen, Begriffen und Definitionen erarbeitet und veröffentlicht. Dies führte bei den Unternehmen zu zusätzlichem Aufwand und behinderte die Unternehmen in der Erreichung der geplanten Ziele der Managementsystem-Standards.

Aufgabe der TAG 13-JTCG war es daher, so weit wie möglich eine identische Struktur aller Managementsystem-Standards aufzubereiten, um einen sogenannten „integrierten Managementsystem-Standard" zu erreichen, mit dem zwei oder mehrere Managementsystem-Standards parallel bzw. zeitgleich umgesetzt werden können. Mit anderen Worten sollte eine Standardisierung von Managementsystem-Standards erfolgen.

Die Gruppe mit Vertretern aus den Bereichen Qualität, Umwelt, Energie und weiterer Komitees entwickelte eine übergeordnete Struktur mit Textbausteinen für Managementsystemnormen, die sogenannte „High Level Structure“ (HLS), die auf eine Vereinheitlichung der folgenden Normbestandteile abzielt:

- Bezeichnung der Abschnitte/Kapitel (Clause titles),
- Reihenfolge der Abschnitte/Kapitel (Sequence of clause titles),
- Textbausteine (Text) und
- Begriffe und Definitionen (Terms and definitions).

Mit der HLS wird von der Erstellungsphase, über die Handhabung bis hin zur Pflege von Managementsystem-Standards eine identische Systematik erreicht. Managementsystem-Standards nach HLS werden vergleichbar und den Anwendern der Normen wird das Zurechtfinden innerhalb der Normtexte erleichtert. Es wird erwartet, dass die HLS die Organisationen, d. h. Unternehmen, Kommunen und Privatpersonen, bei der Erreichung der Geschäftsziele besser unterstützt und von unnötigen Koordinierungsaufgaben entlastet.

9.2.1 Aufbau der im Jahr 2012 eingeführten High Level Structure

Aktuelle ISO/IEC-Direktiven sind über das Internet unter www.iso.org/directives zugänglich. In der Unterlage „ISO/IEC Directives, Part 1 – Consolidated ISO Supplement — Procedures specific to ISO“ werden verabschiedete ISO/IEC-Prozeduren zum Herunterladen angeboten. Inhaltlich ist die ISO/IEC Directives, Part 1 wie folgt strukturiert:

- organisatorische Strukturen und Verantwortlichkeiten für die einzelnen Tätigkeiten,
- Schritte der Entwicklung von Standards,
- Entwicklungsschritte weiterer Unterlagen wie technische Spezifikationen und Reports,
- Zugang und Ablauf der Veranstaltungen,
- Berufungsverfahren
- wie auch verschiedenste Anhänge.

Die im Jahr 2012 vereinbarte und im Jahr 2016 aktualisierte ISO/IEC-Direktive „ISO/IEC Directives, Part 1 – Consolidated ISO Supplement – Procedures specific to ISO“ enthielt erstmals Festlegungen zum Aufbau einer High Level Structure. Die Festlegungen zum einheitlichen inhaltlichen Aufbau der HLS sind im Anhang SL zu finden.

Einzelne Managementsystem-Standards wie ISO/IEC 27001 (Informationssicherheit) oder ISO 39001 (Straßenverkehrssicherheit) wurden bereits frühzeitig in die Struktur des Anhangs SL überführt. Die Revisionsprozesse für ISO 14001 und ISO 9001 sind ebenfalls inzwischen abgeschlossen. Die Überführung der ISO 50001 in die HLS wurde 2018 finalisiert und die revidierte DIN EN ISO 5001 im Jahr 2018 veröffentlicht.

Der ISO/IEC-Direktive entsprechend hat die Anpassung eines bestehenden Managementsystem-Standards in eine neue HLS-Struktur keinerlei Einfluss auf die Kernfestlegungen und Aussagen der jeweiligen Norm. Gänzlich lässt sich jedoch nicht vermeiden, dass eine geänderte Struktur der Normung zu einer veränderten Wahrnehmung des Textes führt und partiell als inhaltliche Neuausrichtung interpretiert wird.

Eine Überführung eines bestehenden Managementstandards sollte sinngemäß keine neuen Inhalte definieren, jedoch wird durch die neue HLS-Struktur besonders die Topmanagement-Verantwortung hinsichtlich der Anwendung des Standards hervorgehoben.

Des Weiteren ist in der Überführungs-/Revisionsphase darauf geachtet worden, die Managementsystem-Standards von umständlichen Satzgebilden zu befreien, deutlich klarer zu formulieren und möglichst ergänzende Absätze zu vermeiden. Hier zeigt sich aber auch die Schwierigkeit in der Revisionsphase, um nicht mit einer gekürzten Textpassage wesentliche Hinweise herauszunehmen.

Der tabellarische Vergleich der bisherigen Struktur der DIN EN ISO 50001 und der nach HLS revidierten DIN EN ISO 50001 (vgl. Tabelle 9.1) verdeutlicht die Hervorhebung der Anforderungen an ein Energiemanagementsystem ein- bzw. untergeordneter Themen.

Tabelle 9.1: Vergleich der bisherigen Struktur der DIN EN ISO 50001 und der nach HLS revidierten DIN EN ISO 50001

Bisherige Struktur der ISO 50001	**HLS Struktur der revidierten ISO 50001**	**HLS Struktur der revidierten ISO 50001 (englisch)**
1. Anwendungsbereich	1. Anwendungsbereich	1.Scope
2. Normative Verweisungen	2. Normative Verweisungen	2. Normative references
3. Begriffe	3. Begriffe	3. Terms and definitions
4. Anforderungen an ein Energiemanagementsystem	4. Kontext der Organisation	4. Context of the organization
4.1 Allgemeine Anforderungen	5. Führung	5. Leadership
4.2 Verantwortung des Managements	6. Planung	6. Planning
4.3 Energiepolitik	7. Unterstützung	7. Support
4.4 Energieplanung	8. Betrieb	8. Operation
4.5 Einführung und Umsetzung	9. Bewertung der Leistung	9. Performance evaluation
4.6 Überprüfung der Leistung	10. Verbesserung	10. Improvement
4.7 Managementbewertung		

Wie im direkten Vergleich alter/neuer Struktur zu erkennen ist, haben die Anforderungen an die Organisationen eigenständige Kapitel erhalten und wurden durch die neue Zuordnung in der HLS deutlich hervorgehoben. In der Vergangenheit waren die Anforderungen in Unterkapitel nicht so deutlich sichtbar. Bei inhaltlich gleicher Ausrichtung der Managementstandards werden die Organisationen (Unternehmen und Kommunen) zukünftig verstärkt an der Managementverantwortung und der Umsetzung der Optimierung gemessen.

Die bei ISO seit 2012 angewandte High Level Structure (HLS) wurde 2020 überprüft und Anpassungen bei den ISO-Vorgaben vorgenommen. 2021 wurden die Anpassungen bekannt gegeben und, um die Neufestlegungen gegenüber den HLS-Vorgaben von 2012 klar abzugrenzen, die neue Bezeichnung **„Harmonized Structure“ (HS)** eingeführt. Die vorgenommenen Änderungen der HS gegenüber den früheren Festlegungen der HLS beziehen sich nur auf Teilbereiche. Einen weitreichenden Einfluss auf bestehende Managementstandards wird ad hoc nicht erwartet. In diesem Buch hat insofern der etablierte Begriff High Level Structure weiterhin seine Gültigkeit, auch wenn zukünftig der Begriff „Harmonized Structure“ die ehemals festgelegte Bezeichnung „High Level Structure“ ersetzen wird.

9.2.2 Überführung der ISO 50001 in die High Level Structure – Einfluss auf benachbarte Standards ISO 50004 und ISO 50006

Die Überführung der ISO 50001 in die „High Level Structure“ bei ISO erfolgte durch die Working Group 1 im ISO/Technical Committee 301 (TC 301) und fand im Wesentlichen in den Jahren 2016 und 2017 statt. Dabei hat man auf Erfahrungen der nach HLS überführten ISO 9001:2015 und ISO 14001:2015 zurückgegriffen. In der revidierten ISO 50001 werden gegenüber der Vorgängerversion nachfolgende Themen intensiver adressiert:

- Kontext der Organisation: Eine Organisation – d. h. ein Unternehmen genauso wie eine Kommune – ist aufgefordert, in die Betrachtung des Energiemanagements externe wie interne Belange stärker einzubeziehen, das heißt, die Bedürfnisse und Interessen betroffener Personengruppen mehr zu berücksichtigen.
- Verantwortung des Managements: Wiederholt wurde in den Verhandlungen zur Revision darauf gedrängt, die Verantwortung des Managements deutlicher an den Betrachtungsbereich des Energiemanagements, die Maßnahmenfestlegung und -umsetzung zu binden. Es ist bei der Festlegung des Erstgenannten darauf zu achten, dass das Management dafür wirklich zuständig ist und verantwortlich zeichnet, um eine Durchsetzbarkeit der Maßnahmen zu ermöglichen. Meist ist eine Durchsetzung der Energieeffizienzmaßnahmen nur mit Wahrnehmung der Verantwortung im Topmanagement möglich.
- Fortlaufende Verbesserung: Hinsichtlich der fortlaufenden Verbesserung war in der Vergangenheit die Unsicherheit entstanden, wie Veränderungen in Unternehmen und im Umfeld von Unternehmen zu berücksichtigen sind. Es wurde deutlich gemacht, dass ein Energiemanagement keine einmalige Initiative darstellt und somit auch Veränderungen in den Unternehmen und im Umfeld zu berücksichtigen sind. Veränderungen in der organisatorischen Aufstellung (Änderung des Produktportfolios), im Herstellungsprozess, in der Logistik, hinsichtlich der Energiequellen oder der Transportwege haben positive wie nachteilige Einflüsse auf den Energiebedarf. Dies muss und soll in den Energieleistungskennzahlen berücksichtigt werden. Veränderungen in Unternehmen und im Umfeld können die Energieeffizienz auch nachteilig beeinflussen. Die Art und Weise und der Umfang einer solchen Beeinflussung sind zu dokumentieren. Die Transparenz zur Bestimmung der Nachhaltigkeit und Kontinuität in der Verbesserung der energiebezogenen Leistungen ist ein wesentliches Element bei der Bestimmung der Energieleistungszahlen.

- Risikobasiertes Denken: Den Organisationen wird empfohlen, eine Risikobetrachtung bei der Umsetzung von Energieeffizienzmaßnahmen durchzuführen. Ziel ist es, vorausschauend den Wünschen der Investoren in Energieeffizienzmaßnahmen mehr Rechnung zu tragen. So ist es für bestimmte Anlagen unabdingbar, eine Reserveenergiequelle bereitzuhalten, um Gefahren für die gesamte Anlage abzuwenden. Als Beispiel aus dem Großanlagenbereich seien hier Aluminiumhütten angeführt, in denen mit einer Schmelzflusselektrolyse Aluminium aufbereitet wird. Bei Ausfall der Energieversorgung würde es zu einem irreparablen Schaden der Schmelzflusselektrolyseanlage mit erheblichen finanziellen Konsequenzen kommen. Um dies zu vermeiden, gibt es Anlagenkonzepte, die Kraftwerksblöcke im Hot-Standby-Betrieb warmhalten, um eine Reserveenergie jederzeit bereitzuhalten. Unter rein energetischer Betrachtung vermutet man Energieverschwendung. Jedoch im Hinblick der Risikovermeidung ist der Betrieb eines Kraftwerksblocks im Hot-Standby-Betrieb ein zwingend erforderliches Verfahren zur Vermeidung eines Großschadens an der Aluminiumproduktion. Dieses Beispiel zeigt, dass bei der Bildung der Energieleistungskennzahlen Maßnahmen zur Risikovermeidung relevant werden. Ist die Risikobetrachtung dokumentiert, kann dies bei der Umsetzung von Energieeffizienzmaßnahmen entsprechend berücksichtigt und bewertet werden.

Die folgende Liste zeigt weitere sich aus der Revision der ISO 50001 ergebende Änderungen, wie sie im Vorwort der DIN EN ISO 50001:2018 aufgeführt sind:

- Die „Energetische Bewertung“ wurde klarer gefasst.
- die Verpflichtung zu Normalisierung von EnPI(s) und der zugehörigen EnB(s)
- die Präzisierung des „Plans zu Energiedatenerfassung“ und der damit verbundenen Anforderungen (bisherige Bezeichnung: „Plan für die Energiemessung“)
- die Hinzunahme von neuen Definitionen einschließlich der Verbesserung der energiebezogenen Leistung

Infolge der Überführung der ISO 50001 in die HLS ist eine Überarbeitung der ISO 50004:2014-12 „Energiemanagementsysteme – Anleitung zur Einführung, Aufrechterhaltung und Verbesserung eines Energiemanagementsystems“ vorgesehen. Der Einstieg in die Revision der ISO 50004 ist in der Plenarsitzung der ISO/TC 301 im Sommer 2017 in Peking bereits vereinbart worden und auf ca. zwei Jahre terminiert. Der Beginn der Tätigkeiten erfolgte im März 2018.

Die revidierte Version der ISO 50001 nach HLS und die dort in ihr erfolgte Präzisierung der Definition der Messung der energiebezogenen Leistung unter Nutzung von energetischen Ausgangsbasen (EnB) und Energieleistungskennzahlen (EnPI) erfordert auch eine Aktualisierung der ISO 50006 und ISO 50015. Es ist zu erwarten, dass bis Ende 2018 eine Überarbeitung der ISO 50006 und ISO 50015 angestoßen wird.

9.3 Einfluss der steigenden Digitalisierung in den Prozessen auf die Definition der Kenngrößen und Anwendung der DIN ISO 50006

Im Allgemeinen bezeichnet der Begriff „Digitalisierung" die Veränderungen von Prozessen, Objekten und Ereignissen durch die Nutzung aller digitalen Geräte, ausgehend von der Messtechnik, der Automatisierung, lokaler und übergeordneter Rechner und Netzwerktechnologie. Eine fortschreitende Digitalisierung bietet mehr Freiraum, komplexe Vorgänge und Prozesse rechentechnisch zur erfassen und zu verfolgen. Werden Algorithmen entwickelt, die es erlauben, Prozesse unter verschiedenen Randbedingungen nachzubilden, spricht man von einem digitalen Zwilling eines jeweiligen Prozesses (vgl. Abbildung 9.1). Dieser erlaubt es, die Prozessabläufe unter unterschiedlichen Rahmenbedingungen zu simulieren und damit frühzeitig die Auswirkungen von Veränderungen vorherzusagen. Bei der Digitalisierung geht es darum, dass mit dem Einsatz eines digitalen Zwillings mehr Intelligenz, auch Transparenz, in die digitalen Systeme gebracht wird. Können in praktischen Prozessen Messwerte nur schwierig oder nur sehr aufwendig erfasst werden, stellt eine adäquate Simulation des Prozesses mit einem digitalen Zwilling diese Messwerte mühelos zur Verfügung. Dies erhöht die Transparenz der Prozessabläufe und führt zu Kenngrößen, die eine konventionelle Messtechnik nicht bieten kann.

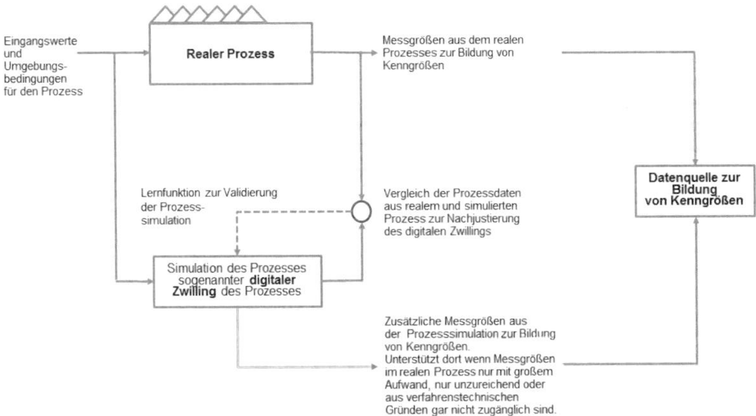

Abbildung 9.1: Herleitung von Kenngrößen aus der Prozesssimulation

Wesentliche Einflussfaktoren sowie Kenngrößen für vergangene, aktuelle und zukünftige Abläufe werden kalkulier- und nachvollziehbar. Früher reduzierten sich Kenngrößen meist nur auf bekannte Prozessabläufe. Die Digitalisierung wird die Tür zu weit mehr Informationen aufstoßen. Simulationsalgorithmen bieten Zugriff auf neue Kenngrößen und auf Aussagen bzw. Beurteilungen anstehender Verbesserungsmaßnahmen vorab. Zur Erläuterung ein Beispiel aus der Chemie: Es gibt Herstellungsprozesse, deren chemische Reaktionsabläufe aus der theoretischen Chemie bekannt sind. So ist etwa die gesamte freiwerdende Wärmeenergie aus der Zuführung der chemischen Substanzen auf der Basis theoretischer Grundlagen ermittelbar. Es zeigt sich jedoch bei bestimmten chemischen Prozessen, dass die gesamte freiwerdende Wärmemenge der Reaktion nur aufwendig messtechnisch erfasst werden kann, da aggressive Stoffe und Explosionsschutz zu berücksichtigen sind. Zur optimalen Regelung hinsichtlich der Energiekenngrößen eignet sich in diesem Fall die Kenntnis aus der theoretischen Chemie, um eine Energiekenngröße zu bestimmen. Die Prozesssimulation mithilfe von digitalen Zwillingen kann in solchen Fällen Maßgrößen zur Bildung der EnPI hervorbringen. Es ist davon auszugehen, dass die zunehmende Rechenleistung der Prozesssteuerung und die angewandte Prozesssimulation zukünftig vermehrt in vielen Anwendungen Eingang finden werden und daher zukünftige EnPIs voraussichtlich vermehrt Größen aus einer Prozesssimulation berücksichtigen.

Die digitale Revolution wird keine Branche und kein Unternehmen unberührt lassen und über typische industrielle Prozesse hinausgehen. Zukünftige Prozessabläufe wie zum Beispiel der Wärmestrom eines Privathaushalts ließen sich simulieren und damit vorhersehbar machen. „Was-wäre-wenn"-Abfragen aus der Prozesssimulation könnten dadurch helfen, den Energiebedarf besser einzuschätzen und Verbesserungspotenziale aufzuzeigen. Zielvorgaben würden berechenbarer, die Einflüsse geänderter Randbedingungen kalkulierbarer. Hat man in der Vergangenheit durch die Automatisierung Prozesse beschleunigt, Regelvorgänge verfeinert und die Prozessüberwachung transparenter gestaltet, so wird man künftig durch eine sogenannte „intelligente Digitalisierung" Abläufe besser planen und in der Umsetzung begleiten können.

Wird die Risikoabschätzung unter Berücksichtigung aller denkbaren Betriebssituationen in die Prozesssimulation eingebettet, werden unnötige Reservebetriebe und Reserveanlagenausrüstungen vermieden. Durch eine deutlich verbesserte Prozesssimulation einschließlich aller denkbaren Betriebsabläufe erhält ein Management die erforderliche Transparenz, um Maßnahmen zu definieren, die Umsetzung anzustoßen und frühzeitig dort korrigierend einzugreifen, wo dies erforderlich ist. Die Simulation von Prozessen und aus der Simulation abgeleitete Energieleistungskennzahlen können helfen, vorausschauend sowie nachhaltig die Energieeffizienz zu steigern.

Die anstehende Digitalisierung wird sicherlich helfen, in vielen Sektoren noch schlummernde Potenziale zur Reduzierung des Endenergieverbrauchs zu identifizieren und EnPIs aussagefähiger zu machen.

10 Fazit

Paul Girbig, Nathanael Harfst und Ulrich Nissen

Der effiziente Umgang mit der Ressource Energie ist eine zentrale Herausforderung unserer Zeit. Neben der notwendigen Eindämmung der Treibhausgas-Emissionen stehen insbesondere auch für Unternehmen die mit dem Energieeinsatz verbundenen kontinuierlich steigenden Kosten sowie die Reduzierung der Abhängigkeit vom gegebenen Energieversorgungssystem im Vordergrund der Betrachtung. Um dauerhaft zu verhindern, dass die Energiekosten ausufern, ist die kontinuierliche Sicherstellung einer hohen Energieeffizienz notwendig.

Hierzu sind geeignete Strukturen und Instrumente zu etablieren, die dabei helfen, eine schwerpunktorientierte und wirtschaftlich sinnvolle Steuerung der energiebezogenen Leistung zu realisieren. Einen dazu geeigneten Rahmen bieten kennzahlengestützte Energiemanagementsysteme gemäß der DIN EN ISO 50001 in Verbindung mit der DIN ISO 50006. Energieleistungskennzahlen fungieren in ihnen als zentrales Instrument der Planung und Kontrolle zur Steigerung der Energieeffizienz und bieten damit auch ein adäquates Werkzeug zur erfolgreichen Unternehmenssteuerung.[34] Um derartige Energieleistungskennzahlen zu entwickeln, den Prozessen zuzuordnen und deren Aussagefähigkeit zu beurteilen, bedarf es unterschiedlichster Prozesskenntnisse sowie technologischen und physikalischen Hintergrundfachwissens. Das Festlegen von Zielwerten und die Durchführung von Soll-Ist-Abweichungsursachenanalysen sowie die Interpretation der Analyseergebnisse setzen zudem Methodenkompetenz voraus. An dieser Stelle kann und sollte auf Erfahrungen des Controllings zurückgegriffen werden.

Dieses Buch erläutert, gibt Hilfestellung und zeigt Beispiele, wie ein kennzahlengestütztes Energiemanagement erfolgreich aufgebaut und betrieben werden kann. Aus dem Blickwinkel des Controllings wird der Leser unterstützt, Regelalgorithmen aufzubauen, die sich in das betriebliche Alltagsgeschehen integrieren lassen, um so mit Insellösungen verbundene zusätzliche Kosten weitgehend zu vermeiden.

Von herausragender Bedeutung für eine hohe Wirksamkeit eines solchen Energiemanagements ist, dass die Kennzahlen eindeutig verantwortlichen Personen (den Kennzahlen-Eignern) zugeordnet und geeignet sind. Letztgenanntes ist anzunehmen, wenn alle jeweils relevanten Einflussfaktoren

34 Vgl. hierzu auch die empirischen Ergebnisse aus Harfst, 2021.

realitätsnah in ihr berücksichtigt und Normalisierungen im Zuge von Auswertungen vorgenommen werden (wobei vom EnPI-Eigner beeinflussbare Faktoren besonders behandelt werden sollten).

Geeignete EnPIs ermöglichen zum einen die Steuerung und zum anderen auch den Nachweis der Verbesserung der energiebezogenen Leistung. Da dieser Nachweis eine zentrale Forderung der DIN EN ISO 50001 darstellt, ist letztlich auch die Zertifizierung an die Etablierung und Nutzung geeigneter Kennzahlen geknüpft.

Die stattfindende Digitalisierung der Prozesse und die damit verbundenen Potenziale, Energiekenngrößen anhand von Prozesssimulationen zu ermitteln, werden zudem helfen, Prozessverantwortlichen wie auch dem betrieblichen Controlling eine qualitativ hochwertige Vorausschau von komplexen Abläufen zu bieten.

Es wird deutlich, dass eine intensive Auseinandersetzung mit der Erarbeitung und dem Einsatz von EnPIs innerhalb von Energiemanagement-Systemen von erheblicher Bedeutung für die Wirksamkeit und damit auch für den Erfolg eines Energiemanagements ist.

Anlage
Zusammenstellung der von dem ISO-Komitee TC 301 zur Verfügung gestellten Normen zur ISO 50001

Die folgende tabellarische Übersicht zeigen die vom ISO-Komitee TC 301 bis zum Jahr 2023 erstellten Normen zum Thema Energiemanagementstandard.

Titel	Anwendungsbereich
ISO 50001 Energiemanagementsysteme - Anforderungen mit Anleitung zur Anwendung	Dieses Dokument legt Anforderungen für die Einführung, Umsetzung, Aufrechterhaltung und Verbesserung eines Energiemanagementsystems (EnMS) fest. Das beabsichtigte Ergebnis ist, eine Organisation in die Lage zu versetzen, einen systematischen Ansatz zu verfolgen, um eine kontinuierliche Verbesserung der Energieleistung und des EnMS zu erreichen.
ISO 50002 Energieaudits - Anforderungen mit Anleitung zur Anwendung	Diese Internationale Norm legt die Prozessanforderungen für die Durchführung eines Energieaudits in Bezug auf die Gesamtenergieeffizienz fest. Sie gilt für alle Arten von Einrichtungen und Organisationen sowie für alle Formen von Energie und Energienutzung.
ISO 50003 Energiemanagementsysteme - Anforderungen an Stellen, die Audits und Zertifizierungen von Energiemanagementsystemen durchführen	Dieses Dokument legt die Anforderungen an die Kompetenz, Konsistenz und Unparteilichkeit bei der Auditierung und Zertifizierung von Energiemanagementsystemen (EnMS) nach ISO 50001 für Stellen fest, die diese Dienstleistungen anbieten. Um die Wirksamkeit der Auditierung von Energiemanagementsystemen zu gewährleisten, befasst sich dieses Dokument mit dem Auditverfahren, den Kompetenzanforderungen an das Personal, das am Zertifizierungsverfahren für Energiemanagementsysteme beteiligt ist, der Auditdauer und der Stichprobennahme an mehreren Standorten.
ISO 50004 Energiemanagementsysteme - Leitfaden für die Einführung, Aufrechterhaltung und Verbesserung eines Energiemanagementsystems nach ISO 50001	Dieses Dokument enthält praktische Leitlinien und Beispiele für die Einführung, Umsetzung, Aufrechterhaltung und Verbesserung eines Energiemanagementsystems (EnMS) in Übereinstimmung mit dem systematischen Ansatz der ISO 50001:2018. Die Anleitung in diesem Dokument ist auf jede Organisation anwendbar.
ISO 50005 Energiemanagementsysteme - Leitfaden für eine stufenweise Einführung	Dieses Dokument gibt Organisationen einen Leitfaden für die Einführung eines stufenweisen Ansatzes zur Einführung eines Energiemanagementsystems (EnMS). Dieser stufenweise Ansatz soll die Einführung eines EnMS für alle Arten von Organisationen unterstützen und vereinfachen, insbesondere für kleine und mittlere Organisationen (SMOs).

Abbildung 10.1: ISO-Normen zum Energiemanagement (Teil 1)

Titel	Anwendungsbereich
ISO 50006 Energiemanagementsysteme - Messung der Energieleistung unter Verwendung von Energie-Basislinien (EnB) und Energieleistungsindikatoren (EnPI) - Allgemeine Grundsätze und Leitfaden	Diese Internationale Norm gibt Organisationen eine Anleitung, wie Energieleistungsindikatoren (EnPI) und Energie-Basislinien (EnB) als Teil des Prozesses zur Messung der Energieleistung festgelegt, verwendet und gepflegt werden können.
ISO 50007 Energiedienstleistungen - Leitlinien für die Bewertung und Verbesserung der Energiedienstleistung für die Nutzer	Dieses Dokument behandelt die relevanten Elemente der Energiedienstleistung, die von Energielieferanten für die Nutzer erbracht werden. Es sieht vor, dass Energiedienstleistungen zwei große Kategorien umfassen: - Energieversorgung/Erzeugung und Verteilung; - Beratung über und Verbesserung von Energieeffizienz. Dieses Dokument enthält Best-Practice-Leitlinien für Energiedienstleister, um ihre Praktiken und die Qualität der Interaktion mit den Nutzern kontinuierlich zu verbessern.
ISO/TS 50008 Energiemanagement und Energieeinsparung - Energiedatenmanagement für Gebäude - Leitfaden für einen systemischen Datenaustauschansatz	Dieses Dokument enthält Leitlinien dafür, wie das Energiemanagementteam (EnMT) in einer Organisation die Daten und Informationen definieren, anfordern und regelmäßig abrufen kann, die für die Einführung eines Energiemanagementsystems (EnMS) zur kontinuierlichen Verbesserung der Gesamtenergieeffizienz von Gebäuden erforderlich sind.
ISO 50009 Energiemanagementsysteme - Leitfaden für die Einführung eines gemeinsamen Energiemanagementsystems in mehreren Organisationen	Dieses Dokument enthält Leitlinien für die Einführung, Umsetzung, Pflege und Verbesserung eines gemeinsamen Energiemanagementsystems (EnMS) für mehrere Organisationen.
ISO/PAS 50010 Energiemanagement und Energieeinsparung - Leitfaden für Netto-Null-Energie in Betrieben unter Verwendung eines Energiemanagementsystems nach ISO 50001	Dieses Dokument enthält einen Leitfaden für die Verwendung eines Energiemanagementsystems (EnMS) nach ISO 50001:2018, um Netto-Null-Energie (NZE) zu erreichen, und unterstützt das Erreichen von Netto-Null-Kohlenstoff (NZC) und anderen Nachhaltigkeitszielen. Es wird beschrieben, wie ein erweitertes EnMS eingerichtet werden kann, um dieses Ziel zu erreichen:

Abbildung 10.2: ISO-Normen zum Energiemanagement (Teil 2)

Titel	Anwendungsbereich
ISO 50015 Energiemanagementsysteme - Messung und Verifizierung der energiebezogenen Leistung von Organisationen - Allgemeine Grundsätze und Leitlinien	Diese Internationale Norm legt allgemeine Grundsätze und Leitlinien für den Prozess der Messung und Verifizierung (M&V) der energiebezogenen Leistung einer Organisation oder ihrer Komponenten fest. Diese Internationale Norm kann unabhängig oder in Verbindung mit anderen Normen oder Protokollen verwendet werden und kann auf alle Arten von Energie angewendet werden.
ISO 50021 Energiemanagement und Energieeinsparungen - Allgemeiner Leitfaden für die Auswahl von Bewertern von Energieeinsparungen	Dieses Dokument enthält Leitlinien für die Auswahl von Bewertern von Energieeinsparungen zur Bestimmung von ex-post (realisierten) Energieeinsparungen für Projekte, Organisationen und Regionen. Es enthält allgemeine Grundsätze und identifiziert die wichtigsten zu berücksichtigenden Faktoren. Es definiert auch Rollen und Verantwortlichkeiten, empfiehlt die erforderliche Kompetenz und liefert Schlüsselelemente für die Bewertung der Kenntnisse und Fähigkeiten von Energieeinsparungsevaluatoren.
ISO/TS 50044 Energiesparprojekte (EnSPs) - Leitlinien für die wirtschaftliche und finanzielle Bewertung	Dieses Dokument enthält Leitlinien für den Vergleich und die Priorisierung von Energiesparprojekten (EnSPs) vor der Umsetzung unter Verwendung der wirtschaftlichen und finanziellen Bewertung. Es enthält eine Reihe von gemeinsamen Grundsätzen.
ISO 50045 Technical guidelines for the evaluation of energy savings of thermal power plants (Technische Leitlinien für die Bewertung von Energieeinsparungen in Wärmekraftwerken)	Dieses Dokument enthält allgemeine technische Leitlinien für die Bewertung von Energieeinsparungen in Wärmekraftwerken vor und/oder nach der Durchführung von Maßnahmen zur Verbesserung der Energieleistung (EPIAs). Es umfasst die Bewertung, den Wirkungsgrad der einzelnen Komponenten, die Berechnung von Indizes, Analysen und die Berichterstattung.

Abbildung 10.3: ISO-Normen zum Energiemanagement (Teil 3)

Titel	Anwendungsbereich
ISO 50046 Allgemeine Methoden zur Vorhersage von Energieeinsparungen	Dieses Dokument spezifiziert allgemeine Methoden zur Berechnung von vorhergesagten Energieeinsparungen (PrES) unter Verwendung von maßnahmenbasierten Berechnungsmethoden, die auch als Bottom-up- oder auf Energieleistungsverbesserungsmaßnahmen (EPIAs) basierende Methoden bekannt sind (siehe ISO 17742). Auf Indikatoren basierende Methoden (siehe ISO 17742) und auf dem Gesamtverbrauch basierende Methoden (siehe ISO 50047) sind nicht im Anwendungsbereich dieses Dokuments enthalten.
ISO 50047 Energieeinsparungen - Bestimmung von Energieeinsparungen in Organisationen	Diese Internationale Norm beschreibt Ansätze zur Bestimmung von Energieeinsparungen in Organisationen. Sie kann von allen Organisationen angewendet werden, unabhängig davon, ob sie über ein Energiemanagementsystem wie ISO 50001 verfügen oder nicht.
ISO/IEC 13273-1 Energieeffizienz und erneuerbare Energiequellen - Gemeinsame internationale Terminologie - Teil 1: Energieeffizienz	Dieser Teil von ISO/IEC 13273 enthält übergreifende Begriffe und ihre Definitionen im Themenbereich Energieeffizienz. Diese horizontale Norm ist in erster Linie für die Verwendung durch technische Komitees bei der Ausarbeitung von Normen in Übereinstimmung mit den im IEC Guide 108 festgelegten Grundsätzen bestimmt.
ISO/IEC 13273-2 Energieeffizienz und erneuerbare Energiequellen - Gemeinsame internationale Terminologie - Teil 2: Erneuerbare Energiequellen	Dieser Teil von ISO/IEC 13273 enthält übergreifende Begriffe und deren Definitionen im Themenbereich der erneuerbaren Energiequellen. Diese horizontale Norm ist in erster Linie für die Verwendung durch technische Komitees bei der Ausarbeitung von Normen in Übereinstimmung mit den im IEC Guide 108 festgelegten Grundsätzen bestimmt.
ISO 17741 Allgemeine technische Regeln für die Messung, Berechnung und Überprüfung von Energieeinsparungen bei Projekten	Diese Internationale Norm legt die allgemeinen technischen Regeln für die Messung, Berechnung und Überprüfung von Energieeinsparungen bei Nachrüstungsprojekten oder neuen Projekten fest.

Abbildung 10.4: ISO-Normen zum Energiemanagement (Teil 4)

Titel	Anwendungsbereich
ISO 17742 Energieeffizienz und Berechnung von Energieeinsparungen für Länder, Regionen und Städte	Diese Internationale Norm enthält einen allgemeinen Ansatz für die Berechnung von Energieeffizienz und Energieeinsparungen mit indikatorbasierten und maßnahmenbasierten Methoden für die geografischen Einheiten Länder, Regionen und Städte.
ISO 17743 Energieeinsparungen - Festlegung eines methodischen Rahmens für die Berechnung von und Berichterstattung über Energieeinsparungen	Diese Internationale Norm legt einen methodischen Rahmen fest, der für die Berechnung von und Berichterstattung über Energieeinsparungen durch bestehende (durchgeführte) und zukünftige Maßnahmen und Aktionen gilt, die Energieeinsparungen beabsichtigen. Diese Rahmennorm wird auf andere Normen im Bereich der Ermittlung von Energieeinsparungen anwendbar sein.

Abbildung 10.5: ISO-Normen zum Energiemanagement (Teil 5)

Abkürzungsverzeichnis

°C	Grad Celsius
Abs.	Absatz
AFNOR	Association française de normalisation
AUA	Abweichungsursachenanalyse
$AZ_{x,t}$	Auszahlung (bei Kapitalwertberechnung) für Maßnahme x zum Zeitpunkt t
BSC	Balanced Scorecard
CD	Committee Draft
CDV	Committee Draft for Vote (IEC)
CEN	European Committee for Standardization
CEN/BT/TF	CEN Task Force of the Technical Board
CENELEC	European Committee for Electrotechnical Standardization
CO_2	Kohlenstoffdioxid
DIN	Deutsches Institut für Normung
DIS	Draft International Standard
EBIT	Earnings Before Interest and Taxes
EDL-G	Energiedienstleistungsgesetz
EEG	Erneuerbare-Energien-Gesetz (Gesetz für den Ausbau erneuerbarer Energien)
EMAS	Eco-Management and Audit Scheme, EU-Verordnung über ein Gemeinschaftssystem für das freiwillige Umweltmanagement und die Umweltbetriebsprüfung
EN	Europäische Norm
EnB	energetische Ausgangsbasis → engl. energy baseline
Energie-StG	Energiesteuergesetz
engl.	englisch
EnM	Energiemanagement
EnMS	Energiemanagement-System
EnPI	Energieleistungskennzahlen (Energy Performance Indicator)
EnPI(s)	Energieleistungskennzahl(en) → engl. Energy Performance Indicator(s)

EPIA	Aktivität zur Verbesserung der Energieeffizienz
E_t	Energieverbrauch in Periode t
EVG	Energieverbrauchsgleichung
FDIS	Final Draft International Standard
f., ff.	folgende
g/m^2	Gramm pro Quadratmeter
ggf.	gegebenenfalls
h	Stunde
HLS	High Level Structure der ISO-Managementsysteme
HS	Harmonized Structure
I	Kalkulationszinssatz (interest rate)
i. d. R.	in der Regel
i. e. S.	im engeren Sinne
i. w. S.	im weiteren Sinne
IEC	International Electrotechnical Commission
ISO	Internationale Organisation für Normung (International Organization for Standardization)
ISO JTCG	ISO Joint Technical Co-ordination Group
ISO TAG	ISO Technical Advisory Group
ISO TMB	ISO Technical Management Board (TMB)
ISO/TC	Technisches Komitee der Internationalen Organisation für Normung
JCG	Joint Coordination Group
JPC	Joint Project Committee
JTAB	Joint Technical Advisory Board
JTC	Joint Technical Committee
JWG	Joint Working Group
Kap.	Kapitel
kg	Kilogramm
KM	Kartonmaschine
km	Kilometer
KPI	Key Performance Indicator

KW	Kapitalwert
kWh	Kilowattstunde
LCC	Lifecycle costing (Lebenszykluskostenrechnung)
M&V	Messung und Verifizierung
MSS	Management-System-Standard
MWh	Megawattstunde
N	Anzahl an Effizienzmaßnahmen
NP	New Work Item Proposal
Nr.	Nummer
NWP	New Working Proposal
o. Ä.	oder Ähnliches
PAS	Publicly Available Specification
PC	Project Committee
PDCA	Plan-Do-Check-Act-[PDCA-]Zyklus der Managementsysteme
Pkw	Personenkraftwagen
PWI	Preliminary Work Item
R2	Bestimmtheitsmaß eines statistischen Zusammenhangs
$RF_{x,t}$	Rückfluss (bei Kapitalwertberechnung) von Maßnahme x zum Zeitpunkt t
ROI	Return of Invest
SC	Subcommittee
SEU(s)	wesentlicher Energieeinsatz → engl. significant energy use(s)
SFEM	Sector Forum Energy Management
SpaEfV	Spitzenausgleich-Effizienzsystem-Verordnung
T	als Index: Zeit
T	Planungshorizont, Wirkungsdauer [Jahre]
T	Tonne
TC	Technical Committee
TR	Technical Report
TS	Technical Specification
VDI	Verein Deutscher Ingenieure
vgl.	vergleiche

WD	Working Draft
WG	Working Group
WSB	Wertsteigerungsbeitrag
X	Laufindex für Effizienzmaßnahmen
z. T.	zum Teil
Z_t	Zahlung zum Zeitpunkt t`

Literatur

[1] Allcott, H. & Greenstone, M., 2012. Is There an Energy Efficiency Gap? Journal of Economic Perspectives, 26(1), S. 3–28.

[2] Backlund, S. et al., 2012. Extending the energy efficiency gap. Energy policy, 51(C), S. 392–396.

[3] Cagno, E. et al., 2013. A novel approach for barriers to industrial energy efficiency. Renewable and Sustainable Energy Reviews, 19(C), S. 290–308.

[4] Energieinstitut der Wirtschaft GmbH, 2011. KMU-Initiative zur Energieeffizienzsteigerung. Begleitstudie: Kennwerte zur Energieeffizienz in KMU.

[5] Deutsch, N.; Neuhaus, J.; Iselborn, K.; Arnold, J.; Däbritz, C.; Harfst, N., 2022. Studie zur Wirkung von Energiemanagementsystemen, Bundesstelle für Energieeffizienz (BfEE) Frankfurt.

[6] Ewert, R. & Wagenhofer, A., 2014. Interne Unternehmensrechnung.

[7] Gerarden, T. D., Newell, R. G. & Stavins, R. N., 2015. Assessing the Energy-Efficiency Gap. S. 1–65.

[8] Goldstein, D. B. & Almaguer, J. A., 2013. Developing a Suite of Energy Performance Indicators (EnPIs) to Optimize Outcomes. ACEEE Summer Study on Energy Efficiency in Industry.

[9] Grabowski, K. et al., 2015. Entwicklung einer Methodik zur Aufstellung von Energiekennzahlen zur Steigerung der Energieeffizienz in Unternehmen; Arbeitspaket 1.2: Methodik zur Aufstellung von Energiekennzahlen.

[10] Harfst, N., 2021. Controlling als Treiber der Energieeffizienz –Integration von Energiemanagement in vorhandene Controllingstrukturen, Springer-Gabler-Verlag.

[11] Hirst, E. & Brown, M., 2003. Closing the efficiency gap: barriers to the efficient use of energy. S. 1–15.

[12] Jaffe, A. B. & Stavins, R. N., 1994. The energy-efficiency gap. Energy policy, 22, S. 804–810.

[13] ISO, 2016. ISO Survey 2016. (online: https://www.iso.org/the-iso-survey.html, abgerufen am 01.06.2018).

[14] Layer, G. et al., 1999. Ermittlung von Energiekennzahlen für Anlagen, Herstellungsverfahren und Erzeugnisse. Forschungsstelle für Energiewirtschaft, München.

[15] Löffler, T., 2011. Energiekennzahlen für Betriebsvergleiche – Abschlussbericht für die Sächsische Energieagentur SAENA GmbH.

[16] Nissen, U., 2014. Energiekostenmanagement. Schäffer Poeschel.

[17] Nissen, U. & Harfst, N., 2019. Shortcomings of the traditional „levelized cost of energy" [LCOE] for the determination of grid parity. Energy 171, S. 1009–1016.

[18] Rajan, G. G., 2008. Optimizing energy efficiencies in industry. McGraw-Hill.

[19] Schleich, J., 2007. The economics of energy efficiency: Barriers to profitable investments. EIB Papers.

[20] UNIDO, 2011. Barriers to industrial energy efficiency: a literature review.

[21] Wall, F. & Kießling, D., 2008. Verhaltensorientiertes Controlling und Budgetinformationen – Praktische Erfahrungen und ausgewählte Forschungsergebnisse. In: ZfCM. Sonderheft 1/2008, S. 74–80.

[22] Weber, J. & Jahnke, R., 2013. Controlling in Zahlen. Wie hat es sich entwickelt, wie geht es weiter?

[23] Wilkens, M., Drenkelfort, G. & Dittmar, L., 2012. Bewertung von Kennzahlen und Kennzahlensystemen zur Beschreibung der Energieeffizienz von Rechenzentren.

[24] Wohinz, J. W.; Moor, M., 1988. Betriebliches Energiemanagement. Springer.